物理性污染控制

Physical Pollution Control

竹 涛 徐东耀 侯 嫔 编著

北 京
冶金工业出版社
2014

内 容 简 介

本书详细论述了与人类生活密切相关的噪声污染、振动污染、热污染、温室效应、热岛效应、光污染、电磁辐射污染、放射性污染等物理性污染问题，阐述了物理性污染的基础知识和基本控制原理，系统地提出了相应的控制方法和技术，以及采取的防范措施，同时就物理性因素的利用和环境的改善展开叙述，最后辅以相关的工程案例分析，以加深读者印象，并使相关技术更为形象和直观。

本书可供环境工程专业人员使用，同时也可供煤炭、电力、环保、建筑、建材等相关行业的科研人员、工程技术人员以及管理人员参考使用。

图书在版编目(CIP)数据

物理性污染控制 = Physical Pollution Control／竹涛，徐东耀，侯嫔编著 . —北京：冶金工业出版社，2014.4
ISBN 978-7-5024-6525-4

Ⅰ.①物… Ⅱ.①竹… ②徐… ③侯… Ⅲ.①环境物理学 Ⅳ.①X12

中国版本图书馆 CIP 数据核字(2014)第 038256 号

出 版 人　谭学余
地　　址　北京北河沿大街嵩祝院北巷 39 号，邮编 100009
电　　话　(010)64027926　电子信箱　yjcbs@cnmip.com.cn
责任编辑　常国平　美术编辑　彭子赫　版式设计　孙跃红
责任校对　卿文春　责任印制　牛晓波
ISBN 978-7-5024-6525-4

冶金工业出版社出版发行；各地新华书店经销；北京建宏印刷有限公司印刷
2014 年 4 月第 1 版，2014 年 4 月第 1 次印刷
787mm×1092mm　1/16；14.75 印张；361 千字；224 页
48.00 元

冶金工业出版社投稿电话：(010)64027932　投稿信箱：tougao@cnmip.com.cn
冶金工业出版社发行部　电话：(010)64044283　传真：(010)64027893
冶金书店　地址：北京东四西大街 46 号(100010)　电话：(010)65289081(兼传真)
(本书如有印装质量问题，本社发行部负责退换)

Preface

The increase in our knowledge of basic scientific principles has led to human – kind to create over the last century and a half the machines that have harnessed energy production and distribution, increased food production by numerous orders of magnitude and improved health and extended our life – spans by decades. Physical scientific principles are the basis of modern civilization. The promise of the 21st century is to extend the benefits of civilization to the developing world that does have access to modern energy, agriculture and health systems. This will require an increase in energy production to making the poor richer and securing global improvements in environmental and resource efficiency. That will not come about by some sacrifice of growth by the rich world, but by application of scientific knowledge to manage the negative environmental impact of spreading modern civilization.

The understanding and application of scientific principles is necessary to both advance civilization and manage environmental impacts. Knowledge of thermodynamics is required to produce the internal combustion engine. This same knowledge of thermodynamics is also required to reduce the effects of air pollution. It seems that our societies can focus on only the problem, with the solution being political compulsion in no – growth arguments that emanates from observations about the high level of natural resource consumption per capita in rich countries. In this sense, the rich are consuming more than appears to be "fair share" of the world's natural assets. Here the argument shifts from no – growth to re – balanced growth, away from the rich toward the poor. The motivation is sound but the analysis is faulty. If the rich reduce consumption of resources, they do not magically become available to the poor. Moreover, the rich are consuming more precisely because they are richer, and being richer is what right – minded people want for the poor of our world. The goal is to make the poor richer and secure global improvements in environmental and resource efficiency for all. This improvement will not come about by some sacrifice of growth by the rich, but by a sound understanding of physical scientific principles to not only produce the needs of civilization, but to control pollution, and improve the environment.

In contrast to the no – growth approach, Dr. Tao Zhu proposes a scientific and engineering approach to understanding the source and providing physical solutions to the impact of machinery of modern civilization. The effects of noise, vibration heat pollution, greenhouse effect, heat island effect, light pollution, electromagnetic radiation pollution, and radioactive contamination are addressed from a scientific perspective. They combine research methods and techniques, and put forward corresponding control methods and measures based the physical factors that improve the environment. This book is a broad – based approach to understanding the scientific basis for the physical factors for environmental improvement.

Timothy R Carr

Marshall Miller Professor of Energy

West Virginia University, United States of America

November, 2013

前　言

　　物理学的基本原理是科学技术发展的理论基础，而物理学原理的应用，在给人类带来光明、带来现代化和光辉未来的同时，也带来了环境污染问题。我们的时代是人与机器共存的时代，人们利用物理学的基本原理，创造了各种机器为人类服务，物质文明得以不断提高。今天，巨大功率的喷气飞机可以载人在几十小时内绕地球一周，巨大的火箭发动机把宇航员送入太空，然而就在这种巨大进步的同时，伴随而来的是不断增长的噪声。巨大的喷气噪声使人听力受损，连续的机器噪声、道路交通噪声使人难以入睡，长期失眠，发生疾病，降低工效，产生失误，甚至精神失常等。人们利用热力学的基本原理制造了内燃机和各种制冷设备，从而造成了空气污染和臭氧层变薄。目前，全世界大约拥有 10 亿台电冰箱和数以亿计的空调器，这些设备的致冷剂是破坏臭氧层的氟利昂。臭氧层像一个保护人类的"生命之伞"，把来自太阳的对人体有害的紫外线辐射挡住，它与人类生存息息相关。臭氧层被破坏，紫外线的大量辐射会造成白内障增加、皮肤癌、免疫系统失调、农作物减产，以及影响海洋浮游植物的生长，破坏海洋食物链。有人认为，物理学原理的应用与环境质量的明显退化成正比，例如，如果我们对热和热力学毫无所知，当然就不会制造出内燃机，空气污染也就会减少。这只看到了问题的一个方面，问题的另一个方面是我们能够应用物理学原理来消除污染，从而控制和改善环境，因此编写此书。

　　本书主要从百姓日常生活中经常遇到的噪声、振动、热污染、温室效应、热岛效应、光污染、电磁辐射污染、放射性污染这几个方面展开介绍，结合自身的研究提出了相应的控制方法、技术手段和措施，并就物理性因素的利用和环境的改善展开叙述，最后辅以相关的工程案例分析，具有一定的学术价值和应用价值。

　　本书第 1 章、第 4~8 章主要由竹涛执笔，第 2、3 章部分内容主要由徐东耀执笔，第 2 章部分内容、第 9 章由侯嫔执笔，全书由竹涛统稿。参加本书编写的还有周昊、戴亚中、陆玲、周金兰、尹辰贤、李光腾、陈锐、李汉卿、和娴娴、杜双杰。本书在编写过程中，得到来自美国西弗吉尼亚大学 Tim Carr 教授的指点和帮助，在此表示感谢。同时对书中所引用文献作者也表示深深的谢意。

本书的编著和出版受到"环保公益性行业科研专项经费项目（201409004—04)"、"国家自然科学基金（51108453)"、"新世纪优秀人才支持计划"、"北京市优秀人才培养"及"中央高校基本科研业务费基金（2009QH03)"的部分资助。

本书可供环境工程专业人员使用，同时也可供煤炭、电力、环境保护、建筑、建材等相关科研和设计部门的工程技术人员和管理人员参考使用。

由于编著者学术水平所限，加之时间仓促，错误之处在所难免，希望读者不吝指正。

编著者

2013 年 12 月

目　录

物理性污染控制与环境物理学综述

1.1 物理环境

在地球表面自然环境体系中存在的重力场、地磁场、电场、辐射场等物理因素的作用下，自然界中各种物质都在以不同的运动形式进行着能量的交换和转化。物质能量交换和转化的过程即构成了物理环境。

物理环境可分为天然物理环境（即原生物理环境，从地球诞生就存在，由自然的声环境、震动环境、电磁环境、放射辐射环境、热环境、光环境构成）和人工物理环境（人类活动的物理因素不同程度地干预天然物理环境所产生的次生物理环境）。两者交叠共存、相互作用。

1.2 物理性污染及特点

众所周知，物理学的基本原理是科学技术发展的理论基础。有了19世纪70年代麦克斯韦（Maxwell）的电磁场理论，才有了今天无线电技术的空前发展，无线通信、雷达、广播、电视等成了时代的"宠儿"。1981年，G. Binnig和H. Rohrer完成的物理学中的一项重大发明——扫描隧道显微镜，揭示了一系列原子、分子世界的图像，使人们可直观地"看"到原子、分子的庐山真面目，预示了用原子直接制造产品的可能性，从固体物理、生物学基础研究到集成电路、超导材料等的工业应用，均已显示了这项发明的重大价值和潜力。物理学原理的应用，在给人类带来光明、带来现代化和灿烂未来的同时，也带来了一系列环境污染问题。

1.2.1 物理性污染种类及危害

1.2.1.1 噪声污染

噪声是发声体做无规则运动时发出的声音，声音由物体振动引起，以波的形式在一定的介质（固体、液体、气体）中进行传播。通常所说的噪声污染皆是人为造成的。从生理学观点来看，凡是干扰人们休息、学习和工作的不需要的声音，统称为噪声。当噪声对人及周围环境造成不良影响时，就形成噪声污染。

A 噪声的分类

（1）噪声按声源的机械特点可分为：气体扰动产生的噪声、固体振动产生的噪声、液体撞击产生的噪声以及电磁作用产生的电磁噪声。

（2）噪声按声音的频率可分为：小于400Hz的低频噪声、400~1000Hz的中频噪声及大于1000Hz的高频噪声。

（3）噪声按其来源则可分为：交通噪声、工业噪声和社会生活噪声。

1）交通噪声。交通噪声主要指各种机动车辆、飞机、火车、轮船等在行驶过程中的振动和喇叭声产生的噪声。它的特点是流动性和不稳定性。对交通干道两侧以及港口、机场附近的居民影响最大。

2）工业噪声。工业噪声指工厂的机器在运转时产生的噪声和建筑工地施工时的噪声。它的特点是具有稳定的噪声源。在工厂和工地工作的人是直接的受害者，在其附近的居民也深受其害。

3）社会生活噪声。社会生活噪声主要产生在商业区。另外，娱乐、体育场所，游行、集会、宣传等社会活动也会产生噪声。其他如家用电器的运转声、宠物的叫声、上楼下楼的脚步声、喧哗声、打闹声等，都属于社会生活噪声。

B 噪声污染的特性

噪声污染既具有公害特性，同时也具有声学特性。

（1）噪声的公害特性。由于噪声属于感觉公害，因此它与其他有害有毒物质引起的公害不同。首先，它没有污染物，即噪声在空中传播时并未给周围环境留下什么毒害性的物质；其次，噪声对环境的影响不积累、不持久，传播的距离也有限；再次，噪声声源分散，而且一旦声源停止发声，噪声也就消失。因此，噪声不能集中处理，需用特殊的方法进行控制。

（2）噪声的声学特性。简单地讲，噪声就是声音，它具有一切声学的特性和规律。但是噪声对环境的影响和它的强弱有关，噪声愈强，影响愈大。衡量噪声强弱的物理量是噪声级。

C 噪声的危害

噪声破坏了自然界原有的宁静，损伤人们的听力，损害人们的健康，影响了人们的生活和工作。强噪声还能造成建筑物的损害，甚至导致生物死亡。噪声已成为仅次于大气污染和水污染的第三大公害，与水污染、大气污染、固体废物污染被看成是世界范围内四个主要环境问题。噪声污染对人、动物、仪器仪表以及建筑物均构成危害，其危害程度主要取决于噪声的频率、强度及暴露时间，其危害主要包括：

（1）噪声对听力的损伤。噪声对人体最直接的危害是听力损伤。人们进入强噪声环境中，暴露一段时间，会感到双耳难受，甚至会出现头痛等感觉。离开噪声环境到安静的场所休息一段时间，听力就会逐渐恢复正常。这种现象叫做暂时性听阈偏移，又称听觉疲劳。但是，如果人们长期在强噪声环境下工作，听觉疲劳不能得到及时恢复，内耳器官会发生器质性病变，形成永久性听阈偏移，又称噪声性耳聋。若人突然暴露于极其强烈的噪声环境中，听觉器官会发生急剧损伤，引起鼓膜破裂出血，螺旋器从基底膜急性剥离，导致人耳完全失去听力，出现爆震性耳聋。

一般情况下，85dB 以下的噪声不至于危害听觉，而 85dB 以上则可能发生危险。统计表明，长期工作在 90dB 以上的噪声环境中，耳聋发病率明显增加。

（2）噪声能诱发多种疾病。因为噪声通过听觉器官作用于大脑中枢神经系统，以致影响到全身各个器官，故噪声除对人的听力造成损伤外，还会给人体其他系统带来危害，如产生头痛、脑涨、耳鸣、失眠、全身疲乏无力以及记忆力减退等神经衰弱症状。长期在高噪声环境下工作的人与低噪声环境下的相比，高血压、动脉硬化和冠心病的发病率要高 2~3 倍，可见噪声会导致心血管系统疾病。噪声也可导致消化系统功能紊乱，引起消化不良、食欲不振、恶心呕吐，使肠胃病和溃疡病发病率升高。此外，噪声对视觉器官、内分泌机能及胎儿的正常发育等方面也会产生一定影响。在高噪声中工作和生活的人们，一般健康水平逐年下降，对疾病的抵抗力减弱，容易诱发一些疾病，但因个人的体质因素而异。

（3）对生活工作的干扰。噪声对人的睡眠影响极大，人即使在睡眠中，听觉也要承受噪声的刺激。噪声会导致多梦、易惊醒、睡眠质量下降等，突然的噪声对睡眠的影响更为突出。噪声会干扰人的谈话、工作和学习。实验表明，当人受到突然而至的噪声一次干扰，就要丧失 4s 的思想集中。据统计，噪声会使劳动生产率降低 10% ~50%，随着噪声的增加，差错率上升。由此可见，噪声会分散人的注意力，导致反应迟钝，容易疲劳，工作效率下降，差错率上升。噪声还会掩蔽安全信号，如报警信号和车辆行驶信号等，以致造成事故。

研究结果表明：连续噪声可以加快熟睡到轻睡的回转，使人多梦，并使熟睡的时间缩短；突然的噪声可以使人惊醒。一般来讲，40dB 连续噪声可使 10% 的人受到影响；70dB 可影响 50%；而突发的噪声在 40dB 时，可使 10% 的人惊醒，到 60dB 时，可使 70% 的人惊醒。噪声长期干扰睡眠会造成失眠、疲劳无力、记忆力衰退，以至产生神经衰弱症候群等，在高噪声环境里，这种病的发病率可达 50% ~60% 以上。

（4）对动物的影响。噪声能使动物的听觉器官、视觉器官、内脏器官及中枢神经系统产生病理性变化。噪声对动物的行为有一定的影响，可使动物失去行为控制能力，出现烦躁不安、失去常态等现象，强噪声会引起动物死亡。鸟类在噪声中会出现羽毛脱落，影响产卵率等行为。

豚鼠暴露在 150 ~160dB 的强噪声场中，它的耳廓对声音的反射能力便会下降甚至消失，强噪声场中反射能力的衰减值约为 50dB。在噪声暴露时间不变的情况下，随着噪声声压级增高，耳廓反射能力明显减小或消失，而听力损失程度也越严重。实验表明，暴露在 150dB 噪声下的豚鼠耳廓反射能力经过 24h 以后基本恢复，这是暂时性的阈移；而暴露在 156dB 或 162dB 噪声场中的豚鼠的耳廓反射能力的下降和消失很难恢复，这是一种永久性的损伤。对在暴露强噪声场中的豚鼠的中耳进行解剖表明，豚鼠的中耳和前庭窗膜都有不同程度的损伤，严重的可以观察到鼓膜轻度出血和裂缝状损伤。在更强噪声的作用下，豚鼠鼓膜甚至会穿孔和出现槌骨柄损伤。动物暴露在 150dB 以上的低频噪声场中，会引起眼部振动，造成视觉模糊。

豚鼠在强噪声场中体温会升高，心电图和脑电图明显异常。心电图有类似心力衰竭现象。在强噪声场中脏器严重损伤的豚鼠在死亡前记录的脑电图表现为波律变慢、波幅趋于低平。经强噪声作用后，豚鼠外观正常，皮下和四肢并无异常状况，但通过解剖检查却可以发现，几乎所有的内脏器官都受到损伤。两肺各叶均有大面积淤血、出血和淤血性水肿。在胃底和胃部有大片淤斑，严重的呈弥漫性出血甚至胃黏膜破裂，更严重的则是胃部大面积破裂。盲肠有斑片状或弥漫性淤血和出血，整段盲肠呈紫褐色。其他脏器也有不同程度的淤血和出血现象。

大量实验表明，强噪声场能引起动物死亡。噪声声压级越高，使动物死亡的时间越短。例如，170dB 噪声大约 6min 就可能使半数受试的豚鼠致死。对于豚鼠，噪声声压级增加 3dB，半数致死时间相应减少一半。

实验还证明，动物在噪声场中会失去行为控制能力，不但烦躁不安而且失却常态。如在 165dB 噪声场中，大白鼠会疯狂蹿跳、互相撕咬和抽搐，然后就僵直地躺倒。

（5）对仪器设备和建筑结构的危害。实验研究表明，特强噪声会损伤仪器设备，甚至使仪器设备失效。噪声对仪器设备的影响与噪声强度、频率以及仪器设备本身的结构与安装方式等因素有关。当噪声级超过 150dB 时，会严重损坏电阻、电容、晶体管等元件。当特强噪声作用于火箭、宇航器等机械结构时，由于受声频交变负载的反复作用，会使材料产生疲劳现象而断裂，这种现象叫做声疲劳。

噪声对建筑物结构也会产生一定的危害，当超过 140dB 时，对轻型建筑开始有破坏作用。如超声速飞机在低空掠过时，在飞机头部和尾部会产生压力和密度突变，经地面反射后形成 N 形冲击波，传到地面时听起来像爆炸声，这种特殊的噪声叫做轰声。在轰声的作用下，建筑物会受到不同程度的破坏，如出现门窗损伤、玻璃破碎、墙壁开裂、抹灰震落、烟囱倒塌等现象。由于轰声衰减较慢，因此传播距离远、影响范围广。此外，在建筑物附近使用空气锤、打桩或爆破，也会导致建筑物的损伤。

1.2.1.2　热污染

热污染主要包括城市热岛效应和水体热污染两个方面。

城市热岛效应是指人口高度密集、工业集中的城市区域气温高于郊区的现象，产生该现象的主要原因是：（1）城市中高密度的各类建筑物及宽阔的马路均有良好的导热性能，它们可以将自身所吸收的太阳光能量传递给周围的空气，使得气温升高；（2）人口高度密集、工业集中，有大量人为热量释放到大气中；（3）高耸入云的建筑物造成近地表风速降低、通风不畅；（4）人为释放的各类废气改变了城市上空的大气组成，使大气对太阳辐射及地面长波辐射的吸收能力增强。

城市热岛效应的主要危害是：由于市区气温高，郊区的冷空气就会向市区汇流，结果将郊区工厂的烟尘和由市区扩散到郊区的污染物重新带入市区上空，加重了大气污染程度。

水体热污染主要是由于电厂、化工、轻工等行业将较高温度的冷却水直接排入江、河、湖泊等，使接纳水体局部水温升高，使地表水体的自净能力降低，蒸发速率增大，进而影响水生态平衡，导致水质恶化，危害渔业生产，影响人们的日常生活。

1.2.1.3　光污染

光污染问题最早于 20 世纪 30 年代由国际天文界提出，他们认为光污染是城市室外照明使天空发亮造成对天文观测的负面的影响。后来英美等国称之为"干扰光"，在日本则称为"光害"。光污染泛指影响自然环境，给人类正常生活、工作、休息和娱乐带来不利影响，损害人们观察物体的能力，引起人体不舒适感和损害人体健康的各种光。人的眼睛由于瞳孔的调节作用，对于一定范围内的光辐射都能适应，但光辐射增至一定量时，将会对于人体健康产生不良影响，这称为"光污染"。全国科学技术名词审定委员会审定公布光污染的定义为：过量的光辐射对人类生活和生产环境造成不良影响的现象，包括可见光、红外线和紫外线造成的污染。

（1）可见光污染。可见光污染比较常见的是眩光。例如，汽车夜间行驶时照明用的车头灯、工厂车间里不合理的照明布置，会使人的视觉瞬间下降；核爆炸时产生的强闪光，可使几公里范围内的人的眼睛受到伤害；电焊时产生的强光，如果没有适当的防护措施，也会伤害人的眼睛；长期在强光条件下（如冶炼、熔烧、吹玻璃等）工作的人，也会由于强光而使眼睛受到伤害。随着城市建设的发展，太阳光的反射造成的污染日趋严重。在城市，特别是大城市里，高大建筑物的玻璃幕墙，会产生很强的镜面反射。玻璃幕墙的光反射效应在光线强烈的夏季特别显著，它会使局部地区的气温升高，强烈的反射光使人头晕目眩、双眼难睁，不仅影响人们的正常工作和休息，而且会影响街道上的车辆行驶及行人的安全。

（2）红外线污染。红外线是一种热辐射，对人体可造成高温伤害。较强的红外线可造成皮肤伤害，其情况与烫伤相似。最初是灼痛，然后是造成烫伤。波长为 750～1300nm 的红外线，对眼角膜的透过率很高，可造成视网膜的伤害。尤其是 1100nm 附近的红外线，可使眼的前部介质（角膜、晶体等）不受损害而直接造成眼底视网膜烧伤。波长 1900nm 以上的红外线几乎全部被眼角膜吸收，会造成眼角膜烧伤。波长大于 1400nm 的红外线的能量绝大部分被角膜和眼内液所吸收，透不到虹膜。只有 1300nm 以下的红外线才能透到虹膜，造成虹膜伤害。人眼如果长期暴露在红外线下可能引起白内障。

（3）紫外线污染。紫外线对人体主要是伤害眼角膜和皮肤。造成角膜损伤的紫外线主要在 250～305nm 范围，而其中波长为 288nm 的作用最强。角膜多次暴露于紫外线，并不增加对紫外线的耐受能力。紫外线对角膜的伤害作用表现为一种叫做畏光眼炎的极痛的角膜白斑伤害。除了剧痛外，还导致流泪、眼睑痉挛、眼结膜充血和睫状肌抽搐。适当和适度的接受紫外线照射，可使肌体皮下脂肪中的一种胆固醇转化成对身体有益的维生素 P12（骨化醇），但是过度照射紫外线则可能损害人体的免疫系统，导致多种皮肤损害。紫外线对皮肤的伤害作用主要是引起红斑和小水疱，严重时会使表皮坏死和脱皮。人体胸、腹、背部皮肤对紫外线最敏感，其次是前额、肩和臀部，再次为脚掌和手背。不同波长紫外线对皮肤的效应是不同的，波长 280～320nm 和 250～260nm 的紫外线对皮肤的效应最强。

1.2.1.4 电磁波污染

影响人类生活环境的电磁污染源可分为天然的和人为的两大类：（1）天然的电磁波污染是由某些自然现象引起的。如雷电，除了可能对电器设备、飞机、建筑物等直接造成危害外，还会在广大地区从几千赫到几百兆赫以上的范围内产生严重的电磁干扰。或者如火山喷发、地震、太阳黑子活动引起的磁暴等都会产生电磁干扰，这些电磁干扰对通讯的破坏特别严重。（2）人为的电磁波污染主要有：1）脉冲放电，如切断大功率电流电路产生的火花放电，会伴随产生很强的电磁波。2）工频交变电磁场，如大功率电机变压器以及输电线附近的电磁场。3）射频电磁辐射，如无线电广播、电视、微波通信等各种射频设备的辐射，它的特点是频率范围广、影响区域大，已成为电磁污染的主要因素。

研究表明，电磁波的频率超过 1×10^5 Hz 时，就会对人体构成潜在的威胁。由于它无色、无味、无形，其危害性很容易被人们所忽视。假如长期暴露在超过安全的辐射剂量下，就会大面积杀伤（甚至杀死）人体细胞。电磁波还会影响和破坏人体原有的电流和磁场，使人体原有的电磁场发生变异，干扰人体的生物钟，导致生态平衡出现紊乱、自主神经失调。但也有学者认为，高频电磁辐射，如 γ 射线、X 射线（来源于宇宙射线和原子辐射）的能量很大（$E = h\nu$，其中 ν 为电磁波的频率），可以破坏分子内部的化学键，甚至会损伤生物体内的 DNA，引起肿瘤和白血病。但由家用电器和高压电缆产生的电磁场频率非常低，没有足够的能量破坏化学键，只能引起分子振荡，使生物组织发热。正常情况下，这种电磁场产生的感应电流强度比人体中自然存在的电流强度还低，不足以对人体构成威胁。居室中的辐射源如电视、冰箱、空调、电脑、吹风机、搅拌器等，其中大型的家用电器均有屏蔽电磁场的保护壳，影响不大。其他电器如手机、室外的变电室、高压输电线、电缆、无线电波、微波等，它们携带的能量均低于 γ 射线和 X 射线，也不会给人体造成大的伤害。

1.2.1.5 放射性污染

在自然界和人工生产的元素中，有一些元素能自动发生衰变，并放射出肉眼看不见的射线，这些元素统称为放射性元素或放射性物质。

放射性元素的原子核在衰变过程放出 α、β、γ 射线的现象，俗称放射性。由放射性物质所造成的污染，称为放射性污染。放射性污染的来源有：原子能工业排放的放射性废物，核武器试验的沉降物以及医疗、科研排出的含有放射性物质的废水、废气、废渣等。

（1）对大气的污染。放射性物质进入大气后，对人产生的辐射伤害通常有三种方式：1）浸没照射。人体浸没在有放射性污染的空气中，全身的皮肤会受到外照射。2）吸入照射。吸入有放射性的气体，会使全身或甲状腺、肺等器官受到内照射。3）沉降照射。指沉积在地面的放射性物质对人体产生的照射，如放射性物质直接释放出射线的外照射或通过食物链而转移到人体内产生的内照射。沉降照射的剂量一般比浸没照射和吸入照射的剂量小，但有害作用持续时间更长。

（2）对水体的污染。核试验的沉降物会造成全球地表水的放射性物质含量提高。核企业排放的放射性废水，以及冲刷放射性污染物的用水，容易造成附近水域的放射性污染。地下水受到放射性污染的主要途径有：放射性废水直接注入地下含水层、放射性废水排往地面渗透池、放射性废物埋入地下等。地下水中的放射性物质也可以迁移和扩散到地表水中，造成地表水的污染。如日本福岛第一核电站发生放射性物质泄漏，污染了地表水和地下水，影响饮水水质，并且污染水生生物和土壤，又通过食物链对人体产生内照射。

（3）对土壤的污染。放射性物质可以通过多种途径污染土壤。如放射性废水排放到地面上、放射性固体废物埋藏到地下、核企业发生的放射性排放事故等，都会造成局部地区土壤的严重污染。

（4）对人体的危害。放射性损伤有急性损伤和慢性损伤。如果人在短时间内受到大剂量的 X 射线、γ 射线和中子的全身照射，就会产生急性损伤，轻者有脱毛、感染等症状。当剂量更大时，会出现腹泻、呕吐等肠胃损伤。在极高的剂量照射下，将产生中枢神经损伤甚至死亡。

对于中枢神经，症状主要有无力、倦怠、无欲、虚脱、昏睡等，严重时全身肌肉震颤而引起癫痫样痉挛。细胞分裂旺盛的小肠对电离辐射的敏感性很高，如果受到照射，上皮细胞分裂受到抑制，很快会引起淋巴组织破坏。

放射能引起淋巴细胞染色体的变化。在染色体异常中，用双着丝粒体和着丝粒体环估计放射剂量。放射照射后的慢性损伤会导致人群白血病和各种癌症的发病率增加。

因此，放射性污染的特点主要表现为：（1）绝大多数放射性核素毒性，按致毒物本身质量计算，均高于一般的化学毒物。（2）按放射性损伤产生的效应，可能影响遗传给后代带来隐患。（3）放射性剂量的大小只有辐射探测仪才可以探测，非人的感觉器官所能知晓。（4）射线的辐照具有穿透性，特别是 γ 射线可穿透一定厚度的屏障层。（5）放射性核素具有蜕变能力。（6）放射性活度只能通过自然衰变而减弱。

1.2.1.6 悬浮物质污染

狭义的悬浮物质是指水中含有的不溶性物质,包括固体物质和泡沫塑料等。它们是由生活污水、垃圾和采矿、采石、建筑、食品加工、造纸等产生的废物泄入水中或农田的水土流失所引起的。悬浮物质影响水体外观,妨碍水中植物的光合作用,减少氧气的溶入,对水生生物不利。

广义的悬浮物污染还包括空气中的悬浮颗粒物及气溶胶态物质,即通常意义上的大气颗粒物(TSP)、可吸入颗粒物(PM_{10})及可入肺颗粒物($PM_{2.5}$)等。可吸入颗粒物的来源可以分为天然源、人为源和混合源。天然源主要包括地面扬尘、火山喷发所释放出的火山灰、大风或干旱所引起的沙尘以及植物的花粉、孢子等;人为源主要是燃料燃烧过程中形成的烟尘、飞灰,工业生产过程中所散发出来的原料或产品微粒,汽车尾气中的含铅化合物等;混合源是指既受到自然力作用又受到人为力作用而排放的颗粒物,主要是扬尘。在不同的国家和地区,可吸入颗粒物的来源因各自的经济水平、能源结构、工艺方法以及管理水平等的不同而差别很大,通常贡献率比较大的几种排放源是燃煤烟尘、冶金工业、汽车尾气、物料转运、建筑施工以及地面扬尘等。

$PM_{2.5}$不是一种单一成分的空气污染物,而是由来自许多不同的人为或自然污染源的大量同化学组分一起组成的一种复杂而可变的大气污染物。就产生过程而言,$PM_{2.5}$可以由污染源直接排出(称为一次粒子),也可以是各污染源排出的气态污染物经过冷凝或在大气中发生复杂的化学反应而生成的(称为二次粒子)。$PM_{2.5}$中的一次粒子主要是 OC(有机碳)、EC(元素碳)和土壤尘等。$PM_{2.5}$中的二次粒子主要有硫酸盐、硝酸盐、铵盐和半挥发性有机物等。$PM_{2.5}$中的一次粒子主要产生于石化燃料(主要是石油和煤炭)和生物质的燃烧,但在一些地区某些工业过程也能产生大量的一次颗粒,来源包括从铺装路面和未铺装路面扬起的无组织排放及矿物质的加工和精炼过程等,其他的来源如建筑、农田耕作、风蚀等的地表尘对环境 $PM_{2.5}$ 的贡献则相对较小。可凝结粒子主要由可在环境温度凝结而形成颗粒物的半挥发性有机物组成。$PM_{2.5}$由多相化学反应而形成,而普通的气态污染物通过该反应可转化为极细小的粒子,二次有机气溶胶在一些地区也可能是重要的组成部分。如北京地区 $PM_{2.5}$ 中 VOCs 的分担率占到了 22% 左右,其中的 VOCs 主要来自于汽车尾气的排放。

PM_{10}可吸入颗粒物的危害在于被人吸入后,会累积在呼吸系统中,引发许多疾病。颗粒物的直径越小,进入呼吸道的部位越深。$10\mu m$ 直径的颗粒物通常沉积在上呼吸道;粒径 $10\mu m$ 以上的颗粒物,会被挡在人的鼻子外面;粒径在 $2.5\sim10.0\mu m$ 之间的颗粒物,能够进入上呼吸道,但部分可通过痰液等排出体外,对人体健康危害相对较小。而 $PM_{2.5}$ 的直径还不到人的头发丝粗细的 1/20,危害较大。

$PM_{2.5}$颗粒的危害在于:(1)可以穿透人体呼吸道的防御毛发状结构(也就是鼻腔中的鼻纤毛)进入人体内部,引发人体整个范围的疾病。$PM_{2.5}$对心血管系统也可以产生毒性作用。它主要通过两条途径危害人体的心血管:一是通过引起炎症反应及继发的高凝状态,二是通过改变自主神经功能。人体吸入 $PM_{2.5}$ 颗粒物后可能会引发机体的一系列急性应激反应,并改变循环系统功能,从而导致心血管系统疾病的发生。大量流行病学研究证明,心血管系统疾病患者的入院率和病死率与室外空气污染相关,特别是与 $PM_{2.5}$ 浓度相关。Schwartz 等研究发现,心肺疾病的日病死率增加与 $PM_{2.5}$ 有密切的关系,$PM_{2.5}$ 日平均值每增加 10 μg/m³，当日的病死率会增加 1.5%。（2）$PM_{2.5}$ 对大气能见度有强烈的消光能力，使大气的消光度数倍甚至数十倍地增加，使视野大大缩短，远处变成一片暗灰色。能见度的下降让大自然的美丽风景变得黯然失色，容易使人的心理健康受到影响；能见度下降严重时，还可能导致交通受阻等。Sloane 等研究表明，能见度降低的主要原因是物体和环境之间失去了对比度以及大气细颗粒和气体污染物对光的吸收和散射减弱了光信号。（3）$PM_{2.5}$ 浓度太高对气候最显著的影响是日照显著减少，$PM_{2.5}$ 同时还改变了气温和降水模式，导致我国雾天增多。有关这一类控制可参见本书作者所著的《大气颗粒物控制》一书，本书将不再详细介绍。

1.2.2　物理性污染特点

　　物理性污染同化学性污染和生物性污染是不同的。化学性污染和生物性污染是环境中有了有害的物质和生物，或者是环境中的某些物质超过正常含量，即使污染源停止排放，污染物仍存在，并且可以扩散，进而对人体及生态造成危害。而天然物理性的声、光、热、电磁场等在环境中是永远存在的，它们本身对人无害，只是由于人为造成的环境中含量过高或过低而造成污染或异常现象才对人体及生态造成危害。物理性污染一般是局部性的能量污染，同时在环境中不会有残余物质存在。此外物理性污染具有时间、空间上的局限性和分散性，区域性、全球性污染现象比较少见，危害也不像化学性污染和生物性污染那么明显，具有一定的隐蔽性。

1.3　环境物理学的产生和发展

　　物理学原理的应用在某些方面对我们的环境造成了一定程度的污染，但是我们也能借助物理学原理来改善环境。事实上，物理学家已经使用物理学的某些原理来解决了一些环境污染的实际问题。例如，应用波的相干性原理发展起来的有源消声技术，使用人为产生的次级声场去控制原有噪声场，其基本思想是从原有噪声场中拾取噪声信号，经延时、倒相和放大后建立次级声场，使其与原声场产生相消干涉。这个思想是 1933 年 Paul Lueg 在其申请的一个专利中提出的，但限于当时的电子技术水平，Paul 没有给出一个实际的系统。随着电子电路与信号处理技术的发展，大规模集成电路与数字电路以极快的速度进入各种控制系统，特别是 80 年代后期人们集中更多的精力，从理论上和实验上反复探索，不断改进信号处理器软、硬件技术，三维空间有源降噪声取得显著进展。又如，为解决由内燃机引起的空气污染，人们利用力学原理寻找一种内燃机的代用品——超级飞轮。它是一个动能源，这种飞轮在瑞士公共汽车上已经使用了好几年，由于经济和其他因素，实验仅仅取得了一定的成功。目前，人们正在利用物理学的基本原理，寻找各种"清洁能源"以替代燃煤和燃油。在以色列和约旦，屋顶太阳能收集器已为家庭使用热水提供了 25% ~ 65% 的能源；美国加利福尼亚有 1.5 万台风轮机，每年发电 $25 \times 10^8 kW \cdot h$，足以满足旧金山所有家庭的需要；供上下班使用的太阳能小汽车的样车已诞生；人们还正在研究由氢和氧混合时所释放出的爆炸性能量驱动发动机的汽车，用氢燃料代替汽油的无污染汽车可望不久将在马路上奔驰。因此，利用物理学基本原理控制环境污染是环境物理学的重要任务之一。

　　物理学又是环境测量的理论基础。例如，许多热电厂利用湖水或河水来冷却，并把高温热水排入湖泊或河流，这些热水一方面把鱼类杀伤，另一方面促使藻类和其他植物大量繁殖生长，使其像绿色地毯似的覆盖着水面，造成阳光辐射减弱，导致被覆盖在下面的生命消亡。如何准确地测量热水排放点及附近湖（河）水的温度呢？在物理学中，一个黑体吸收热辐射的全部波长，同样也发射出全部波长。作为一种很好的近似，即使河流通常并不黑，它的作用也与黑体相似，因而可以使用普朗克定律 $E = K_1 \exp\ (K_2/T)^{-1}$ 测量特定波长发出的能量，从而求得温度。上式中，K_1、K_2 都是常数；T 是温度。又如，利用电磁辐射或激光检测海面的泄油情况。激光在水中的吸收作用可以用比尔－朗伯定律来描述，即 $I = I_0 \exp\ (-\alpha z)$，式中，$I$、$I_0$ 分别为反射光和入射光的光强；z 是水或油的厚度；α 是吸收系数。由于油的 α 值比水大得多，因此在计算中可以不考虑油膜下面的水。在飞机上直接向油膜发射激光，利用反射光的百分数，就能直接标出油膜厚度。

总之，物理学的基本原理不仅能用来测量环境污染的程度，而且能用于控制污染改善环境，为人类创造一个适宜的物理环境。

1.3.1 环境物理学的产生

20 世纪初人们开始研究声、光、热等物理现象对人类生活和工作的影响，并逐渐形成了在建筑物内部为人类创造适宜的物理环境的学科，即建筑物理学。20 世纪 50 年代后，建筑物外部的物理环境对人类生存的影响越来越大，对人类造成越来越大的危害，才促使声学、热学、光学、电磁学、力学、放射学等学科开展对环境的影响以及消除这些影响的技术途径与控制措施的研究，并取得一系列的成果，从而出现了一些新的学科分支，如环境声学、环境光学、环境电磁学、环境热学、电离辐射防护，使环境物理学逐渐形成一个独立的科学领域。但其中仅环境声学及电离辐射防护学较为成熟，其他学科还没有完全定型，因此环境物理学还是一个正在形成中的学科。环境物理学是在物理学的基础上发展起来的一门新兴学科，它从物理学的角度探讨环境质量的变化规律，以及保护和改善环境的措施。

人们发现噪声污染的时间较早。大约在一二百年前，锻造工人、织布机挡车工、造船和锅炉制造的铆焊工，由于长期在噪声环境中工作而饱受职业性噪声的危害，1765 年有人提出了铜匠、锻造工的噪声性耳聋的报告。随着近代城市人口的增长及交通工具的发展，环境噪声的问题日益受到重视。1930 年，美国纽约市开始进行了大规模的城市噪声调查，60 年代许多国家的城市噪声问题日益突出，已成为城市"四大公害"之一。1971 年，美国成立了噪声控制工程学会。1974 年，在第八届国际声学会议上正式采用"环境噪声"这一术语，而且作为这次会议议程的重点。近年，科学研究工作者把城市噪声污染规律和环境噪声评价方法的研究与以往噪声控制、心理声学和生理声学的研究有机地联系在一起，形成了一门"环境声学"。研究噪声污染规律，噪声的产生、传播和控制及其对人体健康影响的机理的科学，并已成为声学的一门分支学科。

电离辐射是指宇宙中的某些射线在其行进路程中将能量传递给介质元素的原子的电子壳而产生电离，被电离的离子又通过电离作用破坏分子结构而产生的辐射。人类生存的地球经常遭受天然的电离辐射。天然的电离辐射通常来自三方面：一是宇宙线；二是地壳中天然放射性元素；三是存在于表层土壤、水相大气中的天然性元素，并可随着食物或水进入人体。

　　19 世纪末，科学家发现了 X 射线和放射性。不久医疗上出现了 X 射线照相技术及其在其他方面的应用，从此人们接触到辐射并遭受辐射损伤的机会大大增多。1911 年就有关于 X 射线操作者患白血病的报告，以后又在美国发现放射科医生的白血病发生率比非放射科医生高。大约在同一时期，又发现从事钟表发光标度盘涂漆的工人也因长期接触放射物质而受害，最初是再生性障碍性贫血症，后来出现骨癌，从而人们进一步注意到人体内沉积的放射物质的危害性，并促使人们不得不加强辐射防护措施的研究。1928 年，国际放射学会议发起成立了国际 X 射线和镭防护委员会，1950 年又改名为国际放射防护委员会。它主要是研究和推荐辐射防护标准和防护方法。1955 年，第十届联合国大会通过决议成立了原子辐射影响问题科学委员会，放射防护研究逐渐成为一门独立的学科，即放射卫生学，主要研究有关放射的卫生标准、放射性物质的生产和使用单位的卫生防护、消除放射性沾污以及防治放射性物质对生产场所和周围环境的影响。60 年代以后，由于核电站的大量建设和原子能的广泛应用，环境中的电离辐射污染越来越引起人们的重视，并成为防治环境污染的一项重要内容，同时也促进了放射防护技术的研究。

　　1831 年，英国物理学家法拉第发现了电磁感应现象。到了 19 世纪 80 年代，人们利用电磁感应原理，建立起世界上第一座发电站。从此，人类便大步迈进了电磁辐射的应用时代。我们知道，电磁作用力是自然界四种基本相互作用力之一。地球上生命的起源与繁殖，完全依赖于太阳辐射的能量。我们不仅依靠阳光中的红外线获得温暖，而且还利用可见光提供照明、方便生活，体味五彩斑斓的世界。当前，电视、电话、手机、电脑、互联网及绿色能源等科技成果，已深入到我们工作和生活的方方面面。神奇的电磁波更让我们走进了信息高速公路的时代，人们足不出户，瞬间即可分享全球人类的精神文明，使地球村成为现实。总之，电磁辐射给人带来了诸多的方便。但是，如果使用不当，电磁辐射就会成为电磁污染，从而威胁人类的身体健康。

　　电磁辐射到底对人体健康有没有影响的争论早在 20 年前就开始了。有的科学家认为，电磁辐射对人体确实有害。一份由 11 位美国电磁场学家历时 9 年完成的关于电磁场对人体健康影响的报告指出，数以百万计的人由于长期暴露在来自电缆和家庭电器的电磁辐射中，所面对患癌症和退化性疾病的危险正在增加。据报道，美国一科学家小组 1999 年一项最新研究对比实验表明，每天接受 2h 电磁辐射的小白鼠，大脑思维出现混乱，不能准确辨别方向，而对照组的小白鼠全部顺利游到对岸。但有的科学家则不以为然，他们指出，在同等条件下，为何只有个别人出现症状呢？科学界又提出热效应和非热效应之说。所谓热效应，就是高频电磁波直接对生物肌体细胞产生"加热"作用。由于它是穿透生物表层直接对内部组织"加热"，而生物体内部组织散热又困难，所以往往肌体表面看不出什么，可是其内部组织已严重"烧伤"。微波炉就是根据此原理加热食物的。专家指出，不同的人或者同一个人的不同器官对热效应的承受能力是不一样的。老人、儿童、孕妇属于敏感人群，而心脏、眼睛和生殖系统等属于敏感器官。至于非热效应，专家的解释是：电磁辐射作用于人体的辐射系统，影响新陈代谢及大脑电流，使人的行为发生变化及相关器官发生变化，并进而影响人的循环系统、免疫及生殖和代谢功能，严重的会诱发癌症。至今，科学家对电磁辐射于人体健康影响的研究仍在进一步探索之中。

　　目前，电磁辐射对人体有危害已是被诸多专家所公认。但凡事都有个度，只要控制在这个度的范围内，事态便会良好。电磁辐射防护标准在经历了较长时间的探讨后，至今没有全世界统一的标准。我国在考察了东西方各国的防护标准后，制定给出最敏感段标准对公众为 $40\mu W/cm^2$，比西方和国际上的标准还严格 4 倍。

1.3.2 环境物理学的定义及学科体系

环境物理学是由环境科学（environmental sciences）和物理学（physics）交叉发展起来的一门学科。环境物理学着重从环境科学与物理学相结合的观点，研究发生在土壤圈、大气圈、水圈、冰雪圈和生物圈中的环境物理现象、规律及其理论，以及人类社会相互作用及可持续发展的物理机制与途径。

环境物理学按其研究的对象可分为环境声学（声的传播理论、噪声污染及其防护等）、环境振动学、环境热学（热的传播、地球系统热量平衡、人为热释放及其对区域环境气候的影响等）、环境光学（光的传播、光通信、光污染及其防护等）、环境电磁学（人类生存环境中的电磁辐射、电磁辐射污染与防护等）、环境空气动力学及地球陆面过程环境物理学（地球系统环境中能量与物质的传输，包括太阳辐射能量、大气运动能量及水汽碳氮循环等）等分支学科。

1.3.2.1 环境声学

环境声学是环境物理学的一个分支学科，它研究声环境及其同人类活动的相互作用。

人类生活的环境里有各种声波，用来传递信息和进行社会活动的，是人们需要的；而影响人的工作和休息，甚至危害人体的健康的，则是噪声。为了改善人类的声环境，保证语言清晰可懂、音乐优美动听，20 世纪初，人们开始对建筑物内的音质问题进行研究，促进了建筑声学的形成和发展。50 年代以来，人类生活环境的噪声污染日益严重，人们开始了在建筑物内和在建筑物外的一定的空间范围内控制噪声的研究，研究涉及物理学、生理学、心理学、生物学、医学、建筑学、音乐、通信、法学、管理科学等许多学科，经过长期的研究，成果逐渐汇聚，形成了一门综合性的科学——环境声学。在 1974 年召开的第八届国际声学会议上，环境声学这一术语被正式使用。

近年来，噪声控制研究受到普遍重视，对声源的发声机理、发声部位和特性，以及振动体和声场的分析和计算，都有重大发展。

在机械振动、声场分布以及两者间耦合的理论方面，经典的格林函数已普遍用于振动系统的理论分析。声学工作者把量子力学的处理方法应用到声场分析，形成了简正振动方式（或称简正波）理论。在频率较高时，用统计方法分析振动中的能量关系，发展了统计能量分析（SEA）。利用瑞利提出最大动能等于最大位能，算出振动基频的物理方法，创造出有限元方法及边界元方法。能量流技术在计算和降低机器噪声方面也得到应用。特别是计算机和信息技术的飞速进展，使许多相当复杂的声学计算，如导弹和飞机噪声等得到了简化处理。计算机用快速傅里叶积分计算自相关函数、互相关函数、相干函数，使人们对噪声源识别、声强测量提高到一个新的高度。著名的噪声控制八大技术——声源控制、吸声、隔声、消声器、隔振、阻尼、个人防护、建筑布局，在主要方面已经成熟，并实现了噪声控制设备及测量仪器产业化。声源是环境声学的核心问题，近年来人们不仅对声源的本质有了深刻的认识，而且在声源控制实践方面取得了一系列重大成果。例如，欧美的声学家使喷气式客机噪声由过去 120～130dB（A）降到如今的 80dB（A），几乎每 10 年降低 10dB（A）。而近年来美国又推出静音飞机的计划，其目标是，在机场周边的加权平均噪声级为 63dB（A），低于公路交通噪声平均值。低噪声风机、电机、冷却塔和低噪声家电设备等已成为当代的时尚产品。而有源噪声控制，如电子消声器的研究和应用也取得了重要进展，在飞机座舱、船舰、中央空调管道等均起到了显著的降噪效果。

在测量手段方面，利用物理原理发展的声音强度测量，可以直接求得声源发出的总声功率及其各部分的发声情况。

在气流噪声的研究中弄清了噪声与压力、喷口等的关系；在撞击噪声的研究中，求得了加速噪声、自振噪声等的特性及其在总噪声中的地位。

在噪声控制方面，发展了各种新型吸声、隔声材料和结构。例如，各种无纤维吸声材料或结构，已经实现了工业化应用；马大猷院士在 60 年代后期提出微穿孔板吸声体，在国内外广泛响应并趋于实用；最近又有学者提出微缝吸声体理论；德国夫琅霍费建筑研究所还发展了一种聚碳酸能薄膜穿孔吸声结构。

在隔声材料方面，最近出现了一种称为"声学晶体"的新型组合材料，它由局部共振结构单元组成。通过改变结构单元的大小和几何形状，可以调谐频率范围并使范围内有效弹性常数为负，从而成为反射器的材料，显示出比相关波长小两个数量级的点阵常数的谱隙，打破了传统的"质量定律"的声传输规律。

近年来，环境声学又面临一个新的飞跃。例如，最近英国出版了一本官方噪声地图《伦敦道路交通噪声地图》，在这张噪声地图上，不同的颜色代表不同的分贝级。人们只要登录噪声地图网站并输入邮编，就可以知道他们居住的街道上噪声的级别。在欧美，许多城市相继公布了噪声地图，噪声已进入了全民和网络监督的新阶段。德国已经有 500 多个城镇绘制了噪声地图，其中大部分城镇还根据噪声地图提出了噪声控制规划。中国也开始了这一工作，北京市劳保所最近绘制了北京市部分地区噪声地图。当前，噪声地图研究发展的重要方向是结合 GIS 技术，实现全面数据共享，从三维空间和时间维度上较为全面地对噪声的影响进行预测和评价。

随着技术的进步以及计算机软硬件技术的迅猛发展，在噪声控制领域，数值计算与仿真也广泛用于噪声源分析、声场或结构响应分析、控制效果预报与优化等许多方面。目前，在国际上已经形成了一系列的商用软件，如 SYSNOISE、ANSYS、AUTOSEA、RAYNOISE、FANNOISE、NASTRAN 等。目前，人们也开始寻找噪声振动分析软件和其他性能分析软件之间的桥梁及通用性，建立"虚拟实验室"，试图打破计算与实验之间的界限，打破各种软件之间的界限。

近年来声景观概念的出现，使人们将控制噪声污染提高到一个新的境界，那就是人不仅需要安静，而且也需要和谐、美妙、舒适的声环境，即近年来发展形成的声景观研究。目前，声景观的研究集中在几个方面进行：（1）视觉和听觉交感作用研究；（2）声景观在声环境设计中的应用研究；（3）不同区域、不同人群的特征声音和特征景观研究；（4）声景观图的研究。

1.3.2.2　环境振动学

环境振动学研究有关振动的产生、测试、评价、控制措施；研究振动环境对人的影响，现代交通运输业和宇航声学的发展，使环境振动学得以迅速地发展。振动本身可形成噪声源，因此，环境振动学与环境声学是密切相关的科学。振动属于瞬时性能量污染。

1.3.2.3 环境热学

环境科学是主要研究热环境及其对人体的影响，以及人类活动对热环境影响的学科。

环境的天然热源是太阳，环境的热特性取决于环境接收太阳辐射的情况，并与环境中大气同地表之间的热交换有关。大气中的臭氧、水蒸气和二氧化碳是影响太阳辐射到达地表的强度的主要因素。在距地面 20～50km 上空的臭氧层，能大量地吸收对生命物质有害的紫外线，是生物得以生存和发展的重要条件。

穿过大气的太阳直接辐射和散射光，一部分被地表反射，一部分被地表吸收。地表由于吸收短波辐射被加热，再以长波向外辐射。大气吸收辐射能后被加热，再以长波向地表、天空辐射。大部分长波辐射能被阻留在地表和大气下层，就使地表和大气下层的温度增高，产生所谓的温室效应。太阳向地表和大气辐射热能，地表和大气之间也不停地进行潜热交换和以对流及传导方式进行的显热交换。

人体不能完全适应天然环境剧烈的寒暑变化，为防御、缓和外界气候变化的影响，人类创造了房屋、火炉等，形成了人工热环境。

人工热环境是人类生活不可缺少的条件。热环境对人体的影响，以及环境与人的热舒适之间的关系，是环境热学研究的内容之一。

环境热学要对热污染进行研究，热污染是指因为人类活动影响而造成的对热环境的危害现象。

人类活动主要从以下三个方面影响自然环境，从而引起热污染：（1）人类活动改变大气的组成，从而改变太阳辐射和地球辐射的透过率。如城市排放的烟尘使大气浑浊度增加，影响环境接收太阳辐射。（2）人类活动改变地表状态与反射率，从而改变地表和大气间的换热过程，如大规模的农牧业开发使森林变为农田和草原，再化为沙漠；城市建设使大量的钢筋混凝土建筑物代替了田野和植物，这些现象都使地面的反射率不断改变，从而破坏环境的热平衡，形成热污染。（3）人类活动直接向环境释放热量。如城市消耗大量的燃料，在燃烧过程中产生的能量一部分直接成为废热，另一部分转化为有用功，最终也成为废热向环境散发。据估算，20 世纪末，全世界耗能总量已占地球接收的净辐射的千分之一。

热污染的危害主要表现为大范围的干旱、全球变暖、对水体产生不利影响和降低人体机理的正常免疫功能，它对人类的危害大多是间接的，而人们对它的认识还处于探索阶段。

1.3.2.4 环境光学

环境光学是研究人类的光环境的科学。环境光学的研究内容包括：天然光环境和人工光环境；光环境对人的生理和心理的影响；光污染的危害和防治等。

环境光学是在光度学、色度学、生理光学、心理物理学、物理光学、建筑光学等学科基础上发展起来的。环境光学的定量分析以光度学、色度学为基础，在研究光与视觉的关系上主要借助于生理光学及心理物理学的实验和评价方法。

天然光环境的光源是太阳。研究天然光环境的一项首要工作，就是对一个国家和地区的天然光环境进行常年连续的观测、统计和分析，取得区域性的天然光数据。为了利用天然光创造美好舒适的光环境，环境光学还要研究天然光的控制方法、光学材料和光学系统。

人工光环境较天然光环境易于控制，但电光源的能源利用效率很低，目前由初级能源转换成光能的效率也只有百分之几。研究控制灯光强度和分布的理论及光学器件，探索合理有效的照明方法，也是环境光学研究的内容。

人靠眼睛获得75%以上的外界信息，没有光，就不存在视觉，人类也无法认识和改造环境。环境光学要研究光和视觉、视觉功能与照明条件之间的定量关系，光环境的质量评价指标，为制定照明标准提供依据。

环境光学研究内容另一重要方面是光污染及其防治方法。光污染是指过量的光辐射对人类生活和生产环境造成的不良影响，包括可见光（又称噪光）、红外线、紫外线等引起的污染。例如，城市大气污染严重，空气浑浊，云雾凝聚，造成天然光照度减低，能见度下降，致使航空、测量、交通等室外作业难以顺利进行。又如，城市灯光不加控制，夜间天空亮度增加，影响天文观测；路灯控制不当，照进住宅，影响居民休息等。

另外，大功率光源造成的强烈眩光，某些气体放电灯发射过量的紫外线，以及焊接类生产作业发出的强光，对人体和视觉都有危害。

在城市区域范围内常见的光污染一般分为：（1）白亮污染；（2）人工白昼；（3）彩光污染。

光污染对人体健康的影响主要表现在对眼睛和神经系统的影响。白亮污染由强烈光线的反射引起。长期在白亮污染环境下工作和生活的人，眼角膜和虹膜会受到不同程度的损害，视力下降，白内障发病率高达40%以上，同时，还有可能使人产生头晕目眩、失眠心悸、神经衰弱，严重者可导致精神疾病和心血管疾病。"人工白昼"污染会使人正常的生物节律受到破坏，生活在"不夜城"里的人们，人体的"生物钟"发生紊乱，产生失眠、神经衰弱等各种不适症，导致白天精神萎靡、工作效率低下。彩光污染包括黑光灯和各种彩色灯光的污染。黑光灯所产生的紫外线强度大大高于太阳光中的紫外线，长期受到这些光源中紫外线的照射，可诱发流鼻血、脱牙、白内障，甚至导致白血病和其他癌变。

1.3.2.5 环境电磁学

环境电磁学是环境物理学中新形成的一个分支学科，主要研究各种电磁污染的来源及其对人类生活环境的影响。电磁污染是指天然的和人为的各种电磁波干扰和有害的电磁辐射。

电磁辐射是指能量以电磁波的形式通过空间传播的物理现象，分为广义的电磁辐射和狭义的电磁辐射。广义的电磁辐射又分为电离辐射和非电离辐射两种。凡能引起物质电离的电磁辐射称为电离辐射，包括 X 射线、γ 射线、α 粒子、β 粒子、中子、质子等。不足以导致组织电离的电磁辐射称为非电离辐射，包括极低频（ELF，3Hz～3kHz）、甚低频（VLF，3～30kHz）、射频（100kHz～300GHz）、红外线、可见光、紫外线及激光等。一般所说的电磁辐射是指非电离辐射。

1969 年国际电磁兼容讨论会上，建议把电磁辐射列为必须控制的环境污染危害物，联合国人类环境会议采纳了上述建议，并将此编入《广泛国际意义污染物的控制与鉴定》一文。1972 年，国际大电网会议召开，科学家首次将工频电磁辐射的污染问题作为学术问题进行讨论。70 年代后期，西德科学家通过对电磁污染的深入研究，发展了环境电磁学。1979 年，我国颁布的《中华人民共和国环境保护法》也将电磁辐射列入有害的环境污染物之一。

影响人类生活环境的电磁污染源可分天然的和人为的两大类。天然的电磁污染是某些自然现象引起的。最常见的是雷电、火山喷发、地震和太阳黑子活动。人为的电磁污染主要有脉冲放电、工频交变电磁场、射频电磁辐射。目前，射频电磁辐射已经成为电磁污染环境的主要因素。

电磁辐射对环境的影响包括两个方面：一方面是对仪器设备工作环境的影响，另一方面是对人体健康的影响。在一定强度的电磁波干扰下，会造成导弹系统控制失灵，飞机与卫星指示信号失误。我国广州白云机场在20世纪90年代都有受无线电台的干扰而被迫关闭的事件发生。

电磁辐射对人体健康的影响主要体现在对各器官组织功能效应的影响，目前科学家研究得比较多的主要有：（1）对神经系统的作用；（2）对心血管系统的作用；（3）对血液成分的影响；（4）对内分泌系统的影响；（5）对生殖和子代发育的影响；（6）与癌症、肿瘤的发生关系。

近年来，我国经济与城市化得到迅速发展，城市空域的电磁环境更为复杂，出现了许多新现象、新问题，主要有：（1）城市的发展与扩大，大中型广播电视与无线电通信发射台站被新开发的居民区所包围，局部居民生活区形成强场区；（2）移动通信技术（包括移动电话通信、寻呼通信、集群专业网通信）发展迅速，城市市区高层建筑上架起成百上千个移动通信发射基地站；（3）随着城市用电量增加，10kV和220kV高压变电站进入城市中心区；（4）城市交通运输系统（汽车、电车、地铁、轻轨及电气化铁路）迅速发展引起城市电磁噪声呈上升趋势；（5）个人无线电通信手段及家用电器增多，家庭小环境电磁能量密度增加，室内电磁环境与室外电磁环境已融为一体，城市电磁环境总量在不断增加。

如上所述，恶化的电磁环境不仅对人类生活日益依赖的通信、计算机与各种电子系统造成严重的危害，而且会对人类身体健康带来威胁。为此世界各国都十分重视愈来愈复杂的电磁环境及其广泛的影响，电磁环境保护与电磁兼容技术已成为一个迅速发展的新学科领域。

1.3.2.6 环境空气动力学

所谓环境空气动力学，主要是指应用物理学中的动力学原理，来研究全球气温的变化及空气中污染物的扩散等情况。大气中的气团运动不仅决定了气候的变化，同样也决定了污染物的扩散条件。

如运用理想气体的状态方程和门捷列夫 – 克拉珀龙方程等物理方法，可以科学地解释空气质点上升（下降）、温度下降（上升），海拔上升100m、温度下降约1℃等自然现象。利用动力学原理，结合周围环境情况，研究污染物分子之间以及与周围空气分子之间力的相互作用，可以分析和预测污染物的扩散和迁移情况。

最近频繁出现的"厄尔尼诺"和"拉尼娜"现象，对人类最直接的影响就是全球温度的变化。"厄尔尼诺"导致的异常升温转而又给大气加热，引起了很多难以预测的气候反常现象，虽然人们已经认识到"厄尔尼诺"现象的起因（由于在南半球的太平洋上，原来强劲的东南信风渐渐变弱甚至倒转为西风，而东太平洋沿岸的冷水上翻也会势头减弱甚至完全消失，于是太平洋上层的海水温度便迅速上升，并且向东回流。这股上升的"厄尔尼诺"洋流导致东太平洋海面比正常海平面升高20～30cm，温度上升2～5℃）。但是，如何运用空气动力学的原理，科学地分析和预测这些自然界的异常气温变化，仍然是环境空气动力学的重要研究内容。

此外，放射性污染源以及如何用物理的方法建立各种环境模型也是环境物理研究的内容。

1.3.3 环境物理学的现状和发展

环境物理学的学科体系尚未完全定型，目前主要研究声、光、热、振动、电磁场和射线对人类的影响，以及消除这些影响的技术途径和控制措施，它将在物理环境和物理性污染深入研究的基础上，发展其自身的理论和技术，形成一个完整的学科体系，是环境科学的重要组成部分。

实践中，为解决一项环境问题，往往需要这些学科门类间相互借鉴、渗透，在一个总体目标或方案的构架之下，有针对性地将所涉及的各学科问题逐一解决。这种分支学科间的交叉与渗透，相互影响和兼容，为环境物理学提供了更多的拓展领域和创新机会，为其利用跨学科、多学科的理论和技能去解决当今世界所面临的许多大型的综合性环境问题，提供了可能性，有力地促进了环境物理学向更高层次、统一地、独立地发展。随着新的环境问题不断出现，这种交叉还将继续下去。

环境物理学不仅与物理学科关系密切，还有赖于环境科学体系中其他学科为其提供坚实的理科、工科和法学基础。环境系统是一个有机整体，不是哪一门学科能够包容环境全体和单独解决问题的，包括环境物理学在内的有关环境的研究课题都需要各门基础自然科学（还包括社会科学）的合作和密切配合才能解决。这种来自不同学科、运用不同的原理、方法来解决环境问题的情况，反映了环境物理本身具有多学科性和跨学科性。同时，有关新学科、新理论的涌现，都为环境物理学提供了不可缺少的理论基础、方法论原则和有效的研究工具，推动了其学科建设的实质性进展。

自 20 世纪 70 年代以来，相继出现了 J. L. Monteith 编著的《环境物理原理》（Principles of Environmental Physics，Edward Arnold 出版，1973）和《植被与大气》（Principles of Vegetation and the Atmosphere，Aca – demic Press 出版，1975）；G. S. Campbell 编著的《环境生物物理导论》（An Introduction to Environmental Biophysics，Springer – Verlag 出版，1977）；R. J. Hanks 和 G. L. Ashcroft 编著的《应用土壤物理》（Applied Soil Physics，Springer – Verlag 出版，1980）；E. Boeker 和 R. Van Grondelle 编著的《环境物理学》（Environmental Physics，John Wiley & Sons 出版，1995）的专著相继问世。特别是 E. Boeker 和 R. Van Grondelle 编著的《环境物理学》的内容包括：环境物理学基础（环境与经济系统，温室效应，地球系统物质、能量和动量的输送，社会和政治关系）；基本光谱学（太阳光谱，大气污染光谱）；全球气候（能量平衡，天气和气候学基础，气候变化和模式）；人类应用能源（热输送概念，化石燃料能源，生物能，太阳能，风能，水能，核能）；污染输送（大气污染扩散，河流输送，地表水输送，流体动力学方程，大气湍流，高斯烟云，湍流急流和烟云、粒子物理）；噪声（声学基础，人类感知和噪声等级，声波的传输与衰减）；环境光谱学等。

参 考 文 献

［1］张辉，刘丽．发展中的新兴学科：环境物理学［J］．沈阳师范学院学报，1999（1）：62~67.

［2］方丹群，张斌，翟国庆．环境物理污染、全球暖化与绿色环境产业［J］．西北大学学报，2011，41（2）．

［3］方丹群，等．环境物理污染现状及其控制对策［J］．物理，1985，14（12）：729~733.

［4］Herbert Inhaber. Physics of the environment［M］. Ann Arbor Science Publishers，1978.

［5］Smith B J. Environmental Physics Acoustics［M］. Longmans，1968.

［6］Bassett C R，Pritehard M D W. Environmental Physics Heating［M］. Longmans，1968.

［7］Pritehard M D W. Environmental Physics，Lighting II［M］. Longmans，1978.

［8］陈杰瑢．物理性污染控制［M］．北京：高等教育出版社，2007.

［9］李连山，杨建设，等．环境物理性污染控制工程［M］．武汉：华中科技出版社，2009.

［10］孙兴滨，闫立龙，张宝杰，等．环境物理性污染控制［M］．北京：化学工业出版社，2010.

［11］张宝杰，乔英杰，赵志伟，等．环境物理性污染控制［M］．北京：化学工业出版社，2003.

［12］任连海，田媛，齐运全．环境物理性污染控制工程［M］．北京：化学工业出版社，2008.

［13］陈亢利，钱先友，许浩瀚．物理性污染与防治［M］．北京：化学工业出版社，2006.

［14］刘树华．环境物理学内涵及发展方向［J］．现代物理知识，2010：25~30.

［15］潘仲麟，黄有兴，张邦俊，纪伟昌．环境物理学的产生及其学科体系［J］．杭州大学学报，1995，22：30~33.

2　噪声污染控制

2.1　噪声的评价和控制标准

声音由物体振动引起，以波的形式在一定的介质（如固体、液体、气体）中进行传播。一般情况下，人耳可听到的声波频率为 20~20000Hz，称为可听声；低于 20Hz，称为次声波；高于 20000Hz，称为超声波。我们所听到声音的音调高低取决于声波的频率，高频声听起来尖锐，而低频声给人的感觉较为沉闷。而所谓声音的大小则是由声音的强弱决定的。

从物理学观点来看，噪声是由各种不同频率、不同强度的声音杂乱、无规律地组合而成；乐音则是和谐的声音。判断一个声音是否属于噪声，仅从物理学角度判断是不够的，主观上的因素往往起着决定性的作用。即使同一种声音，当人处于不同状态、不同心情时，对声音也会产生不同的主观判断，此时声音可能成为噪声或乐音。因此，从生理学观点来看，凡是干扰人们休息、学习和工作的不需要的声音，统称为噪声。当噪声对人及周围环境造成不良影响时，就形成噪声污染。声音的来源可以分为两部分：一部分是来源于自然界的，即与人类的生活、生产活动无关的；另一部分是来源于人类的、生产活动的，即人为活动所产生的。

根据污染源的不同，城市环境噪声污染主要包括社会生活噪声污染、交通噪声污染、建筑施工噪声污染和工业生产噪声污染四大类。社会生活噪声指日常生活和社会活动所造成的噪声，包括家庭、商业、文化娱乐场所的噪声等。交通噪声主要是汽车、摩托车、船舶、飞机等各类机动车辆的发动声和喇叭声。建筑施工噪声包括推土机、打桩机、搅拌机及装修机械噪声。工业噪声主要来自工厂的机器高速运转设备、金属加工机床、发动机、发电机、风机等。噪声的来源不同，其特点各异。

2.1.1　噪声的评价

噪声评价的目的是有效地提出适合于人们对噪声反映的主观评价量。噪声变化特性的差异以及人们对噪声主观反应的复杂性使得对噪声的评价较为复杂。多年来，各国学者对噪声的危害和影响程度进行了大量研究，提出了各种评价指标和方法。以这些评价量为基础，各国都建立了相应的环境噪声标准。这些不同的评价量及标准分别适用于不同的环境、时间、噪声源特征和评价对象。由于环境噪声的复杂性，历来提出的评价量（或指标）很多，迄今已有几十种。

2.1.1.1　噪声的评价量

A　响度

声音的强弱叫做响度。响度是感觉判断的声音强弱，即声音响亮的程度，符号为 N，单位为宋（sone），它是衡量声音强弱程度的一个最直观的量。根据响度可以把声音排成由轻到响的序列。响度的大小主要依赖于声强，也与声音的频率有关。声波所到达的空间某一点的声强，是指该点垂直于声波传播方向的单位面积上，在单位时间内通过的声能量。声强的单位是 W/m^2。对于 2000Hz 的声音，其声强为 $2 \times 10^{-12} W/m^2$，人就可以听到。但对于 50Hz 声音，需 $5 \times 10^{-6} W/m^2$，人才能听到。感觉这两个声音的响度相同，但它们的声强差 2.5×10^6 倍。对于同一频率的声音，响度随声强的增加不是呈线性关系，声强增大到 10 倍，响度才增大到 2；声强增大到 100 倍，响度才增大到 3 倍。

B　响度级

以 1000Hz 的纯音做标准，使其和某个声音听起来一样响，那么，此 1000Hz 纯音的声压级就定义为该声音的响度级。它表示的是响度的相对量，即某响度与基准响度比值的对数值，符号为 L_N，单位为方（phon）。当人耳感到某声音与 1000Hz 单一频率的纯音同样响时，该声音声压级的分贝数即为其响度级。所不同的是，响度级的方值与其分贝值的差异随频率而变化。响度级仍是一种对数标度单位，并不能线性地表明不同响度级之间主观感觉上的轻响程度。也就是说，声音的响度级为 80phon 并不意味着比 40phon 响 1 倍。响度定义为正常听者判断一个声音比响度级为 40phon 参考声强响的倍数，规定响度级为 40phon 时响度为 1sone。2sone 的声音是 1sone 的 2 倍响。经实验得出，响度级每增加 10phon，响度增加 1 倍。例如，响度级为 50phon 的响度为 2sone，响度级为 60phon 的响度为 4sone。

响度和响度级的关系为：

$$L_N = 40 + 10lbN \tag{2-1}$$
$$N = 2^{0.1(L_N - 40)} \tag{2-2}$$

C　等响曲线

等响曲线是响度水平相同的各频率的纯音的声压级连成的曲线。在该曲线上，横坐标为各纯音的频率，纵坐标为达到各响度水平所需的声压级（dB），每一条曲线代表一个响度水平，如标有 40dB 的曲线上各点所代表的声音响度是相同的，它们的响度水平都是 40dB。等响曲线如图 2-1 所示。

当外界声振动传入耳朵内时，人们主观感觉上形成听觉上声音强弱的概念。根据前面的介绍，人耳对声振动的响度感觉近似地与其强度的对数成正比。深入的研究表明，人耳对声音的感觉存在许多独特的特性，以至于即使到目前为止，还没有一个人工仪器能具备人耳的奇妙的功能。

人耳能接受的声波的频率范围为 20～20000Hz，宽达 10 个倍频程。人耳具有灵敏度高和动态范围大的特点：一方面，它可以听到小到近于分子大小的微弱振动；另一方面，又能正常听到强度比这大 10^{12} 倍的很强的声振动。与大脑相配合，人耳还能从有其他噪声存在的环境中听出某些频率的声音，也就是人的听觉系统具有滤波的功能，这种现象通常称为"酒会效应"。此外，人耳还能判别声音的音色、音调以及声源的方位等。人对声音的感觉不仅与声振动本身的物理特性有关，而且包含了人耳结构、心理、生理等因素，涉及人的主观感觉。例如，同样一段音乐在期望聆听时会感觉到悦耳，而在不想听到时会感觉到烦躁；同样强度、不同特点的声音会给人以悠闲或危险等截然相反的主观感觉。人们简单地用"响"与"不响"来描述声波的强度，但这一描述与声波的强度又不完全等同。人耳对声波响度的感觉还与声波的频率有关，即使相同声压级但频率不同的声音，人耳听

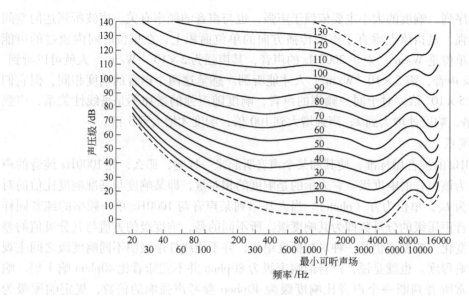

图 2-1 等响曲线

起来会不一样响。例如，同样是 60dB 的两种声音，若一个声音的频率为 100Hz，而另一个声音为 1000Hz，人耳听起来 1000Hz 的声音要比 100Hz 的声音响。要使频率为 100Hz 的声音听起来和频率为 1000Hz、声压级为 60dB 的声音同样响，则其声压级要达到 67dB。

图 2-1 所示为正常听力对比测试所得出的一系列等响曲线，每条曲线上各个频率的纯音听起来都一样响，但其声压级差别很大。例如，图中 70phon 曲线表示，95dB 的 30Hz 纯音、75dB 的 100Hz 纯音以及 61dB 的 4000Hz 纯音听起来和 70dB 的 1000Hz 纯音一样响。图 2-1 中最下面的虚线表示人耳刚能听到的声音，其响度级为零，零等响曲线称为听阈，一般低于此曲线的声音人耳无法听到。图 2-1 中最上面的虚线是痛觉的界限，称为痛阈，超过此曲线的声音，人耳感觉到的是痛觉。在听阈和痛阈之间的声音是人耳的正常可听声范围。

2.1.1.2 斯蒂文斯响度

大多数实际声源产生的声波是宽频带噪声，并且不同的频率噪声之间还会产生掩蔽效应。斯蒂文斯（Stevens）和茨维克（Zwicker）对这种复合声的响度注意了掩蔽效应，得出如图 2-2 所示的等响度指数曲线。对带宽掩蔽效应考虑了计权因素，认为响度指数最大的频带贡献最大，而其他频带声音被掩蔽。它们对总响度的贡献应乘上一个小于 1 的修正因子 F。倍频带、1/2 倍频带、1/3 倍频带的修正因子分别为 0.30、0.20、0.15。

对复合噪声，响度计算方法如下：

（1）测出频带声压级（倍频带或 1/3 倍频带）。

（2）从图 2-2 中查出各频带声压级对应的响度指数。

（3）找出响度指数中的最大值 S_0，将各频带响度指数总和中扣除最大值 S_0，再乘以相应带宽修正因子 F，最后与 S_0 相加即为复合噪声的响度 S，用数学表达式可表示为：

$$S = S_0 + F\left(\sum_{i=1}^{n} s_i - s_0\right) \tag{2-3}$$

求出总响度值后，就可以由图 2-2 右侧的列线图求出此复合噪声的响度级值，或可按式

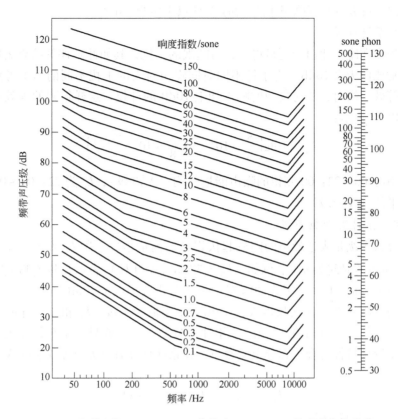

图 2 - 2　斯蒂文斯（Stevens）和茨维克（Zwicker）等响度指数曲线

（2 - 4）计算得出响度级：

$$L_N = 40 + 10lbs \qquad (2-4)$$

2.1.1.3　等效连续 A 声级和昼夜等效声级

A　等效连续 A 声级

A 计权声级对于稳态的宽频带噪声是一种较好的评价方法，但对于一个声级起伏或不连续的噪声，A 计权声级就很难确切地反映噪声的状况。例如，交通噪声的声级是随时间变化的，当有车辆通过时，噪声可能达到 85 ~ 90dB，而当没有车辆通过时，噪声可能仅有 55 ~ 60dB，并且噪声的声级还会随车流量、汽车类型等的变化而改变，这时就很难说交通噪声的 A 计权声级是多少分贝。又如，两台同样的机器，一台连续工作，而另一台间断性地工作，其工作时辐射的噪声级是相同的，但两台机器噪声对人的总体影响是不一样的。对于这种声级起伏或不连续的噪声，采用噪声能量按时间平均的方法来评价噪声对人的影响更为确切，为此提出了等效连续 A 声级评价参量。等效连续 A 声级又称等能量 A 计权声级，它等效于在相同的时间间隔 T 内与不稳定噪声能量相等的连续稳定噪声的 A 声级，其符号为 $L_{Aeq,T}$ 或 L_{eq}，数学表达式为：

$$L_{eq} = 10lg\left[\frac{1}{t_2 - t_1}\int_{t_1}^{t_2}\frac{p_A^2(t)}{p_o^2}dt\right] \quad 或 \quad L_{eq} = 10lg\left[\frac{1}{t_2 - t_1}\int_{t_1}^{t_2}10^{0.1L_{PA}(t)}dt\right] \quad (2-5)$$

式中，$p_A(t)$ 为噪声信号瞬时 A 计权声压，Pa；p_o 为基准声压，为 2×10^{-5}Pa；$t_2 - t_1$ 为测

量时段的间隔，s；$L_{PA}(t)$ 为噪声信号瞬时 A 计权声压级，dB。

B 昼夜等效声级

通常，噪声在晚上比白天更显得吵，对睡眠的干扰尤其如此。评价结果表明，晚上噪声的干扰通常比白天高 10dB。为了把不同时间噪声对人的干扰不同的因素考虑进去，在计算一天的等效声级时，要对夜间的噪声加上 10dB 的计权，这样得到的等效声级为昼夜等效声级，以 L_{dn} 表示：

$$L_{dn} = 10\lg\left[\frac{5}{8} \times 10^{0.1\overline{L}_d} + \frac{3}{8} \times 10^{0.1(\overline{L}_n + 10)}\right] \qquad (2-6)$$

式中，$\overline{L}_d$ 为 07：00 ~ 22：00 测得的噪声能量平均（A 声级）；$\overline{L}_n$ 为 22：00 ~ 07：00 测得的噪声能量平均（A 声级）。

2.1.1.4 累计百分数声级

累计百分数声级是表达噪声的随机起伏程度的衡量指标，用 L_n 表示，即测量时间内高于 L_n 声级所占的时间为 $n\%$。例如，$L_{10} = 70dB$（A 计权）表示在整个测量时间内噪声级高于 70dB 的时间占 10%，其余 90% 的时间内噪声级均低于 70dB。

通常认为，L_{90} 相当于本底噪声级，L_{50} 相当于中值噪声级，L_{10} 相当于峰值噪声级（用于评价涨落较大的噪声时相关性较好）。累计百分数声级一般只用于有较好正态分布的噪声评价。对于统计特性符合正态分布的噪声，其累计百分数声级与等效连续 A 声级之间有近似关系：

$$L_{eq} \approx L_{50} + (L_{10} - L_{90})^2 / 60 \qquad (2-7)$$

2.1.1.5 交通噪声指数

交通噪声指数（TNI）是城市道路交通噪声评价的一个重要参量，它是考虑了噪声起伏的影响，加以计权而得到的。因为噪声级的测量是用 A 计权网络，所以它的单位为 dB（A），其数学表达式为：

$$TNI = 4(L_{10} - L_{90}) + L_{90} - 30 \qquad (2-8)$$

式中，第一项表示"噪声气候"的范围，说明噪声的起伏变化程度；第二项表示本底噪声状况；第三项是为了获得比较习惯的数值而引入的调节量。TNI 评价量只使用于机动车辆噪声对周围环境干扰的评价，而且限于车辆较多及附近无固定声源的环境。

2.1.1.6 噪声污染级

噪声污染级是综合能量平均和变动特性（用标准偏差表示）两者的影响而给出的对噪声的评价量，用 L_{NP} 表示，其数学表达式为：

$$L_{NP} = L_{eq} + K\sigma \qquad (2-9)$$

式中，σ 为规定时间内噪声瞬时声级的标准偏差，dB；K 为常量，一般取 2.56。

从以上关系中可以看出，L_{NP} 不但和 L_{eq} 有关，而且和噪声的起伏值 $L_{10} - L_{90}$ 有关。

2.1.1.7 噪声冲击指数

噪声冲击指数（NNI）等于总计权人数除以总人数，表示受噪声短期或长期影响的居民的百分数。用噪声对人群影响的噪声冲击总计权人数 TWP 来评价：

$$TWP = \sum \omega_i(L_{dn}) \cdot P_i(L_{dn}) \qquad (2-10)$$

式中，$P_i(L_{dn})$ 为全年或某段时间内受第 i 等级昼夜等效声级范围内（如 60 ~ 65dB）影响的人口数；$\omega_i(L_{dn})$ 为第 i 等级声级的计权因子（见表 2 - 1）。

表 2 - 1 第 i 等级声级的计权因子

L_{dn}/dB	$\omega(L_{dn})$	L_{dn}/dB	$\omega(L_{dn})$	L_{dn}/dB	$\omega(L_{dn})$
35	0.002	52	0.030	69	0.224
36	0.003	53	0.035	70	0.245
37	0.003	54	0.040	71	0.267
38	0.003	55	0.046	72	0.291
39	0.004	56	0.052	73	0.315
40	0.005	57	0.060	74	0.341
41	0.006	58	0.068	75	0.369
42	0.007	59	0.077	76	0.397
43	0.008	60	0.087	77	0.427
44	0.009	61	0.098	78	0.459
45	0.011	62	0.110	79	0.492
46	0.012	63	0.123	80	0.526
47	0.014	64	0.137	81	0.562
48	0.017	65	0.152	82	0.600
49	0.020	66	0.168	83	0.640
50	0.023	67	0.185	84	0.681
51	0.026	68	0.204	85	0.752

根据上式可以计算出每个人受到的噪声冲击指数：

$$NNI = TWP/\sum P_i(L_{dn}) \qquad (2 - 11)$$

2.1.2 噪声的控制标准

环境噪声标准分为产品噪声标准、噪声排放标准和环境质量标准。

2.1.2.1 产品噪声标准

（1）汽车定置噪声（GB 16170—1996），见表 2 - 2。

表 2 - 2 汽车定置噪声　　　　　　　　　　　　　（dB（A））

车辆类型	燃料种类	1998 年 1 月 1 日前	1998 年 1 月 1 日起
轿 车	汽 油	87	85
微型客车、货车	汽 油	90	88
轻型客车、货车、越野车	汽油 $n_r \leqslant 4300\text{r/min}$	94	92
	汽油 $n_r > 4300\text{r/min}$	97	95
	柴 油	100	98
中型客车、货车、大型客车	汽 油	97	95
	柴 油	103	101

续表 2-2

车辆类型	燃料种类	1998 年 1 月 1 日前	1998 年 1 月 1 日起
重型货车	$N \leq 147kW$	101	99
	$N > 147kW$	105	103

注：N 为按生产厂家规定的额定功率。

（2）家用和类似用途家用电器噪声限值（GB 19606—2004）。

家用和类似用途家用电器噪声限值见表 2-3~表 2-7。其中，微波炉噪声限值（声功率级）为 68dB（A）；标称微波频率为 2450Hz，额定微波输出功率不超过 1kW。

表 2-3 空调器噪声限值（声压级）

额定制冷量/kW	室内噪声/dB（A）		室外噪声/dB（A）	
	整体式	分体式	整体式	分体式
<2.5	52	40	57	52
2.5~4.5	55	45	60	55
>4.5~7.1	60	52	65	60
>7.1~14	—	55	—	65
>14~28	—	63	—	68

表 2-4 电风扇噪声限值（声功率级）

台扇、台地扇、落地扇、壁扇		吊 扇	
规格/mm	噪声/dB（A）	规格/mm	噪声/dB（A）
≤200	59	≤900	62
>200~250	61	>900~1050	65
>250~300	63	>1050~1200	67
>300~350	65	>1200~1400	70
>350~400	67	>1400~1500	72
>400~500	70	>1500~1800	75
>500~600	73	—	—

表 2-5 电冰箱噪声限值（声功率级） （dB（A））

容积/L	直冷式	风冷式	冷 柜
≤250	45	47	47
>250	48	52	55

表 2-6 洗衣机噪声限值（声功率级） （dB（A））

洗衣机	洗 涤	脱 水
	62	72

表 2 – 7　吸油烟机噪声限值（声功率级）

风量/$m^3 \cdot min^{-1}$	噪声/dB（A）	风量/$m^3 \cdot min^{-1}$	噪声/dB（A）
≥7～10	71	≥12	73
≥10～12	72		

（3）机械产品噪声标准（见表 2 – 8）。

表 2 – 8　机械产品噪声标准

名　称	噪声标准/dB（A）
一般机床	≤85，中低频
机密机床	≤75，中频
罗茨鼓风机	≤90，中低频
发动机（功率不高于 147kW）	≤78，中低频
发动机（功率高于 147kW）	≤80，中低频

2.1.2.2　噪声排放标准

（1）工业企业厂界噪声标准（GB 12348—1990）（等效声级 L_{eq}）见表 2 – 9。

表 2 – 9　工业企业厂界噪声标准（等效声级 L_{eq}）　　　　（dB（A））

类　别	0	Ⅰ	Ⅱ	Ⅲ	Ⅳ
昼　间	50	55	60	65	70
夜　间	40	45	50	55	55

表 2 – 9 中，0 类标准适用于疗养区、高级宾馆区和别墅区等特别需要安静的区域；Ⅰ类标准适用于以居住、文教机关为主的区域；Ⅱ类标准适用于居住、商业、工业混杂区及商业中心区；Ⅲ类标准适用于工业区；Ⅳ类标准适用于交通干线道路两侧区域。

夜间频繁突发的噪声（如排气噪声），其峰值不准超过标准值 10dB（A）。夜间偶然突发的噪声（如短促鸣笛声），其峰值不准超过标准值 15dB（A）。

（2）建筑施工场界噪声限值（GB 12523—1990），见表 2 – 10。

表 2 – 10　不同施工阶段作业噪声限值（等效声级 L_{eq}）　　　　（dB（A））

施工阶段	主要噪声源	噪声限制	
		昼　间	夜　间
土石方	推土机、挖掘机、装载机等	75	55
打桩	各种打桩机等	85	禁止施工
结构	混凝土、振捣棒、电锯等	70	55
装修	吊车、升降机等	62	55

（3）铁路边界噪声限值及其测量方法（GB 12525—1990）规定距铁路外侧轨道中心线 30m 处等效 A 声级不得超过 70dB（2011 年 1 月 1 日前的已建及改扩建铁路）。

（4）机场周围飞机噪声环境标准（GB 9660—1988）。

采用一昼夜的计权等效连续感觉噪声级作为评价量，用 L_{wecpn} 表示，单位为 dB。

一类区域，不高于70；二类区域，不高于75。

一类区域：特殊住宅区，居住、文教区。

二类区域：除一类区域以外的生活区。

2.1.2.3 环境质量标准

A 工业企业噪声卫生标准

《工业企业噪声控制设计规范》（GBJ 87—1985）规定，工业企业噪声卫生标准是在大量测试分析和调查的基础上制定的，充分考虑了保护职工的身体健康和标准的可行性。该标准是一个对听力和健康的保护标准，执行这个标准可以保护95%以上的职工长期工作不致耳聋，绝大多数职工不会因噪声而引起心血管疾病和神经系统疾病。

标准规定：工业企业生产车间和作业场所的工作地点的噪声标准为85dB（A）。现有工业企业经过努力暂时达不到标准时，可适当放宽至90dB（A）。对在每个工作日中接触噪声不足8 h的工种，按照"等能量"原理进行修正，即暴露时间减半，允许噪声可相应提高3dB（A），但在任何情况下，噪声最高不得超过115dB（A）。工业企业噪声卫生标准值见表2-11。

表2-11 工业企业噪声卫生标准值

每个工作日接触噪声时间/h	允许标准 L/dB（A）	
	新建、扩建、改建企业标准	现有企业参照标准
8	85	90
4	88	93
2	91	96
1	94	99
最高不得超过115		

B 室内环境噪声允许标准

国际标准化组织（ISO）在1971年提出的环境噪声允许标准中规定：住宅区室内环境噪声的允许声级为35~45dB，并根据不同时间和地区提出了修正值（见表2-12和表2-13），非住宅区的室内噪声的允许声级见表2-14，我国民用建筑室内允许噪声级见表2-15。

表2-12 一天不同时间的声级修正值

不同时间	修正值 L_{pA}/dB	不同时间	修正值 L_{pA}/dB
白天	0	深夜	-15 ~ -10
晚上	-5		

表2-13 不同地区住宅的声级修正值

不同地区	修正值 L_{pA}/dB	不同地区	修正值 L_{pA}/dB
农村、医院、休养区	0	少量工商业与交通混合区附近的住宅	15
市郊区、交通很少地区	5	市中心（商业区）	20
市居住区	10	工业区（重工业区）	25

表 2-14 非住宅区的室内噪声允许声级

房间功能	修正值 L_{pA}/dB	房间功能	修正值 L_{pA}/dB
大型办公室、商店、百货公司、会议室、餐厅	35	大打字机	55
大餐厅、秘书室（有打字机）	45	车间（根据不同用途）	45~75

表 2-15 我国民用建筑室内允许噪声级

建筑物类型	房间功能或要求	允许噪声级			
		特级	一级	二级	三级
医 院	病房、休息室	—	40	45	50
	门诊室	—	55	55	60
	手术室	—	45	45	50
	测听室	—	25	25	30
住 宅	卧室、书房	—	40	45	50
	起居室	—	45	50	50
学 校	有特殊安静要求	—	40	—	—
	一般教室	—	—	50	—
	无特殊安静要求	—	—	—	55
旅 馆	客 房	35	40	45	55
	会议室	40	45	50	50
	多用途大厅	40	45	50	—
	办公室	45	50	55	55
	餐厅、宴会厅	50	55	60	—

C 城市区域环境噪声标准（GB 3096—1993）

（1）0 类标准适用于疗养区、高级别墅区、高级宾馆区等特别需要安静的区域。位于城郊和乡村的这一类区域分别按严于 0 类标准 5dB 执行；

（2）1 类标准适用于以居住、文教机关为主的区域，乡村居住环境可参照执行该类标准；

（3）2 类标准适用于居住、商业、工业混杂区；

（4）3 类标准适用于工业区；

（5）4 类标准适用于城市中的道路交通干线道路两侧区域，穿越城区的内河航道两侧区域，穿越城区的铁路主、次干线两侧区域的背景噪声（指不通过列车时的噪声水平）限值也执行该类标准。

夜间突发的噪声，其最大值不准超过标准值 15dB。城市各类区域环境噪声最高限值见表 2-16。

表 2 – 16　城市各类区域环境噪声最高限值（等效声级 L_{Aeq}）

类　别	0	1	2	3	4
昼　间	50	55	60	65	70
夜　间	40	45	50	55	55

2.2　噪声的测试技术

2.2.1　测量仪器

2.2.1.1　声级计

A　声级计的分类

声级计按其用途可以分为一般声级计、车辆噪声计、脉冲声级计、积分声级计和噪声剂量计等。声级计按其精度可分为四种类型，见表 2 – 17。

表 2 – 17　声级计精度分类　　　　　　　　　　（dB）

类型	0 型	1 型	2 型	3 型
误差	±0.4	±0.7	±1	±2
用途	在实验室作其标准仪器使用	在实验室作为精密、测量使用	现场测量的通用仪器	噪声监测和普及型声级计

B　声级计的结构

声级计的结构如图 2 – 3 所示。

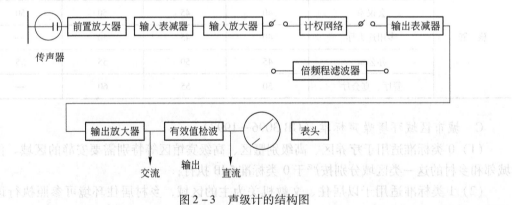

图 2 – 3　声级计的结构图

2.2.1.2　滤波器和频谱分析仪

滤波器是一种能让一部分频率成分通过，其他频率成分衰减掉的仪器。滤波器种类很多，按其频带宽度不同可分为恒定百分比带宽滤波器和恒定带宽滤波器；按其滤波特性不同可分为高通、低通、带通、带阻等形式。噪声测量中常用的倍频程滤波器和 1/3 倍频程滤波器即属于恒定百分比带宽滤波器。恒定百分比带宽滤波器的优点是分析程序简单、迅速，特别适于对含有若干谐波成分的噪声进行频谱分析；缺点是带宽随中心频率的增大而迅速增大，在高频范围分辨率较低。如果要对噪声的一些峰值做较详细的分析，可采用恒定带宽滤波器，其中心频率一般可调，带宽也可选择，通常可由几赫兹到几十赫兹。由于带宽可固定，在高频范围的分辨率较高。

把声级计和滤波器组合起来即构成频谱分析仪，可用来对噪声进行频谱分析。将滤波器的输入端和输出端分别接到声级计的"外接滤波器输入"和"外接滤波器输出"插孔，声级计的计权开关置于"外接滤波器"，这时滤波器即插入到声级计输入放大器和输出放大器之间。国产 ND2 型和丹麦 2215 型精密声级计中设有倍频程滤波器，只要将开关置于"滤波器"位置，内置的倍频程滤波器即接到声级计的输入放大器和输出放大器之间。将倍频程滤波器置于相应的中心频率位置，声级计上的读数就是在此中心频率频带内通过的噪声级。将每一个倍频带噪声级读数在相应的频率坐标上画出来，就得到所分析噪声的频谱曲线。频谱分析对噪声控制工作是很重要的，它可以帮助我们了解噪声源的频率特性，以便针对最高声级的频带进行治理。

2.2.1.3 电平纪录仪和磁带记录仪

电平记录仪是实验室经常使用的一种记录仪器。它可以把声级计、振动计、频谱仪和磁带记录仪的电信号直接记录在坐标纸上，以便于保存和分析。常用的记录方式有两种：一种是级－时间图形，另一种是级－频率图形。记录的级根据需要（选择不同传感器）可以是声压级或振动加速度级等。如果把声级计的信号输入电平记录仪，在记录纸上可得到噪声级随时间变化的时间谱。如果把频谱分析仪和电平记录仪联动，则可得到噪声的频谱图。频谱的带宽可以按需要选择不同的滤波器。

磁带记录仪是一种经常采用的现场测量信号记录储存仪器，可将噪声信号记录在磁带上，以便带回实验室做进一步分析。其基本工作原理和录音机相同。但在频响范围，动态范围和信噪比等性能上要求更高些。其记录方法除了 DR（直接记录）方式外，还有 FM（调频）方式，这可以保证记录极低频（下限达 0.2Hz）的信号。磁带速度由自动控制系统保证记录与重放之间准确无误。另外，磁带记录仪有多个通道，可同时记录各种记号，有利于使用数据处理计算机对噪声特性进行分析。

2.2.1.4 实时分析和快速分析系统

实时分析仪可以把瞬时噪声信号立即全部显示在屏幕上，存储后可利用电平记录仪、计算机等记录或打印下来。经常采用的实时分析仪有两种，一种是 1/3 倍频带实时分析仪，另一种是窄带实时分析仪。1/3 倍频带实时分析仪主要由 1/3 倍频程滤波器、显像管和数字显示电路等部分组成，在几十毫秒的时间即可显示一个频谱，输出信号可以供给电平记录仪或计算机进行自动数据处理，特别适用于瞬时脉冲信号的快速分析。窄带实时分析仪利用时间压缩原理，把输入信号存入数字储存器，通过模－数转换系统中的高速取样，用模拟滤波器分析，分析的频率范围可达 0 ~ 20kHz，动态范围为 50 ~ 70dB，可同时显示 200 ~ 400 条谱线。把窄带实时分析仪和小型计算机连接起来可以组成数据自动采集和处理系统，不仅可以对噪声和振动进行较详细的分析，而且可以用于语言、音乐等声信号分析。

快速傅里叶分析仪的基本原理是通过若干取样的瞬时值，利用傅里叶分析方法在计算机上进行快速运算，求出各个频率的分量，并通过其他设备进行显示和记录。利用快速傅里叶分析仪的基本软件可以求出功率谱、互功率谱、自相关函数、互相关函数、相干函数、传输函数等参数。这类仪器和分析技术已广泛应用于声源分析、声源识别、振动传播过程分析等各个领域。

2.2.2　声学试验室

为了分析和研究噪声的特性以及控制方法，人们需要建立一些配有可供实验使用的装置和仪器的声学环境，这种特殊的声学环境就是声学实验室。在噪声测试和控制研究中最常用的声学实验室是消声室（或半消声室）和混响室，此外还有隔音室。

2.2.2.1　消声室

消声室是边界（地面、壁面和平顶）能有效地吸收所有入射声音，并有很好的隔声和减震措施，使其中空间基本上为无反射的自由声场的房间。因为室外空间受到气候和场地的影响、背景噪声干扰，以及远近物体反射，无法进行自由场测量，所以需要有消声室。在消声室内也可以对机器或部件噪声进行精密的测试，对视觉特性以及心理、生理声学的测试也往往需要在消声室内进行。

消声室6个界面的吸声，一般采用铺设对宽频带有很高吸声能力的尖劈吸声结构。

2.2.2.2　混响室

有相当扩散的声场和混响时间较长的封闭房间，称为混响室。决定混响室的主要参量为混响时间和声场的扩散程度。利用混响室可以测量声源的声功率级和供噪声控制用的吸声材料或结构的吸声系数。混响室体积大小决定于所需要测量的最低频率以及混响时间的长短，体积越大可测量的频率越低，但不宜过大。用于工程测试的混响室体积可适当大一些，但也不宜超过300m³。

为使混响室有较长的混响时间，除要有较大的体积外，室内必须是正入射吸声系数 $\alpha_0 <$ 0.06 的坚实表面；体积的长、宽、高比例可取 $1:2^{1/3}:4^{1/3}$ 或在 （1/1.3）:（1/1.15）:1 ~ （1/1.5）:（1/1.25）:1 之间取一比例；为使对较低频率有更加扩散的声场，有的混响室相对壁面互不平行，或将壁面和平顶做成凸出的不规则实心体，如大小不等的半柱体和半球体等，其尺寸应相当于所需要扩散的低频波长。

为防止外界噪声和振动干扰，混响室的建筑构造和消声室一样，需要隔声、隔振。但对用于测量机器噪声的混响室，因机器本身噪声较高，所以隔声隔振要求不高，一般有坚实墙面、平顶、地面以及没有窗（或封闭），而且长、宽、高相差不大的房间，也可作为这种混响室。

2.2.2.3　隔声室

它是由两个各自独立的相邻混响室构成，每室体积不应少于50m³，两室的相邻墙面很靠近，中间有一个装置隔声试件的开口相通，开口大小一般为10m²。被测量的试件筑在此开口内，在一个混响室内由声源发声，另一个作为接收，发声的混响室内声级高，外界干扰影响不大。

2.2.3　噪声污染的测量

2.2.3.1　城市噪声测量

A　城市区域环境噪声测量

在城市区域环境噪声测量中，对于噪声普查应采用网格测量法；对于常规监测，常采用定点测量法。

（1）网格测量法。注意测点选择、测量方法和评价方法。

将整个城市或城市中某个区域划分为 500m×500m（或 250m×250m）的网格，网格总数不少于 100，测点位置就设在网格中心附近，如遇到不适于测量的位置可往旁边移一点。当然，在网格内不同点的噪声可能有较大差别，但这方法本来就只具有统计意义。自由场型传声器 0°向上，离地 1.2m，离任一壁面距离不小于 1m，注意避免风噪声的影响。测量时间分白天和夜间两种。在此时间的一段时间内（如 10min）连续取样，得到代表该点的白天或夜间的噪声情况。测量时同时记下周围的环境情况，以及判断主要的噪声源类型。一般将噪声源分为工业噪声、交通噪声、建筑施工噪声和社会生活噪声四大类。在记录时，对噪声源类型可记录得详细些。

根据测量所得的统计声级和等效声级，可以在网格地图上以 5dB 为一等级标出等效声级的噪声污染分布图，白天和夜间分开标志，并参考有关标准，统计超过环境噪声标准的百分数。

（2）定点测量方法。选取有代表性的点，进行监测。

评价量可用区域或城市昼间（或夜间）的环境噪声平均水平（L）表达：

$$L = \sum_i^n \frac{L_i S_i}{S} \tag{2-12}$$

式中，L_i 为第 i 个测点测得的昼间（或夜间）的连续等效 A 声级，dB（A）；S_i 为第 i 个测点所代表的区域面积；S 为整个区域或城市的总面积。

B 城市道路交通噪声的测量

测点：距马路沿 20cm，距交叉路口 50m 以上，传声器距地面 1.2m 高。

方法：每 5s 读一 A 声级值，连续读取 200 个数据，记录车流量（辆/h）。

绘制交通噪声污染图，并以全市各交通干线的等效声级和统计声级的算术平均值、最大值和标准偏差来表示。

C 城市环境噪声长期监测

当需要了解城市环境噪声随时间的变化时，应选择具有代表性的测点，进行长期监测。测点的选择应根据可能的条件决定，一般不能少于如下 7 个点：繁华市区 1 点、典型居民区 1 点、交通干线两侧 2 点、工厂区 1 点和混合区 2 点。在规定的测量时间内，每个测点上间隔 5s 连续读取 200 个瞬时 A 声级。每季度测量一次（如条件许可，也可定期每月测量一次），每次测量要求每个测点昼间和夜间各测量一次。同一测点的测量时间每次必须保持一致，不同测点的测量时间可以不同。如设有噪声自动监测系统，则可进行长年观测，测量次数不受任何限制。用测得的等效声级表示该测点每季度或每月的噪声水平。从一年内的测量结果可以看出该测点的噪声水平随时间、季节的变化情况。将每年的监测结果累积起来，可以观察噪声污染逐年的变化。

2.2.3.2 工业企业噪声测量

工业企业噪声问题分为两类：一类是工业企业内部的噪声，另一类是工业企业对外界环境的影响。内部噪声又分为生产环境噪声和机器设备噪声。

A 生产环境（车间）的噪声测量

《工业企业噪声控制设计规范》（GBJ 87—1985）规定生产车间及作业场所工人每天

连续接触噪声 8 h 的噪声限制值为 90dB，这个数值是指工作人员在操作岗位上的噪声级。测量时传声器应置于工作人员的耳朵附近，测量时，工作人员应从岗位上暂时离开，以避免声波在工作人员头部引起的散射声使测量产生误差。对于流动的工种，应在流动的范围内选择测点，高度与工作人员耳朵的高度相同，求出测量值的平均值。

对于稳定噪声只测量 A 声级；如果是不稳定的连续噪声，则在足够长的时间内（能够代表 8h 内起伏状况的部分时间）取样，计算等效连续 A 声级 L_{eq}。如果用积分声级计，就可以直接测定规定时间内的噪声暴露量。对于间断性的噪声，可测量不同 A 声级下的暴露时间，计算 L_{eq}。将 L_{eq} 从小到大按顺序排列，并分成数段，每段相差 5dB，以其算术中心表示为 70dB，75dB，80dB，…，115dB，如 70dB 表示 68 ~ 72dB、75dB 表示 73 ~ 77dB，依此类推。然后将一个工作日内的各段声级暴露时间进行统计。

车间内部各点声级分布变化小于 3dB 时，只需要在车间选择 1 ~ 3 个测点；若声级分布差异大于 3dB，则应按声级大小将车间分成若干区域，使每个区域内的声级差异小于 3dB，相邻两个区域的声级差异应大于或等于 3dB，并在每个区域选取 1 ~ 3 个测点。这些区域必须包括所有工人观察和管理生产过程而经常工作、活动的地点和范围。记录表格参见《工业企业噪声控制设计规范》（GBJ 87—1985）。

B 工业企业现场机器噪声的测量

机器噪声的现场测量应遵照各有关测试规范进行（包括国家标准、部颁标准、专业规范），必须设法避免或减少测量环境的背景噪声和反射声的影响。如使测点尽可能接近机器噪声源；除待测机器外关闭其他机器设备；减少测量环境的反射面；增加吸声面积等。对于室外或高大车间的机器噪声，在没有其他声源影响的条件下，测点可选得远一点。一般情况下可按如下原则选择测点：

（1）小型机器（外形尺寸小于 0.3m），测点距表面 0.3m。

（2）中型机器（外形尺寸在 0.3 ~ 1m 之间），测点距表面 0.5m。

（3）大型机器（外形尺寸大于 1m），测点距表面 1m。

（4）特大型机器或有危险性的设备，可根据具体情况选择较远位置为测点。测点数目可视机器大小和发声部位的多少选取 4、6、8 个等。测点高度以机器半高度为准或选择在机器轴水平线的水平面上，传声器对准机器表面，测量 A、C 声级和倍频带声压级，并在相应测点上测量背景噪声。

对空气动力性机械的进、排气噪声，进气噪声测点应取在吸气口轴线上，距管口平面 0.5m 或 1m（或等于一个管口直径）处；排气噪声测点应取在排气口轴线 45°方向上或管口平面上，距管口中心 0.5m、1m 或 2m 处，如图 2-4 所示。进、排气应测量 A、C 声级和倍频带声压级，必要时测量 1/3 倍频程声压级。

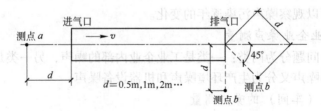

图 2-4 进、排气噪声测点位置示意图

机器设备噪声的测量，由于测点位置不同，所得结果也不同。为了便于对比，各国的测量规范对测点的位置都有专门的规定。有时由于具体情况不能按照规范要求布置测点时，则应注明测点的位置，必要时还应将测量场地的声学环境表示出来。

C 厂（场）区的噪声测量

利用网格布点，网格大小视厂区面积的大小以及噪声随空间变化情况而定，一般可取 25m×25m 网格中心布置测点。对于声压级变化不大的地区，如远离吵闹车间的场地，可取 50m×50m 布置测点；如果在吵闹车间附近，两相邻测点声压级差大于 5dB，则应在中间增加一测点。

测量用的仪器可以使用有 A 计权的普通型声级计，传声器高度 1.2~1.5m。整个厂区的测量结果可用等声级线表示。

D 厂界噪声测量

厂界噪声测量应按照《工业企业厂界环境噪声排放标准》（GB 12348—2008）规定进行，主要要求如下：

（1）测量仪器要求。测量仪器为积分平均声级计或环境噪声自动监测仪，其精度为Ⅱ级以上。测量 35dB 以下的噪声时应使用Ⅰ型声级计，且测量范围应满足所测量噪声的需要。测量时传声器应加防风罩。

（2）测量条件。气象条件：测量应在无雨雪、无雷电天气，风速为 5 m/s 以下时进行；测量工况：测量应在被测声源正常工作时间内进行。

（3）测点位置。一般情况下，测点选在工业企业厂界外 1m、高度 1.2m 以上、距任一反射面距离不小于 1m 的位置。

（4）测量时段。分别在昼间、夜间两个时段测量。被测声源是稳态噪声，采用 1 min 的等效声级；被测声源是非稳态噪声，测量被测声源有代表性时段的等效声级，必要时测量被测声源整个正常工作时段的等效声级。

（5）测量结果修正。噪声测量值与背景噪声值相差大于 10dB（A）以上时，噪声测量值不进行修正；噪声测量值与背景噪声值相差为 3~10dB（A）时，按表 2-18 进行修正。

表 2-18 测量结果修正表 （dB（A））

差　值	3	4~5	6~10
修正值	-3	-2	-1

2.3 城市噪声源分析及城市区域环境噪声控制

2.3.1 噪声源及其种类

2.3.1.1 按噪声源的物理特性分类

噪声主要来源于物体（固体、液体、气体）的振动，按其产生的机理可分为气体动力噪声、机械噪声、电磁噪声三种。

（1）气体动力噪声。叶片高速旋转或高速气流通过叶片，会使叶片两侧的空气发生压力突变，激发声波，如通风机、鼓风机、压缩机、发动机迫使气体通过进、排气口时发出的声音即为气体动力噪声。

（2）机械噪声。物体间的撞击、摩擦、交变的机械力作用下的金属板、旋转的动力不平衡，以及运转的机械零件轴承、齿轮等都会产生机械性噪声，如锻锤、织机、机车等产生的噪声均属此类。

（3）电磁性噪声。由于电机等的交变力相互作用产生的声音，如电流和磁场的相互作用产生的噪声，发动机、变压器的噪声均属此类。

2.3.1.2　按噪声源的时间特性分类

环境中出现的噪声按声强随时间是否有变化，大致可分为稳定噪声、非稳定噪声两种。

（1）稳定噪声。稳定噪声的强度不随时间变化，如电机、风机和织机的噪声。

（2）非稳定噪声。噪声的强度是随时间而变化的，有的是周期性噪声，有的是无规则的起伏噪声，如交通噪声；有的是脉冲噪声，如冲床的撞击声。

2.3.2　城市环境噪声源及预测模式

城市环境噪声按噪声源的特点分类可分为四大类：工业生产噪声、交通运输噪声、建筑施工噪声和社会生活噪声。

2.3.2.1　工业生产噪声

A　工业噪声污染

工业生产噪声是指工业企业在生产活动中使用固定的生产设备或辅助设备所辐射的声能量。它不仅直接给工人带来危害，而且还干扰周围居民的生活环境。一般工厂车间内噪声级为 75~105dB，也有部分在 75dB 以下，少数车间或设备的噪声级高达 110~120dB。生产设备的噪声大小与设备种类、功率、型号、安装状况、运输状态以及周围环境条件有关。

B　工业噪声污染预测

根据噪声的传播规律可知，噪声分布不仅取决于各个噪声源的发声功率大小，还与声源所在环境建筑结构的传声特性以及室外声传播条件的变化等因素有关。室外某一观察点声压级 L_p 预测模式为：

$$L_p = L_{p1} - \Delta L_{p2} - \Delta L_{p3} - \Delta L_{p4} \tag{2-13}$$

式中，L_{p1} 为声功率为 W 的噪声源在室内某点的声压级，dB；ΔL_{p2} 为室内某点的声压级 L_{p1} 经建筑物围护结构传至室外所降低的声压级，dB；ΔL_{p3} 为由户外到达观察点上随距离衰减的声压级，dB；ΔL_{p4} 为考虑空气吸收等因素的声压级衰弱，dB。

2.3.2.2　交通运输噪声

交通噪声来源于城市中频繁运行的各种机动车辆，如火车、飞机和船舶的运输噪声。在一些现代化的大城市中，道路交通噪声所辐射的声能占城市噪声总量的 44% 左右，而其中以机动车辆占主导地位。其噪声性质属非稳态声，随时间和空间位置的不同而变化。

A　交通噪声的组成

（1）道路车辆噪声。我国机动车辆噪声比较高。统计资料表明，机动车辆噪声多数分布在 70~90dB 之间，如上海市区繁忙交通干道两侧削峰噪声值的统计声级 L_{10} 高达 80~85dB，其等效声级 L_{eq} 的平均值高达 76.5dB；分析其原因可归结于机动车发动机噪声高、道路不畅、堵车严重，车流频繁、人车混杂、时有鸣笛、管理不善、缺乏控制网络等。

（2）铁路噪声。铁路运输不仅噪声大，而且伴随着低频振动，对环境干扰很大。当一列火车经过时，从感觉出噪声一直到结束持续时间较长。牵引机车噪声、轮轨之间的撞击声以及鸣笛声交织在一起，传播区域甚为宽广。列车在正常行驶时，距铁路中心线 10m 远处的噪声级约为 90dB，至 100m 远处仍达 75dB。

铁路噪声在一些城市中，尤其是当火车通过城市市区时情况就更为严重，已引起铁路沿线居民的强烈反应。尤其是火车进入市区后的鸣笛声，更令人难受，近场声级高达 120dB，影响区域可达数千米之远。

（3）航空噪声。航空噪声扰民问题在一些城市中矛盾也很突出，尤其是大型喷气客机，其声功率高达 100 kW 以上。在喷气口近旁的噪声级超过 150dB。在低空飞行时，激起的"轰声"对人体以及建筑物危害很大。

我国航空事业虽发展较迟，但由于出现一些机场选点和航道选择不妥现象，使城市居民受害匪浅。

（4）船舶和港口噪声。船舶噪声包括内河和港口两个部分。内河航运噪声其噪声成分以低中频为主。据国内几个城市内河航船测定，当汽拖船驶过时，河岸两边的噪声级一般在 80～90dB 之间，传播距离也很远，且持续时间比交通车辆要长得多，鸣笛则以气动喇叭居多，噪声级比电喇叭高出 10～20dB，近场声级高达 110dB 以上。上海市区苏州河东段，沿河地区居民住宅窗外 1m 处白天和晚间等效噪声级分别达 77dB 和 70dB，附近居民深受其害，尤其盛夏季节，干扰更为严重。

港口噪声既有流动性噪声源，又有固定性噪声源。各种噪声对港区中邻近的办公楼和居民生活区带来不同程度的影响。

B 交通噪声的预测

对于一条行车线，当车辆很多时可称为"自由流"。由于建筑物的反射和鸣喇叭等因素的影响，车辆噪声的中值（即平均值）L_M 为：

$$L_M = 10\lg\left(\frac{N}{l}\right) + 30\lg\left(\frac{v}{50}\right) + 64 \qquad (2-14)$$

式中，N 为车流量，辆/h；l 为听者与车辆的距离，m；v 为车速，km/h。

如以 50km/h 的车速作为参考，当车流量加倍时，车辆噪声级提高 3dB；车速提高 1倍时，车辆噪声级增加 9dB；如距离加 1 倍，噪声降低 3dB。因此，增加路宽（或增加建筑物与道路的距离）、限制车速、多设辅助车道、控制车流量等，是降低城市交通噪声的有效措施。

2.3.2.3 建筑施工噪声

城市建设的发展、规划布局的调整、城区扩建改造等所带来的市政工程和建筑施工的噪声是城市建设中的普遍问题。因施工机械功率大、转速高，噪声普遍较高。一般施工机械的噪声在邻近施工场地可达 80～100dB，有些特殊的大功率打桩机噪声可高达 110dB 以上。表 2-19 列出的是国内一些典型的施工机械噪声，其声级是在近声源处测得的。

表 2-19 建筑施工机械噪声级 （dB）

机械名称	距离声源 10m		距离声源 30m	
	范 围	平 均	范 围	平 均
打桩机	93～112	105	84～103	91

机械名称	距离声源 10m		距离声源 30m	
	范 围	平 均	范 围	平 均
地螺钻	68 ~ 82	75	57 ~ 70	63
铆枪	85 ~ 98	91	74 ~ 68	86
压缩机	82 ~ 98	88	78 ~ 80	78
破路机	80 ~ 92	85	74 ~ 80	76

有些施工机械不仅噪声高，而且还产生强烈的环境振动，如打桩机、气锤等。虽然施工噪声属一种暂时性的声源，但由于大型工程的施工周期长、作业区域的范围宽广，对城市居民的干扰也十分严重，尤其是晚间施工，其噪声更令人烦恼。

建筑施工噪声是属于临时性的噪声，但施工频繁，其噪声对城市影响范围很大。有的大型工程，为了缩短施工时间，采用大马力机械设备，对邻近环境的干扰颇为严重。

各种施工机械多数安装于室外或半露天的工棚内，当已知噪声源的噪声强度及其频谱特性，需要求得某观察点的噪声时间和空间特征时，可按噪声在室外传播时的衰减特性计算。在传播途径中，若遇到各种障碍物，则应计入其影响。

建筑施工作业多数为日班，但也有如大型基础工程中混凝土施工需要日夜连续作业。各种施工机械停开时间不一，故噪声随作业时间而变。按噪声源辐射特性，噪声可分成稳态和非稳态噪声，也有脉冲声等，其中以脉冲声（如打桩机噪声）对环境干扰最大。

施工期间的噪声源有固定的和流动性的，故计算各种声源对环境影响时，应考虑到对环境干扰的最不利影响。

2.3.2.4   社会生活噪声

社会生活噪声主要是指社会上人群活动所产生的噪声。生活噪声为各种家用电器和器具使用时的噪声，以及家庭的娱乐活动等各种喧闹声。

2.3.3   城市噪声污染防治规划

合理的城市规划对于城市噪声控制具有十分重要的战略意义。在一个区域（或称小区）内，为防止噪声而合理地配置各类建筑物和道路网，称为建筑防噪声布局，它是城市防噪声规划的组成部分。城市防噪声规划和建筑防噪声布局是控制城市环境噪声的重要措施。

2.3.3.1   城市人口的控制

研究表明，城市噪声随人口密度的增加而增大，城市人口的过度集中将使环境噪声日益严重。城市人口密度与城市噪声之间有如下的统计关系：

$$L_{dn} = 10\lg\rho + 26 \tag{2-15}$$

式中，L_{dn} 为昼夜等效噪声级，dB；ρ 为人口密度，人/km^2；26 为常数项系数（不同城市的系数是有一定差异的）。

因此，严格控制城市人口、降低市中心区的人口密度是很重要的。许多国家曾采用发展卫星城的办法来降低城市噪声，并收到了一定的效果。

2.3.3.2 城市的噪声分区

城市的建设要按照各类建筑物在使用上对环境安静程度的要求，进行功能区划分和布置道路网。合理安排住宅区、混合区、商业区和工业区，尽量使要求安静的住宅区远离繁华的商业区和工业区，避免交通流量大的街道和高速公路穿过住宅区，这是控制城市噪声的最根本的措施。日本东京曾将主要工厂集中在机场附近而远离居民区，因为工厂噪声一般都比环境噪声高，而相比之下飞机噪声对它的干扰就小。

在规划中应避免主要干道，如高速公路、高架道路等穿越市中心或住宅区。交通干道与住宅，尤其是高层建筑，应有足够的距离，一般不应小于30m，并种植绿林带，使噪声在传播途中衰减。

2.3.3.3 合理利用土地

根据不同使用目的以及建筑物的噪声允许标准，选择建筑物的场所和位置。为此，首先应进行环境噪声的预测，并了解今后的发展趋势，看是否能符合该建筑物的环境噪声标准。对于兴建噪声较大的工矿企业，还应进行相应的预断评价，以估计它们对周围环境的影响以及应该采取的降噪措施。因此，土地使用规划可根据城市区域环境噪声标准来考虑。

2.3.3.4 建筑布局

建筑布局除考虑噪声源位置的布局外，还要考虑充分利用地形或已有建筑物的隔声屏障的效应，这是一种效果理想而又最经济的办法。

住宅区的主要噪声源是中小学校、幼儿园、商店、小工厂和流动商贩。中小学校和幼儿园应同住宅和商店隔离，这样学校不会受校外噪声的干扰；而学校内从运动场、音乐教室、礼堂等处发出的声音，也不会影响居民区的安静。在工业区内，往往也有居住建筑、商店、铁路和公路运输线，但在布局上应使厂前区和强噪声车间、铁路运输线之间保持足够的距离，并在其间营造绿化带，配置库房和对安静要求不高的办公楼等建筑。

在城市建筑规划中，既要使商店和住宅之间有较短的服务半径，又要防止商店的噪声干扰住宅，这可以通过建筑物内部房间的合理配置加以解决。沿交通干线布置住宅建筑时，也应采取这种办法。

2.3.3.5 交通噪声控制和噪声管理

首先是降低车辆本身的噪声。我国机动车辆噪声标准的实施，将有助于车辆噪声的降低。其次针对我国的实际情况，改善交通管理，严格管理制度，解决快、慢车道和人行道的分隔措施（如设置路障），降低汽车喇叭声级，提高喇叭的指向性，减少鸣喇叭次数，禁止夜间鸣喇叭等，是根本性的措施。

另外，减少穿越市中心的交通，可建设环形道路；在车流量大的路段，建设立体交叉路、单行道，交通信号连锁装置等保证车辆匀速前进；减少鸣喇叭、刹车、停车、发动和利用低挡的转速等，以降低噪声；为减少地面噪声，把部分交通、停车场等噪声源转入地下；高速公路两旁建立隔声屏障；道路两侧建筑物采用双层窗，阳台做吸声处理等措施，以尽可能减少交通噪声的干扰和影响。

2.3.3.6 城市绿化

城市绿化可利用树林的散射、吸声作用和地面吸声，增加噪声衰减从而达到降噪的目的。尤其是绿化还可以使人对噪声产生良好的心里感觉。

要想得到绿化降噪的良好效果，树要种得密、林宽要相当宽，而且要栽植阔叶树。绿化地带的声衰减量，因声波频率、树林密度和深度而异。在 2000Hz 以上的声衰减量的典型值是每 10m 降低 1dB 左右，在 100m 以外可降低 10dB。

一般说来，低于地面的干道和绿化带组合的方式是降低交通噪声的有效手段。在这种情况下，住宅前有 7～10m 宽、2m 高的树篱，可降低 3～4dB。

绿化带如不是很宽，降噪作用就不会明显，但心理作用是很重要的，在街道旁、办公室外、公共场所和庭院中用树木点缀，能给人以安静的感觉。

2.3.4   工业噪声源

2.3.4.1   风机噪声

风机噪声主要由四部分组成：进气口和排气口的空气动力性噪声；机壳、管路、电动机轴承等的机械性噪声；电动机的电磁噪声；风机振动通过基础辐射的固体声。在这四部分中，以进、排气口的空气动力性噪声最强。

风机的空气动力性噪声主要是气流流动过程中所产生的噪声，主要是由于气体非稳定流动，即气流的扰动、气体与气体及气体与物体相互作用产生的噪声。从噪声产生的机理来看，它主要由旋转噪声和涡流噪声两部分组成，风机的空气动力性噪声是旋转噪声和涡流噪声相互混杂的结果。

2.3.4.2   空气压缩机噪声

空气压缩机是厂矿广泛采用的动力机械设备，它可以提供压力波动不大的稳定气流，具有转动平稳、效率高的特点，但其运转噪声较大，一般为 90～110dB，而且呈低频特性，严重危害周围环境，尤其在夜晚影响范围大。

空气压缩机噪声主要由进气口和排气口的空气动力性噪声、机械运动部件产生的机械性噪声和电动机的电磁噪声组成。空气压缩机的进气噪声是由于气流在进气管内压力脉动而形成的，其基频与进气管里的气体脉动频率相同，与空气压缩机的转速有关；空气压缩机的排气噪声是由于气流在排气管内产生压力脉动所致。由于排气管出口与储气罐相连，排气噪声通过排气管壁和储气罐向外辐射。排气噪声较进气噪声弱，空气压缩机的空气动力性噪声一般以进气噪声为主。空气压缩机的机械性噪声一般包括构件的撞击、摩擦噪声、活塞的振动噪声、阀门的冲击噪声等，带有一定的随机性，呈宽频带特性。空气压缩机的电磁噪声是由其驱动噪声、阀门的冲击噪声等，带有一定的随机性，呈宽频带特性。空气压缩机的电磁噪声是由其驱动电动机产生的，相对于前两种噪声来说较弱。

2.3.4.3   电动机噪声

电动机噪声一般也由三部分组成：空气动力性噪声、机械噪声和电磁噪声。

空气动力性噪声是电动机噪声的主要来源，其产生机理与风机的空气动力性噪声机理相似，噪声的强度与叶片的数量、尺寸、形状和转速有关。

机械噪声包括电动机转子不平衡引起的低频声、轴承摩擦和装配误差引起的高频声和结构共振产生的噪声，它在电动机噪声中所占的比例仅次于空气动力性噪声。

电磁噪声是由于电动机空隙中磁场脉动、定子与转子间交变电磁引力、磁致伸缩引起电动机结构共振而产生的倍频声。电磁噪声的大小与电动机的功率及极数有关。对于大型电动机，功率很大，电磁噪声在电动机噪声中占有一定的比例。

2.4 噪声控制技术——吸声

2.4.1 吸声材料

能够吸收较高声能的材料或结构称作吸声材料或吸声结构。利用吸声材料和吸声结构吸收声能以降低室内噪声的办法称作吸声降噪，简称吸声。吸声处理一般可使室内噪声降低约 3～5dB（A），使混响声很严重的车间降噪 6～10dB（A）。

A 吸声材料及原理

通常把吸声系数 $\alpha_0 > 0.2$ 的材料称为吸声材料（absorptive material）。吸声材料不仅是吸声减噪必用的材料，而且也是制造隔声罩、阻性消声器或阻抗复合式消声器所不可缺少的。多孔吸声材料的吸声效果较好，是应用最普遍的吸声材料。它分纤维型、泡沫型和颗粒型三种类型。纤维型多孔吸声材料有玻璃纤维、矿渣棉、毛毡、甘蔗纤维、木丝板等，泡沫型吸声材料有聚氨基甲醋酸泡沫塑料等，颗粒型吸声材料有膨胀珍珠岩和微孔吸声砖等（见表 2-20）。

表 2-20 多孔材料的吸声系数 α_0

材料名称	厚度/cm	密度/kg·m⁻³	腔厚/cm	125	250	500	1000	2000	4000	材料名称	厚度/cm	密度/kg·m⁻³	腔厚/cm	125	250	500	1000	2000	4000
超细玻璃棉（棉径4μm）	2	20		0.04	0.08	0.29	0.66	0.66	0.66	水泥木丝板	1.5	470	—	0.05	0.17	0.31	0.49	0.37	0.66
	4	20		0.05	0.12	0.48	0.88	0.72	0.66		1.5	470	3	0.08	0.11	0.19	0.56	0.59	0.74
	5	15		0.05	0.24	0.72	0.97	0.90	0.98		1.5	470	12	0.1	0.28	0.48	0.32	0.42	0.68
	10	15		0.11	0.85	0.88	0.83	0.93	0.97		2.5	470	—	0.06	0.13	0.28	0.49	0.72	0.85
矿渣棉	5	175		0.25	0.33	0.70	0.76	0.89	0.97		2.5	470	5	0.18	0.18	0.50	0.47	0.57	0.83
矿棉板（表面压纹打孔）	1.5	400		0.06	0.15	0.46	0.83	0.82	0.78	工业毛毡	1	370		0.04	0.07	0.21	0.50	0.52	0.57
	1.5	400	5	0.17	0.48	0.52	0.65	0.72	0.75		3	370		0.10	0.28	0.55	0.60	0.60	0.59
	1.5	400	10	0.21	0.44	0.52	0.60	0.74	0.90		5	370		0.11	0.30	0.50	0.50	0.50	0.52
甘蔗纤维板	1.5	220		0.06	0.19	0.42	0.42	0.47	0.58		7	370		0.18	0.35	0.43	0.50	0.53	0.54
	2	220		0.09	0.19	0.26	0.37	0.23	0.21	聚氨酯泡沫塑料	3	45		0.07	0.14	0.47	0.88	0.70	0.77
	2	220	5	0.30	0.19	0.20	0.18	0.22	0.31		5	45		0.15	0.35	0.84	0.68	0.82	0.82
水玻璃膨胀珍珠岩	10	250	—	0.44	0.73	0.50	0.56	0.53			8	45		0.20	0.40	0.90	0.98	0.85	
	10	350-450	—	0.45	0.65	0.59	0.62	0.68		微孔砖	5			0.15	0.40	0.57	0.48	0.60	0.61
										木纤维板	1.3	320		0.10	0.20	0.40	0.50	0.45	0.50

B 吸声特性及影响因素

多孔吸声材料常用于高、中频噪声的吸收。其吸声特性除与入射声波和所用材料有关外，还与材料的使用条件有关，如质量、厚度、使用时的结构形式及温度、湿度等有关。

2.4.2　吸声减噪的计算

2.4.2.1　吸声系数 α

$$\alpha = \frac{E_a + E_t}{E} = \frac{E - E_r}{E} = 1 - r \tag{2-16}$$

式中，E 为入射总能量，J；E_a 为被材料或结构吸收的声能，J；E_t 为透过材料或结构的声能，J；E_r 为被材料或结构反射的声能，J；r 为反射系数。

通常 $\alpha \geqslant 0.2$ 的材料可称为吸声材料。吸声系数由于测量方法的不同分为无规入射吸声系数（混响室法吸声系数）α_T、垂直入射吸声系数（驻波管法吸声系数）α_0。两者的换算关系为见表 2-21。

表 2-21　α_0 与 α_T 的换算关系

α_0	0.1	0.2	0.3	0.4	0.5	0.6	0.7	0.8	0.9
α_T	0.25	0.40	0.50	0.60	0.75	0.85	0.90	0.98	1

2.4.2.2　吸声量 A

吸声量又称等效吸声面积，为吸声系数与吸声面积的乘积，即：

$$A = \alpha S \tag{2-17}$$

式中，A 为吸声量，m^2；α 为某频率的吸声系数；S 为吸声面积，m^2。

室内不同壁面的总吸声量 A 为：

$$A = \sum_{i=1}^{n} A_i = \sum_{i=1}^{n} \alpha_i S_i \tag{2-18}$$

式中，A_i 为第 i 种材料组成的壁面的吸声量，m^2；S_i 为第 i 种材料组成的壁面面积，m^2；α_i 为第 i 种材料在某频率下的吸声系数。

2.4.2.3　室内声场及声压级

（1）平均吸声系数 $\bar{\alpha}$。

$$\bar{\alpha} = \frac{\sum_{i=1}^{n} S_i \alpha_i}{\sum_{i=1}^{n} S_i} \tag{2-19}$$

（2）平均自由程 $d(m)$。单位时间内，室内声波经相邻两次反射间的路程的平均值。

$$d = \frac{4V}{S} \tag{2-20}$$

式中，V 为房间容积，m^3；S 为房间的内表面总面积，m^2。

声波每秒钟反射次数 n 为 c/d，则 $n = \dfrac{cS}{4V}$，c 为声速。

（3）混响时间 T_{60}。当室内声场达到稳态后，声源立即停止发声，室内声能密度衰减到原来的百万分之一，即声压级衰减 60dB 所需要的时间，单位为 s（秒）。

$$T_{60} = \frac{0.161V}{S\bar{\alpha}} \quad \text{（赛宾公式）} \tag{2-21}$$

由于吸声量 $A = S\alpha$，因此室内 A 越大，混响时间便越短。

（4）房间常数 R_r。

$$R_r = \frac{S\overline{\alpha}}{1-\overline{\alpha}} m^2 \qquad (2-22)$$

房间常数 R_r 表征房间吸声特性的参数，当房间内表面积一定时，室内吸声状况愈好，R_r 值愈大。

（5）总声压场声压级 L_p。

$$L_p = L_W + 10\lg\left(\frac{Q}{4\pi r^2} + \frac{4}{R_r}\right) \qquad (2-23)$$

式中，Q 为声源指向性因数，具体值见表 2-22，式（2-23）括号中的第一项来自直达声，括号中第二项来自混响声；当 $\frac{Q}{4\pi r^2} = \frac{4}{R_r}$ 时，直达声与混响声声能密度相等，r 称为临界半径，记为 r_c，则：

$$r_c = \frac{1}{4}\sqrt{\frac{QR_r}{\pi}} = 0.14\sqrt{QR_r} \qquad (2-24)$$

表 2-22　Q 值与声源在室内位置的关系

Q 值	1	2	4	8
声源的室内位置	房间中心	地面或墙面中间	两个墙面或墙面与地面的交线上	三面墙的交点上

（6）室内声压级查算曲线。

由式（2-23）中各参量绘制成图，如图 2-5 所示。从图中可以简便地确定出室内距声源 r 处的某点稳态声压级 L_p。

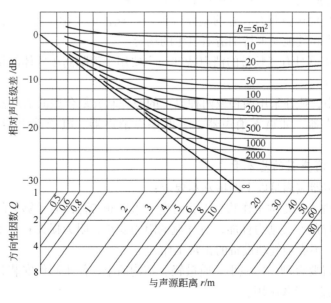

图 2-5　室内声压级查算曲线

2.4.2.4 吸声降噪量计算

$$\Delta L_\mathrm{p} = 10\lg\frac{\overline{\alpha_2}}{\overline{\alpha_1}} = 10\lg\frac{T_1}{T_2} \tag{2-25}$$

式中，$\overline{\alpha_1}$，$\overline{\alpha_2}$ 分别为吸声处理前后房间的平均吸声系数；T_1，T_2 分别为吸声处理前后的混响时间。

2.5 噪声控制技术——消声

2.5.1 消声器的种类及性能要求

消声器是一种在允许气流通过的同时，又能有效地阻止或减弱声能向外传播的装置。它是降低空气动力性噪声的主要技术措施，主要安装在进、排气口或气流通过的管道中，可使气流噪声降低 20 ~ 40dB(A)。

2.5.1.1 消声器的分类

消声器的形式很多，按其消声机理大体分为四大类：阻性消声器、抗性消声器、微穿孔板消声器和扩散消声器。

(1) 阻性消声器是一种吸收型消声器，它是把吸声材料固定在气流通过的通道内，利用声波在多孔吸声材料中传播时，因摩擦阻力和黏滞阻力将声能转化为热能，达到消声的目的。其特点是对中、高频有良好的消声性能，对低频消声性能较差，主要用于控制风机的进排气噪声、燃气轮机进气噪声等。

(2) 抗性消声器适用于消除低、中频的窄带噪声，主要用于脉动性气流噪声的消除，如用于空压机的进气噪声、内燃机的排气噪声等的消除。抗性消声器的特点是：它不使用吸声材料，而是在管道上连接截面突变的管段或旁接共振腔，利用声阻抗失配，使某些频率的声波在声阻抗突变的界面处发生反射、干涉等现象，从而达到消声的目的。它的形式有扩张室式、共振腔式、微穿孔板式和干涉型等多种。

(3) 微穿孔板消声器具有较好的宽频带消声特性，主要用于超净化空调系统及高温、潮湿、油雾、粉尘和其他要求特别清洁卫生的场合。

(4) 扩散消声器具有宽频带的消声特性，主要用于消除高压气体的排放噪声，如锅炉排气、高炉放风等。

在实际应用中，往往采用两种或两种以上的原理制成复合型的消声器。另外，还有一些特殊形式的消声器，如喷雾消声器、引射掺冷消声器、电子消声器（又称有源消声器）等。

2.5.1.2 对消声器的基本要求

一个好的消声器应满足以下四项基本要求：

(1) 在使用现场的正常工作状况下，对所要求的频带范围有足够大的消声量；

(2) 要有良好的空气动力性能，对气流的阻力要小，阻力损失和功率损失要控制在实际允许的范围内，不影响气动设备的正常工作；

(3) 空间位置要合理，体积小、质量轻、结构简单，便于制作安装和维修；

(4) 价格便宜，经久耐用。

以上四项互相联系又互相制约，应根据实际情况有所侧重。

2.5.2 消声器声学性能

消声器的声学性能可用插入损失、传声损失、轴向声衰减及声压级差四个评价量进行评价。

2.5.2.1 插入损失

插入损失为一管道系统安置消声器前后，在相同条件的固定点测得的声压级之差或声功率级之差，其关系式为：

$$L_{\text{IL}} = L_{\text{P1}} - L_{\text{P2}} \tag{2-26}$$

式中，L_{IL}为消声器的插入损失，dB；L_{P1}，L_{P2}分别为装消声器前后某定点的声压级，dB。

插入损失是现场测量消声器消声量最常用的一种方法。它的优点是比较直观，测量简单。但它不仅决定于消声器的性能，而且与声源、末端负载以及系统总体装置的情况关系密切，因此，插入损失适于在现场测量中用来评价安装消声器前后的综合效果。

2.5.2.2 传声损失

传声损失用入射于消声器前的声功率W_1与透过消声器后的声功率W_2之比，取以常用对数并乘以10来表示，其表达式为：

$$L_{\text{TL}} = 10\lg(W_1/W_2) = L_{\text{W1}} - L_{\text{W2}} \tag{2-27}$$

式中，L_{TL}为消声器的传声损失，dB。

传声损失反映的是消声器的固有特性，与声源、末端负荷等因素无关。因此，该评价量适于理论分析计算和在实验室中检验消声器本身的消声特性。

2.5.2.3 轴向声衰减

轴向声衰减主要用来描述消声器内声传播的声衰变特性，通常以消声器单位长度的声衰减量（dB/m）来表征。此法只适用于声学材料在较长管道内连续而均匀分布的直通管道的消声器。

2.5.2.4 声压级差

声压级差又称末端声压级差或噪声降低量，是指消声器进口和出口端截面上的平均声压级差。常用于测量已安装的消声器的消声量，其表达式为：

$$\Delta L_{\text{p}} = L_{\text{p1}} - L_{\text{p2}} \tag{2-28}$$

式中，ΔL_{p}为消声器进出口端的声压级差，dB；L_{p1}、L_{p2}分别为消声器进口和出口端截面上的平均声压级，dB。

这种测量方法容易受气候条件、背景噪声等影响，现在已很少用。

2.5.3 消声器的设计步骤

消声器的设计基本上可以分成噪声源的声频谱分析、消声量的计算、消声器类型选取及设计效果检验四个步骤。

2.5.3.1 噪声源的声频谱分析

通常需测定 63~8000Hz 范围内倍频程的 8 个频带声压级和计权 A 声级。如果噪声中含有明显的纯音成分，则需作 1/3 倍频程或更窄频带的频谱分析。

2.5.3.2 计算所需消声量 ΔL

对于不同的频带消声量要求是不同的，应分别按下式进行计算：

$$\Delta L = L_{p_s}\Delta L_d - L_{p_r} \tag{2-29}$$

式中，L_{p_s} 为噪声源某一频带的声压级，dB；ΔL_d 为无消声措施时，从声源至控制点经相应频带自然衰减所降低的声压级，dB；L_{p_r} 为控制点对相应频带所允许的噪声标准值，dB。

消声量也可以按下列公式进行估算：

（1）赛宾（H. J. Sablne）轴向声衰减量经验公式：

$$\Delta L = 1.05 \times \overline{\alpha}^{1.4}\frac{Pl}{S} \tag{2-30}$$

式中，ΔL 为长度为 l 的轴向声衰减量，dB；$\overline{\alpha}$ 为无规入射的平均吸声系数；P 为消声器通道上敷设吸声材料后的截面有效周长，m；l 为消声器的有效长度，m；S 为消声器敷设吸声材料后的通道截面积，m^2。

式（2-30）只能应用于静态条件下，管内传播的声波是平面波，即必须满足 $l < 0.5$ 或 $D < 0.3$（l 和 D 分别为长方形截面最大一边尺寸和圆管截面的半径）时才可靠，随着比值的增大，准确性渐差。

（2）A·H·彼洛夫（A. H. Велоь）公式，其 l 长的轴向声衰减量为：

$$\Delta L = \varphi(\alpha_0) \times \frac{Pl}{S} \tag{2-31}$$

$$\varphi(\alpha_0) = 4.34 \times \frac{1 - \sqrt{1 - \alpha_0}}{1 + \sqrt{1 - \alpha_0}} \tag{2-32}$$

式中，α_0 为吸声材料的正入射吸声系数。

式（2-30）的适用条件大体上与式（2-31）相同。由计算公式指出，要使 ΔL 值增大，应选用吸声系数较大的材料，并增加周长与截面积之比（其比值以长方形为佳，圆形最小）和加长消声器长度。

2.5.3.3　消声器类型选取

根据各频带所需的消声量来选择不同类型的消声器，在选消声器类型时，应综合考虑各项因素，并予以权衡后确定。

2.5.3.4　设计效果检验

检验实际装置消声器的消声效果，观察是否达到了预期的要求，否则需进一步分析原因，修改或另选消声器。

2.5.4　阻性消声器

阻性消声器结构简单、加工容易，对高中频噪声有较好的消声效果；缺点是在高温、水蒸气以及对吸声材料有侵蚀作用的气体中，使用寿命短，另外对低频噪声消声效果差。

2.5.4.1　阻性消声器的结构形式

A　单通道直管式消声器

单通道直管式消声器的消声量（dB）为：

$$L_A = \varphi(\alpha_0)\frac{P}{S}L \tag{2-33}$$

式中，P，S 分别为消声器断面的有效周长（m）和截面积（m^2）；L 为消声器有效长度，

m；α_0 为垂直入射消声系数；$\varphi(\alpha_0) = 4.34 \times \dfrac{1 - \sqrt{1 - \alpha_0}}{1 + \sqrt{1 - \alpha_0}}$，当 $\alpha_0 = 0.6 \sim 1.0$ 时，取 $1.0 \sim$

1.5，$\alpha_0 < 0.6$ 时，用式（2-33）计算或查表 2-23。

表 2-23　α_0 与 $\varphi(\alpha_0)$ 的关系

α_0	0.10	0.20	0.30	0.40	0.50	0.60 ~ 1.0
$\varphi(\alpha_0)$	0.10	0.25	0.40	0.55	0.75	1.0 ~ 1.5

B　片式消声器

管式消声器对低频性能很差，对中、高额率噪声又易直通，并且当管道断面积较大时，会影响对高频噪声的消声效果，这是由于高频声波（波长短）在管内以窄束传播，当管道面积较大时，声波与管壁吸声材料接触减少，从而使高频声的消声量减少，因此对断面较大的风管可将断面分成几个格子，这就是片式及格式消声器。片式消声器应用广泛，构造简单，格式消声器要保证有效断面积不小于风道断面，因而体积较大，每格的尺寸宜控制在 200mm × 200mm 左右。片式消声器的片间距一般在 100 ~ 200mm 的范围内，片间距增大时，消声量会相应地下降。

C　折板式消声器

为了增加高频的消声效果可将片式消声器的直通道演变为曲线通道，称之为折板式消声器（见图 2-6）。这样可增加声波在消声器通道内的反射次数，即增加声波与吸声材料的接触机会，改善消声性能。消声程度的大小取决于板的折角大小，θ 角一般小于 $20°$，以刚刚遮挡住视线为宜。如 θ 过大，流体阻力增大，破坏消声器的空气动力性能。由于折板式消声器的阻力较大，一般用于高压风机或鼓风机的消声。

D　声流式消声器

为了减小阻力，可将折板式的折角变为平滑型，称为声流式消声器（见图 2-7）。当声波通过厚度连续变化的消声片时，改善低、中频消声性能。它使气流通过流畅、阻力较小，消声量比相同尺寸的片式消声器要高一些，适用于其断面流通的管道。该消声器的缺点是结构复杂、工艺难度大、造价高。

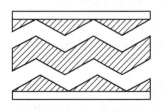 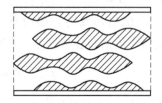

图 2-6　折板式消声器　　　　　　图 2-7　声流式消声器

E　蜂窝式消声器

蜂窝式消声器是由若干个小型直管式消声器并联而成的，如图 2-8 所示。这种消声器管道的周长 P 与截面 S 的比值比直管式和片式大，所以消声量较高。因为每个小管道消声器是互相并联的，每个小管道的消声量就代表整个消声器的消声量，其消声量仍用式（2-27）计算。对于圆管道，直径一般不大于 200mm、方管不超过 200mm × 200mm。由于小管道的尺寸很小，大大提高和改善了高频消声特性。但由于构造复杂、阻力较大，通常用于风量较大的低流速场合。

F 消声弯头

在弯道内衬贴吸声材料即构成弯头式消声器，如图 2-9 所示。弯头式消声器在低频段消声效果差，在高频段消声效果好。对 $d/\lambda \geqslant 0.5$（d 为弯头的通道宽度，λ 为波长）的相应频率上，消声效果迅速增加。弯头上衬贴吸声材料与不衬贴吸声材料，消声效果一般相差 10dB 左右。弯头上衬贴吸声材料的长度，一般取相当于管道截面尺寸的 2.4 倍。为了降低管道

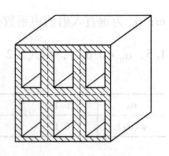

图 2-8 蜂窝式消声器

内阻力损失，可以设计成内侧具有弯曲形状的直角弯头，如图 2-10 所示。

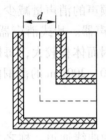

图 2-9 消声弯头

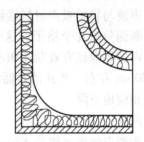

图 2-10 内侧弯曲状直角弯头消声器

2.5.4.2 高频失效

入射到消声器的声波频率高至一定限度时，由于方向性很强而形成"光束状"传播，很少接触贴附的吸声材料而使消声量下降。产生这一现象所对应的频率称为上限失效频率 $f_上$：

$$f_上 = 1.85\frac{c}{D} \qquad (2-34)$$

式中，c 为声速，m/s；D 为消声器通道的当量直径，m，对矩形管道取边长平均值，圆形管道取直径。

当频率高于失效频率时，每增高一个倍频带其消声量约下降 1/3。

2.5.4.3 气流对阻性消声器的声学性能的影响

（1）气流对声传播和衰减过滤的影响。有气流时的消声系数为：

$$\varphi'(\alpha_0) = \varphi(\alpha_0)\frac{1}{(1 \pm Ma)^2} \qquad (2-35)$$

式中，Ma 为马赫数，消声器内流速与声速之比，顺流传播为正、逆流传播为负。

（2）气流产生再生噪声。声功率级计算如下：

$$L_W = 72 + 60\lg v - 20\lg f \qquad (dB) \qquad (2-36)$$

式中，f 为倍频带中心频率，Hz；v 为气流速度，m/s。

2.5.5 抗性消声器

抗性消声器的优点是具有良好的消除低频噪声的特性，而且能在高温、高速、脉动气

流下工作；缺点是消声频带窄，对高频效果差。

2.5.5.1　单节扩张室式消声器

（1）单节扩张室式消声器的消声量计算为：

$$L_R = 10\lg\Big[1 + \frac{1}{4}\Big(m - \frac{1}{m}\Big)^2 \sin^2 k\Big]l \tag{2-37}$$

式中，m 为扩张比，$m = \dfrac{S_2}{S_1}$（S_2、S_1 分别为扩张室截面积和进出气管截面积，m^2）；l 为扩张室长，m；k 为波数，$k = \dfrac{2\pi}{\lambda}$，$m^{-1}$。

1）当 k 为 $\pi/2$ 的奇数倍时，即 $kl = (2n+1)\dfrac{\pi}{2}$，消声量达到最大值：

$$L_R = 10\lg\Big[1 + \frac{1}{4}\Big(m - \frac{1}{m}\Big)^2\Big] \tag{2-38}$$

当 m 大于 5 时，近似取 $L_R = 20\lg m - 6$。

消声量达最大值时的频率为：

$$f_{max} = (2n+1)\frac{c}{4l} \tag{2-39}$$

2）当 k 为 $\pi/2$ 的偶数倍时，消声量达到最小值 0dB，这一波长的相应频率称为通过频率，其计算式如下：

$$f_{min} = \frac{n}{2l}c \tag{2-40}$$

单节扩张室式消声器的消声量可参见图 2-11。

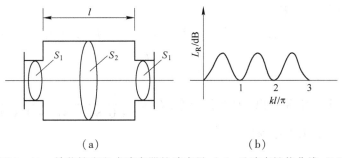

（a）　　　　　　　　　　　　　（b）

图 2-11　单节扩张室式消声器的消声量（a）及消声性能曲线（b）

（2）单节扩张室消声器的截止频率参数

扩张室消声器的消声量随着扩张比 m 的增大而增加。但当 m 增大到一定数值后，波长很短的高频声波以窄束形式从扩张室中央穿过，致使消声量急剧下降。扩张室的有效消声的上限截止频率可用式（2-41）计算：

$$f_{上} = 1.22\frac{c}{D} \quad (Hz) \tag{2-41}$$

在低频范围内，当声波波长远大于扩张室或连接管的长度时，扩张室和连接管可以看做是一个低通滤波器，因而影响扩张室有效的低频消声范围。扩张室存在一个下限失效频率 $f_{下}$，按式（2-42）计算：

$$f_{下} = \frac{\sqrt{2}c}{2\pi}\sqrt{\frac{s_1}{vl}} \quad (\text{Hz}) \tag{2-42}$$

式中，s_1 为气流通道截面积；v 为扩张室的体积；l 为扩张室的长度。

　　单节扩张室消声器只能对某些频率成分起消声作用，而让另一些频率成分顺利通过，由于噪声的频率范围一般较宽，因而必须对扩张室消声性能进行改善处理。一般采用以下两种方法：（1）在扩张室消声器两端插入内接管，插入长度分别取为扩张室长度的 1/2 和 1/4；（2）用多节不同长度的扩张室串联，使它们的通过频率互相错开，以提高总消声量和改善消声器的频率特性。在工程实际中，为了获得较高的消声效果，通常将这两者结合起来应用。

2.5.5.2　多扩张室式消声器

　　多扩张室式消声器及消声特性曲线如图 2-12 所示，显然，可以消除通过频率，得到较平坦的消声特性曲线。

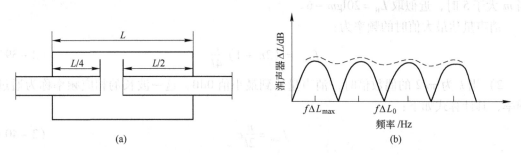

图 2-12　多扩张室式消声器结构（a）及消声特性曲线（b）

2.5.5.3　共振消声器

　　（1）当声波波长大于共振腔消声器最大尺寸的 3 倍时，其共振频率为：

$$f_r = \frac{c}{2\pi}\sqrt{\frac{G}{V}} \tag{2-43}$$

式中，c 为声速；V 为空腔体积；G 为传导率，$G = \dfrac{S_0}{t + 0.8d} = \dfrac{\pi d^2}{4(t + 0.8d)}$；$S_0$ 为孔颈截面积；d 为小孔直径；t 为小孔颈长。

　　其消声量为：

$$L_R = 10\lg\left[1 + \frac{K^2}{\left(\dfrac{f}{f_r} - \dfrac{f_r}{f}\right)^2}\right] \tag{2-44}$$

式中，$K = \dfrac{\sqrt{GV}}{2S}$；$S$ 为气流通道的截面积，m^2；V 为空腔的体积；G 为传导率。

　　倍频带和 1/3 倍频带的消声量分别为：

$$L_R = 10\lg(1 + 2K^2) \tag{2-45}$$

和

$$L_R = 10\lg(1 + 19K^2) \tag{2-46}$$

　　（2）改善消声器性能的方法。

　　共振腔消声器特别适合于低、中频成分突出的噪声，且消声量比较大。但是其消声频带范围窄，可采用以下方法弥补此缺陷。

1）选定较大的 K 值。K 值越大，消声量也越大，还能改善共振吸声的频带宽度，但同时消声器的体积也增大。因此，设计时应全面考虑，适当地选取 K 值。

2）增加声阻。在共振腔中填充一些吸声材料，或在孔径处衬贴薄而透明的材料，都可以增加声阻使有效消声的频率范围展宽。这样处理尽管会使共振频率处的消声量有所下降，但由于偏离共振频率后的消声量下降缓慢，从整体看还是有利的。

3）采取多节共振腔串联。把具有不同共振频率的几节共振腔消声器串联，并使其共振频率互相错开，可以有效地展宽消声频率范围。

2.5.6　阻抗复合式消声器

工程实践中经常使用到阻抗复合式消声器，其特点是消声量大、消声频带宽。目前有阻性 – 扩张室复合式和阻性 – 共振腔复合式消声器两种。一般阻抗复合型消声器的抗性在前、阻性在后，即先消低频声、后消高频声，总消声量可以认为是两者之和，但由于声波在传播过程中具有反射、绕射、折射、干涉等特性，其消声量并不是简单的叠加关系。阻抗复合型消声器兼有阻性和抗性消声器的特点，因此可以在低、中、高的宽广频率范围内获得较好的消声效果。

2.5.7　微穿孔板消声器

这是利用微穿孔板吸声结构制成的一种新型消声器。在厚度小于 1mm 的金属板上钻许多孔径为 0.5 ~ 1mm 的微孔，穿孔率一般在 1% ~ 3% 之间，并在穿孔板后面留有一定的空腔，即成为微穿孔板吸声结构。这是一种高声阻、低声质量的吸声元件。由理论分析可知，声阻与穿孔板上的孔径成反比。与一般穿孔板相比，由于孔很小，声阻就大得多，因而提高了结构的吸声系数。低的穿孔率降低了声质量，使依赖于声阻与声质量比值的吸声频带宽度得到拓宽，同时微穿孔板后面的空腔能够有效地控制共振吸收峰的位置。最简单的是管式微穿孔板消声器，为了保证在宽频带有较高的吸声系数，可采用双层微穿孔板结构，如图 2 – 13 所示。因此，从消声原理上看，微穿孔板消声器实质是一种阻抗复合式消声器。

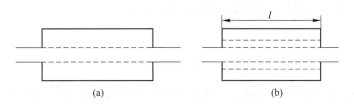

图 2 – 13　管式微穿孔板消声器
（a）单层板；（b）双层板

微穿孔板消声器的最简单形式是单层管式消声器，这是一种共振式吸声结构。对于低频消声，当声波波长大于空腔尺寸时，其消声量可以用共振消声器的计算公式，即：

$$L_R = 10\lg\left[1 + \frac{a + 0.25}{a^2 + b^2(f_r/f - f/f_r)^2} \right] \tag{2 – 47}$$

式中，$a = rS$；$b = \dfrac{Sc}{2\pi fV}$；r 为相对声阻；S 为通道截面积，m^2；V 为板后空腔体积，m^3；c 为空气中声速，m/s；f 为入射声波的频率，Hz；f_r 为微穿孔板的共振频率，Hz，可由式（2－48）计算：

$$f_r = \frac{c}{2\pi}\sqrt{\frac{P}{l'D}} \qquad (2-48)$$

式中，$l' = l + 0.8d + PD/3$；l 为微穿孔板厚度，m；P 为穿孔率；D 为板后空腔深度，m；d 为穿孔直径，m。

对于中频消声，其消声量可以应用阻性消声器别洛夫公式（见式（2－33））进行计算。

对于高频消声，其消声量可以应用如下经验公式进行计算：

$$L_g = 75 - 34\lg v \qquad (2-49)$$

式中，v 为气流速度，m/s，适用范围 $20 \leqslant v \leqslant 120 m/s$。

可见，消声量与流速有关，流速增高，消声性能变坏。微穿孔板消声器往往采用双层微穿孔板串联，这样可以使吸声频带加宽。对于低频噪声，当共振频率降低 $D_1/（D_1 + D_2）$ 倍（D_1、D_2 分别为双层微穿孔板的前腔和后腔的深度），则其吸声频率向低频扩展 3~5 倍。

与其他类型消声器相比，微穿孔板消声器主要有以下优点：（1）微穿孔板上的孔径小，外表整齐平滑，因此空气动力学性能好，适用于要求阻损小的设备；（2）气流再生噪声低，允许有较高的气流速度；（3）不使用多孔吸声材料，没有纤维粉尘的泄漏，可用于对卫生条件要求严格的医药、食品行业；（4）微穿孔板用金属制成，可用于高温、潮湿、腐蚀或有短暂火焰的环境中。

2.6　噪声控制技术——隔声

2.6.1　隔声性能的评价

隔声性能的评价指标包括：

（1）透声系数（τ）。透射声功率与入射声功率的比值，即：

$$\tau = \frac{W_t}{W} \qquad (2-50)$$

式中，W_t，W 分别为透过与入射到隔声构件的声功率。

另外，由于

$$\tau = \frac{I_t}{I} = \frac{p_t^2}{p^2} \qquad (2-51)$$

显然，τ 值越小，表示隔声性能越好，通常的 τ 是无规则入射时各入射角度透声系数的平均值。

（2）隔声量（透射损失、传声损失）$R（dB）$。计算式如下：

$$R = 10\lg\left(\frac{1}{\tau}\right) \qquad (2-52)$$

或

$$R = 10\lg\left(\frac{I}{I_t}\right) = 20\lg\left(\frac{p}{p_t}\right) \qquad (2-53)$$

隔声量的大小与隔声构件的结构、性质有关，也与入射声波的频率有关。故工程中常用125~4000Hz的6个倍频程中心频率的隔声量的算术平均值表示构件的隔声性能，称作平均隔声量。

（3）插入损失 IL。插入损失等于离声源一定距离某处测得的隔声构件设置前的声功率级 L_{W_1} 和设置后的声功率级 L_{W_2} 的差值，记作 IL，即 $IL = L_{W_1} - L_{W_2}$，用来评价隔声罩、隔声屏等构件的隔声效果。

2.6.2 单层密实均匀构件的隔声性能

2.6.2.1 单层均质墙隔声的频率特性

单层均质墙隔声的频率特性如图2-14所示。

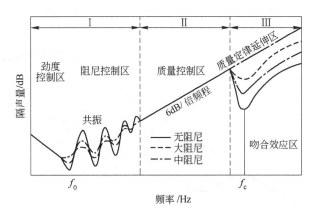

图2-14 单层均质墙隔声的频率特性

图2-14分为劲度控制区、阻尼控制区（合并称为进度与阻尼控制区）、质量控制区和吻合效应区。一般的建筑结构中，共振基频 f_0 很低，为5~20Hz左右。

2.6.2.2 吻合效应

当一定频率的声波以某一角度入射到墙板上时，正好与其激发的墙板的弯曲波发生吻合时，墙板弯曲波振动的振幅达到最大，因而向墙板的另面辐射较强的声波，可以粗略地认为，墙板此时已失去了传声阻力，所以相应的隔声量很小，这一现象称为"吻合效应"，相应的入射声波频率称为"吻合频率"，如图2-15所示。

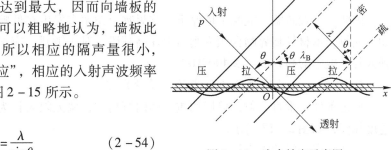

图2-15 吻合效应示意图

吻合条件：

$$\lambda_B = \frac{\lambda}{\sin\theta} \qquad (2-54)$$

式中，λ_B 为墙板弯曲波的波长；θ 为入射角。吻合频率有多个。

发生吻合效应时，隔声量可比质量定律低十几分贝。

当 $\theta = 90°$ 时，$\sin\theta = 1$、$\lambda_B = \lambda$，入射声波的频率为发生吻合效应的最低频率，因而将其称为临界吻合频率，记作 f_c：

$$f_c = \frac{c^2}{2\pi}\sqrt{\frac{m}{B}} \qquad (2-55)$$

或

$$f_c = 0.551\frac{c^2}{l}\sqrt{\frac{\rho_m}{E}} \qquad (2-56)$$

式中, m 为墙板的面密度, kg/m^2; B 为墙板的弯曲劲度, N/m; l 为墙板厚度, m; ρ_m 为墙板密度, kg/m^3; E 为墙板的杨氏弹性模量, N/m^2。

单层墙的隔声性能与入射波的频率有关, 其频率特性取决于隔声墙本身的单位面积的质量、刚度、材料的内阻尼以及墙的边界条件等因素。

几种板材的归一化隔声特性曲线如图 2-16 所示。

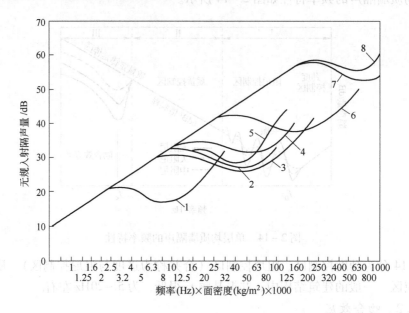

图 2-16 不同板材的归一化隔声特性曲线

1—胶合板 ($5.5kg/m^2$); 2—平板玻璃 ($26.5kg/m^2$); 3—铝 ($27.5kg/m^2$); 4—重混凝土 ($25.5kg/m^2$);
5—砂浆粉刷 ($17.5kg/m^2$); 6—钢 ($78kg/m^2$); 7—锑铅 (铅 $116kg/m^2$); 8—化学锑铅

因此, 一般砖墙、混凝土墙厚重, 临界吻合频率多发生在低频段; 柔顺而轻薄的构件如金属板、木材等临界吻合频率则出现在高频段, 对人敏感, 应尽量避开 f_c, 或使其升高到人耳不敏感的高频段 ($\geq 4000Hz$)。

2.6.2.3 单层均质墙的隔声量和质量定律

假定条件: 垂直入射, 单层均质, 墙两侧均质, 墙无限大且为质量系统, 墙各点振动速度相同, 如图 2-17 所示。

声波垂直入射的隔声量为:

$$R_\perp = 10\lg\left[1 + \left(\frac{\pi f m}{\rho_0 c}\right)^2\right] \qquad (2-57)$$

式中, f 为入射声波频率, Hz; ρ_0 为空气密度, kg/m^3; m 为墙板面密度, kg/m^2; c 为声速, m/s。

对于砖、钢、木、玻璃等常用材料, 通常 ($\pi f m/\rho_0 c$) $\gg 1$, 则有:

$$R_\perp = 10\lg\left(\frac{\pi fm}{\rho_0 c}\right)^2 \qquad (2-58)$$

或 $$R_\perp = 20\lg m + 20\lg f - 43 \qquad (2-59)$$

质量定律：在声波频率一定时，墙板面密度越大，隔声量越高。式（2-59）中斜率为6dB。考虑到墙板的弹性、阻尼和损耗等，无规入射声波的隔声量经验式为：

$$R = 18\lg m + 12\lg f - 25 \qquad (2-60)$$

在频率100~3200Hz范围内，平均隔声量经验式为：

$$\overline{R} = 13.5\lg m + 14 \quad (m \leqslant 200\text{kg/m}^2)$$
$$\overline{R} = 16\lg m + 8 \quad (m > 200\text{kg/m}^2) \qquad (2-61)$$

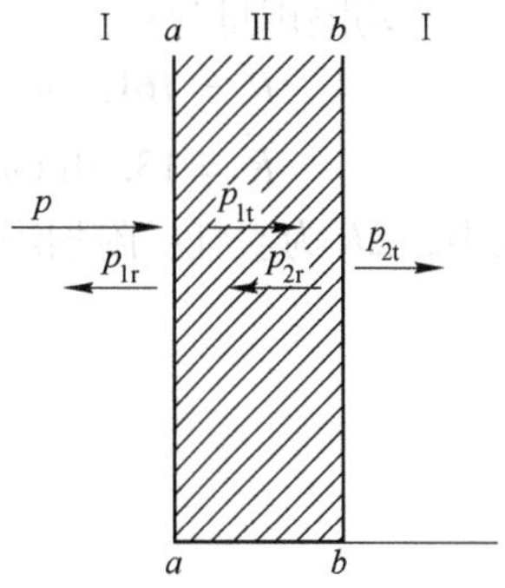

图2-17 单层均质墙假定条件

2.6.3 双层均质构件的隔声量

两层均质墙与中间夹一定厚度的空气层所组成的结构，称作双层墙。一般情况下，双层墙比单层墙隔声量大5~10dB；如果隔声量相同，双层墙的总重比单层墙减少2/3~3/4。

2.6.3.1 双层墙的隔声声特性曲线

双层墙的隔声声特性曲线如图2-18所示。

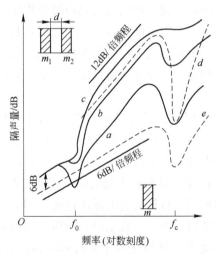

图2-18 双层墙的隔声声特性曲线

2.6.3.2 双层墙共振频率的确定

入射声波法向入射时的墙板共振频率f_0，近似为：

$$f_0 \approx \frac{c}{2\pi}\sqrt{\frac{\rho_0}{h}\left(\frac{1}{m_1} + \frac{1}{m_2}\right)} \qquad (2-62)$$

式中，m_1，m_2分别为两墙的面密度，kg/m^2；h为空气层厚度，m；ρ_0为空气密度，常温下为1.18kg/m^3。

2.6.3.3 双层墙隔声量的实际估算

$$R = 16\lg(m_1 + m_2) + 16\lg f - 30 + \Delta R \qquad (2-63)$$

平均隔声量为：

$$\overline{R} = 16\lg(m_1 + m_2) + 8 + \Delta R \qquad [\,(m_1 + m_2) > 200\text{kg/m}^2\,] \qquad (2-64)$$

$$\overline{R} = 13.5\lg(m_1 + m_2) + 14 + \Delta R \qquad [\,(m_1 + m_2) \leqslant 200\text{kg/m}^2\,] \qquad (2-65)$$

式中，ΔR 为空气层附加隔声量，可查图 2 – 19 得到。

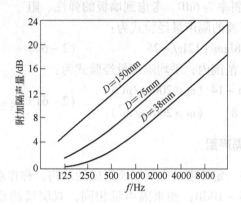

图 2 – 19　不同频率 f、不同空气层厚度 D 的附加隔声量 ΔR

2.6.4　多层复合结构

由几层面密度或性质不同的板材组成的复合隔声墙板称作多层复合板。其隔声性能可利用声波在不同介质分界面上产生反射的原理。采用分层材料交替排列构成。多层复合板要求各层材料应软硬相隔。同时利用夹入层间的疏松柔软层或柔软层中夹入金属板之类的坚硬材料，来减弱板的共振和在吻合频率区域声能的辐射。它广泛应用在隔声门或轻质隔声墙的设计中。

其设计要点如下：（1）多层复合板的层次不必过多，一般 3～5 层即可。在构造合理的条件下，相邻层间材料尽量做成软硬结合形式较好。（2）提高薄板的阻尼有助于改善隔声量，如在薄钢板上粘贴沥青玻璃纤维板等阻尼材料。噪声控制技术对削弱共振频率和吻合效应有显著的作用。（3）由于多孔材料本身的隔声能力较差，因此在它的表面抹一层不透气的粉刷或粘一层轻薄的材料，可提高它的隔声性能。（4）隔声门窗的选用与设计。门窗隔声设计关键在于缝隙的密封处理。一般来讲，门窗扇与门窗框之间的缝隙可采用各种铲口形式的接缝，以及在接缝里衬垫弹性多孔材料如矿棉、玻璃棉、橡皮、毛毡、毛绒、塑料等，以减少缝隙的声传递；并采用加压关闭的措施来改善缝隙的密封程度，提高隔声能力。门扇结构宜选用填充多孔材料的夹层结构，其面密度一般控制在 30～60kg/m² 以内。当门缝内不宜作复杂的接缝以及设置衬垫时，可利用门厅、走廊、前厅等作为"声闸"，以提高隔声能力和隔声窗的层数，通常可选用单层或双层。需要隔声量超过 25dB 要求时，可根据情况选用双层固定密封窗，并在两层间的边框上敷设吸声材料。在特殊情况下，可采用三层或多层。（5）一些特殊要求的建筑，如广播音室、医院耳科测听室、研究所精密试验室等，往往需要设计特殊的隔声门，宜采用"声闸"方式设置双层门或多层门。在结构上可采用有阻尼的双层金属板或多层复合板形式。声闸的内壁面应具有较高的吸声性能。（6）采用多层窗时，各层玻璃要求选用不同的厚度（5～10mm），厚的朝向声源一侧，以改善吻合效应的影响。各层玻璃之间四周要衬贴密封及吸声材料，并应避免双层墙间的刚性连接，要防止层间的串声、漏声。多层玻璃的隔声窗在安装时，各层玻璃最好不要互相平行，以免引起共振。朝声源的一层玻璃可做成倾角（85°左右），使中间的空气层上下不一致，以利于消除低频共振。

2.6.5 隔声罩

前述的隔声间适用于噪声源分散、单独控制噪声源有困难的场合。在工矿企业，常见一些噪声源比较集中或仅有个别噪声源，如空压机、柴油机、电动机、风机等，此情况下，可将噪声源封闭在一个罩子里，使噪声很少传出去，消除或减少噪声对环境的干扰。这种噪声控制装置称为隔声罩。隔声罩的降噪量一般在 10 ~ 40dB 之间。

隔声罩的优点较多，技术措施简单、体积小、用料少、投资少，而且能够控制隔声罩的隔声量，使工作所在的位置噪声降低到所需要的程度。但是，将噪声封闭在隔声罩内，需要考虑机电设备运转时的通风、散热问题；同时，安装隔声罩可能对检修、操作、监视等带来不便，因此需要综合考虑。

2.6.5.1 隔声罩的插入损失

$$IL = 10\lg \frac{\overline{\alpha}}{\overline{\tau}} \qquad (2-66)$$

或

$$IL = \overline{R} + 10\lg \overline{\alpha} \qquad (2-67)$$

式中，$\overline{\tau}$ 为隔声罩的平均透声系数；$\overline{\alpha}$ 为隔声罩总表面平均吸声系数；$\overline{R}$ 为隔声罩壁与顶板平均隔声量，dB。

2.6.5.2 隔声罩设计

隔声罩的设计除了考虑罩壁的面密度与吸声材料的吸声系数、吸声量、噪声频率等决定隔声量的因素以外，还应考虑以下因素：

（1）选择适当的形状。为了减少隔声罩的体积和噪声的辐射面积，其形状应与该声源装置的轮廓相似，罩壁尽可能接近声源设备的外壳；但也要考虑满足检修监测方便、通风良好、进排气及其消声器正常工作的要求。此外，曲面形体应有较大的刚度，有利于隔声。要尽量少用方形平行罩壁，以防止罩内空气声的驻波效应，使隔声量出现低谷。

（2）隔声罩的壁材应具有足够大的透射损失 L_{TL}。罩壁材料可采用铅板、钢板、铝板，壁薄、密度大的板材，一般采用 2 ~ 3mm 厚的钢板。

（3）金属板面上加筋或涂贴阻尼层。通过加筋或涂贴阻尼层，以抑制和避免钢板之类的轻型结构罩壁发生共振和吻合效应，减少声波的辐射。阻尼层的厚度应不小于罩壁厚度的 2 ~ 4 倍，一定要粘贴紧密牢固。

（4）隔声罩内表面应当有较好的吸声性能。罩内通常用 50mm 厚的多孔吸声材料进行处理，吸声系数一般不应低于 0.5。隔声罩基本构件的组成是：在 3mm 厚的钢板上，牢固涂贴一层厚 7mm 的沥青石棉绒作阻尼层，内衬 50mm 厚的超细玻璃棉（容重 25kg/m³）作吸声层，玻璃棉护面层由一层玻璃布和一层穿孔率为 25% 的穿孔钢板构成。这种构件的平均透射损失在 34 ~ 45dB 之间。

（5）隔振处理。隔声罩与机器之间不能有刚性连接，通常将橡胶或毛毡等柔性连接夹在两者之间吸收振动，否则会将机器的振动直接传递给罩体，使罩体成为噪声辐射面，从而降低隔声效果。机器与基础之间、隔声罩与机器基础之间也需要隔振措施。

（6）罩壳上孔洞的处理。隔声罩内声能密度很大，隔声罩上很小的开孔或缝隙都能传出很大的噪声。研究表明，只要在隔声罩总面积上开 0.01 面积的孔洞，其隔声量就会减少 20~25dB 以下。若仍需在罩上开孔时应对孔洞进行处理：1）传动轴穿过罩的开孔处加一套管，管内衬以吸声材料，吸声衬里的长度应大于传动轴与吸声衬里之间的缝隙 15 倍，这样既避免了声桥，又通过吸声作用降低了缝隙漏声；2）因吸排气或通风散热需要开设的孔洞，可设置消声箱来减弱；3）罩体拼接的接缝以及活动的门、窗、盖子等接缝处，要垫以软橡胶之类的材料，当盖子或门关闭时，要用锁扣扣紧以保证接缝压实，防止漏声；4）对于进出料口的孔一般应加双道橡皮刷，以便让料通过，而声音不易外逸。

2.6.6　隔声间

由不同隔声构件组成的具有良好隔声性能的房间即隔声间，有封闭式和半封闭式两种。其中，封闭式隔声效果较好。

2.6.6.1　具有门、窗的组合墙平均隔声量的计算

组合墙的平均透声系数为各组成部分的透声系数的平均值，其表达式为：

$$\bar{\tau} = \frac{\tau_1 S_1 + \tau_2 S_2 + \tau_3 S_3}{S_1 + S_2 + S_3} = \frac{\sum\limits_{i=1}^{n} \tau_i S_i}{\sum\limits_{i=1}^{n} S_i} \qquad (2-68)$$

式中，τ_i 为墙体第 i 种构件的透声系数；S_i 为墙体第 i 种构件的面积，m^2。

则组合墙的平均隔声量为：

$$\bar{R} = 10\lg\left(\frac{1}{\bar{\tau}}\right) \qquad (2-69)$$

2.6.6.2　孔洞对墙板隔声的影响

孔洞对墙板隔声的影响如图 2-20 所示。

由于声波的衍射作用，孔洞和缝隙会大大降低组合墙的隔声量。门窗的缝隙、各种管道的孔洞、隔声罩焊缝不严密的地方等都是透声较多之处，直接影响墙板等组合件的隔声量。虽然低频声波长较长，透过孔隙的声能要比高频声少些，但在一般计算中，透声系数均可取为 1。设一理想的隔声墙（$\tau = 0$），若墙上有占墙面积 1/100 的孔洞，由式（2-57）可算得墙的总隔声量仅为 20dB。可知，为了不降低墙的隔声量，就必须对墙上的孔洞和缝隙进行密封处理。

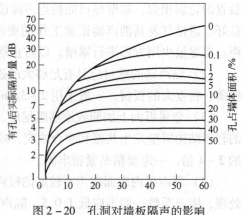

图 2-20　孔洞对墙板隔声的影响

2.6.6.3　门、窗的隔声和孔洞的处理

隔声间门、窗的隔声和孔洞不同构造隔声效果见表 2-24~表 2-26。

表 2 - 24 常用门的隔声量

构 造	隔声量/dB						
	125	250	500	1000	2000	4000	平均
三合板门，扇厚45mm	13.4	15	15.2	19.7	20.6	24.5	16.8
三合板门，扇厚45mm，上开一小观察孔，玻璃厚3mm	13.6	17	17.7	21.7	22.2	27.7	18.8
重料木门，橡皮毛毡密封	30	30	29	25	26		27
分层木门	20	28.7	32.7	35	32.8	31	31
分层木门，不密封	25	25	29	29.5	27	26.5	27
双层木板实拼门，板厚100mm	16.4	20.8	27.1	29.4	28.9		29
钢板门，厚6mm	25.1	26.7	31.1	36.4	21.5		35

表 2 - 25 几种厚玻璃的临界频率

玻璃厚度/mm	临界频率/Hz	玻璃厚度/mm	临界频率/Hz
3	4000	6	2000
5	2500	10	1100

表 2 - 26 常用窗的隔声量

构 造	隔声量/dB						
	125	250	500	1000	2000	4000	平均
单层玻璃窗，玻璃厚3~6mm	20.7	20	23.5	26.4	22.9		22±2
单层固定窗，6.5mm厚玻璃，橡皮密封	17	27	30	34	38	32	29.7
单层固定窗，15mm厚玻璃，腻子密封	25	28	32	37	40	50	35.5
双层固定窗	20	17	22	35	41	38	28.8
有一层倾斜的双层窗	28	31	29	41	47	40	35.5
三层固定窗	37	45	42	43	47	56	45

2.6.6.4 隔声间的降噪计算

隔墙的噪声衰减：定义隔墙两边的声压级差为隔墙的噪声衰减，或称为隔墙的噪声降低量，记作 NR，即 $NR = L_{p1} - L_{p2}$，经推导可得：

$$NR = L_{p1} - L_{p2} = R - 10\lg\left(\frac{1}{4} + \frac{S_W}{R_{r2}}\right) \qquad (2-70)$$

式中，R 为隔墙的隔声量，dB；S_W 为隔墙的面积，m^2；R_{r2} 为接收室的房间常数，m^2。

当发声室与受声室皆为扩散声场时，隔声间的噪声衰减 NR 为：

$$NR = L_{p1} - L_{p2} = \overline{R} + 10\lg\frac{A}{S_W} \qquad (2-71)$$

式中，$\overline{R}$ 为隔声墙的平均隔声量，dB；A 为隔声墙的吸声量，m^2；S_W 为传声墙的面积，m^2。通常隔声间的噪声衰减在 20~50dB 之间。

2.6.7　隔声屏

在声源与接收点之间设置挡板、阻断声波的直接传播，这样的结构称为隔声屏或声屏障，一般用于车间或办公室内、道路两侧。声屏障工程应用的范围相当广，很多厂界噪声、冷却塔、热泵等项目中均会用到声屏障，其中应用最广、产量最大的还是公路噪声治理。

隔声屏的隔声原理在于它可以将高频声反射回去，使屏障后形成"声影区"，在声影区内噪声明显降低。对低频声，由于绕射的结果，隔声效果较差。

2.6.7.1　隔声屏的插入损失

在自由声场中，只要声屏障的长度足以避免产生侧向绕射，那么，如图 2-21 所示的声屏障的降噪量可以用式（2-72）计算：

$$IL = 10\lg N + 13 \tag{2-72}$$

对于式（2-73），有：

$$N = \frac{2}{\lambda}\sigma = \frac{2(a+b-d)}{\lambda} \quad 或 \quad N = \frac{2}{\lambda}\sigma = \frac{\sigma f}{17d} \tag{2-73}$$

式中，σ 为声波绕射路径差，m，$\sigma = a+b-d$；λ 为声波波长，m；a 为声源到屏顶的距离，m；b 为接收者到屏顶的距离，m；d 为声源与接收者之间的直线距离，m。

声屏障降噪各参数之间的关系如图 2-21 所示。

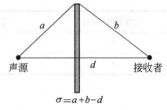

图 2-21　声屏障降噪各参数之间关系

2.6.7.2　隔声屏的结构及设计要点

（1）在隔声屏一侧或两侧衬贴吸声材料是必要的，尤其在混响强的厂房内，这不仅可提高其隔声效果，而且使隔声屏具有吸声体的作用。

（2）隔声屏所用隔声材料的隔声能力应适当，当隔声屏绕射衰减量一定时，隔声屏上所用材料的隔声值过大是没有意义的。

（3）隔声屏应具有足够大的高度。

（4）隔声屏宽度也会影响降噪效果，通常取屏的宽度为高度的 1.5~2 倍。

（5）隔声屏应尽量放在靠近噪声源处。使用活动隔声屏时，应使其与地面间的缝隙减到最小。

（6）实践证明，厚度大的屏障，其降噪效果要比薄屏障的好。

2.7　环境工程常用设备噪声控制措施

2.7.1　风机噪声控制

风机噪声除空气动力性噪声外，还有机械噪声、电磁噪声、管道辐射噪声等。要使机组噪声不污染周围环境，必须对风机噪声进行综合治理。

2.7.1.1　合理选择风机型号

制定风机噪声综合治理措施，要结合现场实际情况，最好在风机选型、安装风机以前，就考虑噪声控制问题。

（1）对型号相同的风机，在性能允许的条件下，应尽量选用低风速风机。

（2）对不同型号的风机，应选用比 A 声级 L_{SA} 小的风机。比 A 声级定义为单位风量、单位全风压时的 A 声级，即：

$$L_{SA} = L_A - 10\lg(Qp^2) + 20 \qquad (2-74)$$

式中，L_{SA} 为比 A 声级，dB（A）；L_A 为噪声级，指在距风机 1m 或等于该风机叶轮直径处测得的 A 声级，dB（A）；Q 为风量，m^3/min；p 为全风压，Pa。

表 2-27 为几种风机最佳工况下的比 A 声级 L_{SA} 值。

表 2-27　几种风机最佳工况下的比 A 声级 L_{SA} 值

风机系列与型号	最佳工况点流量/$m^3 \cdot min^{-1}$	最佳工况点静压/Pa	比 A 声级 L_{SA} 值
5-48No5	61.92	823.2	21.5
6-48No5	74.37	891.8	19.5
9-19-11No6	69.96	8790	16.0
9-20-11No6	71.63	8555	16.7
8-18-10No6	57.30	8281	22.7
9-27-11No6	139.10	9084.6	20.1

（3）由于一般风机效率良好的区域，其噪声也低，因此对风机的噪声及效率两者而言，都应使用性能良好的区域。

2.7.1.2　对风机噪声传播途径的控制

（1）风机进、出风口的空气动力性噪声比风机其他部位的要高 10~20dB，控制风机的空气动力性噪声的有效措施是在风机进、出气口安装消声器。

（2）抑制机壳辐射的噪声，可在机壳上敷设阻尼层，但此法降噪效果有限，采用不多。

（3）从基座传递的风机固体声，特别是一些安装在平台、楼层或屋顶的风机，其固体声的影响很大。有效的降噪措施是在风机基座处采取隔振措施。对大型风机还应采用独立基础。

（4）采取隔声措施。一般采用隔声罩，对大型风机或多台风机可设风机房；也可采用地坑消声法，如图 2-22 所示。

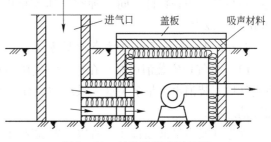

图 2-22　地坑法消声示意图

2.7.2　压缩机噪声控制

空气压缩机是厂矿广泛采用的动力机械设备，它可以提供压强波动不大的稳定气流，具有转动平稳、效率高的特点。但空气压缩机运转的噪声较大，一般在 90~110dB（A）之间，而且呈低频特性，它严重危害周围环境，尤其在夜晚影响范围达数百米。

2.7.2.1   空气压缩机噪声源分析

空气压缩机按其工作原理可分为容积式和叶片式两类。容积式压缩机又分往复式（又称活塞式）和回转式，一般使用最为广泛的是活塞式压缩机。空气压缩机是个综合性噪声源，它的噪声主要由进、排气口辐射的空气动力性噪声、机械运动部件产生的机械噪声和驱动电动机噪声等部分组成，以进、排气口空气动力性噪声为最强。

A   进气与排气噪声

空气压缩机的进气噪声是由于气流在进气管内的压强脉动而形成的。进气噪声的基频与进气管里的气体脉动频率相同，它们与空气压缩机的转速有关。进气噪声的基频可用式（2-75）计算：

$$f_i = \frac{nZ}{60}i \qquad (2-75)$$

式中，Z 为压缩机气缸数目，单缸 $Z=1$、双缸 $Z=2$；n 为压缩机转速，r/min；i 为谐波序号。

空气压缩机的转速较低，往复式转速为 $480 \sim 900$r/min，进气噪声频谱呈典型的低频特性，其谐波频率也不高，峰值频率大部分集中在 63Hz、125Hz、250Hz。

空气压缩机的排气噪声是由于气流在排气管内产生压强脉动所致。由于排气管端与储气罐相连，因此排气噪声是通过排气管壁和储气罐向外辐射的。排气噪声较进气噪声弱，所以，空气压缩机的空气动力性噪声一般以进气噪声为主。

B   机械噪声

空气压缩机的机械噪声一般包括构件的撞击、摩擦、活塞的振动、阀门的冲击噪声等，这些噪声带有随机性，呈宽频带特性。对这类噪声控制，在机器的设计、选材、加工工艺等诸多方面就应加以考虑，也可采取阻尼减振、隔声等被动的噪声控制措施。

C   电磁噪声

空气压缩机的电磁噪声是由电动机产生的。电动机噪声与空气动力性噪声和机械噪声相比是较弱的。但对于一些由柴油机驱动的空气压缩机，柴油机就成为主要噪声源，柴油机噪声呈低、中频特性。同一种空气压缩机由电动机驱动比由柴油机驱动的噪声要高出 10dB（A）以上。

2.7.2.2   空气压缩机噪声控制方法

（1）进气口安装消声器。在整个空气压缩机组中进气口辐射的空气动力性噪声最强。在进气口安装消声器是解决这一噪声的最有效手段，一般可将进气口引到车间外部，然后加装消声器。

因进气噪声呈低频特性，所以一般加装阻抗复合式消声器，如设计带插入管的多节扩张室与微穿孔板复合消声器。微穿孔板的设置可使消声器在较宽的频带上消声，以提高其消声效果。

文氏管消声器消声效果比一般消声器要好。文氏管消声器与普通扩张室消声器基本相同，只是把插入管改成渐缩和渐扩式的文氏管。这种消声器对低频噪声的消声效果更佳。在文氏管消声器一端加了双层微穿孔板吸声结构（或衬贴吸声材料），会使消声频带更宽。

（2）空气压缩机装隔声罩。在环境噪声标准要求较高的场合，如仅在进气口安装消声器往往不能满足降噪的要求，还必须对空气压缩机机壳及机械构件辐射的噪声采取措施，为整个机组加装隔声罩是非常有效的措施。对隔声罩的设计要保证其密闭性，以便获得良好的隔声效果。为了便于检修和拆装，隔声罩设计成可拆式、留检修门及观察窗，同时应考虑机组的散热问题，在进、出风口安装消声器。

（3）空气压缩机管道的防振降噪。空气压缩机的排气至储气罐的管道，由于受排气的压强脉动作用而产生振动并辐射噪声。它不仅会造成管道和支架的疲劳破坏，还会影响周围操作人员的身心健康。因此，对管道可采用下列方法防振降噪：

1）避开共振管长。当空气压缩机的激发频率（空气压缩机的基频及谐频）与管道内气柱系统的固有频率相吻合时而引起共振，此时的管道长度称为共振管长。

对于空气压缩机的管道，它一端与压缩机的气缸相连，另一端与贮气罐相通。由于储气罐的容积远远大于管道的容积，所以可将管道看成一端封闭，其声学管内的气柱固有频率可由式（2-76）计算：

$$f_i = \frac{c}{4L}i \quad (i = 1, 3, 5, \cdots) \tag{2-76}$$

式中，c 为声速，m/s；L 为管道长，m。

一般共振区域位于（0.8~1.2）f_i 之间。设计输气管道长度时，应尽量避开与共振频率相关的长度。

2）排气管中加装节流孔板。节流孔板相当于阻尼元件，对气流脉动起减弱作用。由于气流截面积的变化，造成声学边界条件的改变，限制管道的驻波形成，从而降低了管道的振动和噪声辐射。节流孔板一般装在容器与管道连接处附近。节流孔板的孔径 d 一般取管径 D 的 0.43~0.5 倍，孔板的厚度 t 取 3~5mm。

（4）储气罐的噪声控制。空气压缩机不断地将压缩气体输送到储气罐内，罐内压缩空气在气流脉动的作用下，产生激发振动，从而伴随强烈的噪声，同时加剧壳体振动辐射噪声。除采取隔声方法外，也可在储气罐内悬挂吸声体，利用吸声体的吸声作用，阻碍罐内驻波形成，从而达到吸声降噪的目的。

（5）空气压缩机站噪声的综合控制。许多工矿企业通常有多台压缩机供生产需要，因而建有压缩机站。压缩机的噪声很大，如果对每一台空气压缩机的进气口都安装消声器，不仅工作量大，而且投资大。因而，对于一些已建的空气压缩机站，要根据具体情况，在站内采取吸声、隔声、建隔声间等降噪措施。

隔声间是在空气压缩机房内建造的相对安静的小房子，供操作者使用。空气压缩机站内建造的隔声间，可以将噪声控制在 60dB(A) 以下。

另外，在站内进行吸声处理，如顶棚和墙壁悬挂吸声体，也可使站内噪声降低 4~10dB(A)。

上述噪声控制措施一般是在已建的空气压缩机站实施。从噪声控制的效果及投资来看，如在空气压缩机站工艺设计、土建施工时综合考虑噪声控制措施，不仅投资少，而且可获得令人满意的降噪效果。

2.7.3　泵噪声控制

2.7.3.1　泵噪声发生机理

泵是将工作介质（如水、油等）加压传送到一定用户的设备，其噪声级一般在85dB左右，也有达100dB以上的。

单台泵辐射的噪声主要源于泵运行过程中由液体产生的脉动压强，而通过机械传动部件（齿轮啮合、轴承结构及驱动机构等）所产生的固体声一般是较小的。

泵噪声的频谱一般呈宽频带性质，其中还含有离散的纯声。

2.7.3.2　泵的噪声控制措施

泵的噪声控制可以从设计和选用低噪声的泵入手。从噪声传播途径上采取的控制措施主要有以下几种：

（1）用隔声罩、声屏障及吸声结构（主要是在泵房内）来衰减及阻隔泵噪声经过空气的传播。

（2）采用防震材料、减震器、挠性连接管等，阻隔从泵的底座或连接管道传递的振动和噪声。

（3）采用管路波动缓冲器、储压器及外分路管道等控制管路内流动的流体以压强脉动形式传出的噪声。

参 考 文 献

［1］《中华人民共和国环境噪声污染防治法》.

［2］张艳红，韩少军. 城市环境噪声污染的特征与防治对策［J］. 环境，2007（7）.

［3］刘砚华，张朋，高小晋. 我国城市噪声污染现状与特征［J］. 中国环境监测，2009（4）.

［4］张宝杰，乔英杰，赵志伟. 环境物理性污染控制［M］. 北京：化学工业出版社，2003：7～124.

［5］张宝杰，乔英杰，赵志伟. 环境物理性污染控制［M］. 2版. 北京：化学工业出版社，2010：72～80.

［6］李连山，杨建设. 环境物理性污染控制工程［M］. 武汉：华中科技大学出版社，2009：73～79.

［7］李家华. 环境噪声控制［M］. 北京：冶金工业出版社，1995：1～34，98～100.

［8］张邦俊，翟国庆. 环境噪声学［M］. 2版. 杭州：浙江大学出版社，2001：13～85.

［9］张世森，李培哲. 环境监测技术［M］. 北京：高等教育出版社，1992：324～355.

［10］顾强，王昌，田张弛，等. 噪声控制工程［M］. 北京：煤炭工业出版社，2002：38～67.

3 振动污染及其控制

振动是一种很普遍的运动形式，在自然界、日常生产和生活中都很常见。当物体在其平衡位置围绕平均值或基准值从大到小、又从小到大的周期往复运动时，就可以说物体在振动。从高层建筑物的随风晃动到昆虫翅翼的微弱抖动都属于振动。某些振动对人体是有害的，甚至可以破坏建筑物和机械设备。

3.1 振动系统的危害及其评价标准

3.1.1 振动对机械设备的危害和对环境的污染、对人体的危害

3.1.1.1 振动对机械设备的危害和对环境的污染

在工业生产中，机械设备运转发生的振动大多是有害的。振动使机械设备本身疲劳和磨损，从而缩短机械设备的使用寿命，甚至使机械设备中的构件发生刚度和强度的破坏。对于机械加工机床，如振动过大，可使加工精度降低；飞机机翼的颤振、机轮的摆动和发动机的异常振动，都有可能造成飞行事故；各种机器设备、运输工具会引起附近地面的振动，并以波动形式传播到周围的建筑物，造成不同程度的环境污染，从而使振动引起的环境公害日益受到人们的关注。具体说来，振动引起的公害主要表现在以下几个方面：

（1）由振动引起的对机器设备、仪表和对建筑物的破坏，主要表现为干扰机器设备、仪表的正常工作，对其工作精度造成影响，并由于对设备、仪表的刚度和强度的损伤造成其使用寿命的降低；振动能够削弱建筑物的结构强度，在较强振源的长期作用下，建筑物会出现墙壁裂缝、基础下沉，甚至发生过振级超过140dB使建筑物倒塌的现象。

（2）冲锻设备、加工机械、纺织设备如打桩机、锻锤等都可以引起强烈的支撑面振动，有时地面垂直向振级最高可达150dB左右。另外，为居民日常服务的设备如锅炉引风机、水泵等都可以引起75～130dB的地面振动振级。调查表明，当振级超过70dB时，人便可感觉到振动；超过75dB时，便产生烦躁感；85dB以上，就会严重干扰人们正常的生活和工作，甚至损害人体健康。

（3）机械设备运行时产生的振动传递到建筑物的基础、楼板或其相邻结构，可以引起它们的振动，这种振动可以以弹性波的形式沿着建筑结构进行传递，使相邻的建筑物空气发生振动，并产生辐射声波，引起所谓的结构噪声。由于固体声衰减缓慢，可以传递到很远的地方，因此常常造成大面积的结构噪声污染。

（4）强烈的地面振动源不但可以产生地面振动，还能产生很大的撞击噪声，有时可达100dB，这种空气噪声可以以声波的形式进行传递，从而引起噪声环境污染，影响人们的正常生活。

3.1.1.2 振动对人体的危害

振动按其对人体的影响，可分为全身振动和局部振动。前者是指振动通过支撑面传递

到整个人体，主要在运输工具或振源附近发生，表 3 - 1 给出了全身振动的主观反应；后者振动主要是通过作用于人体的某些部位，如使用电动工具，振动通过操作手柄传递到人的手和手臂系统，往往会引起不舒适，降低工作效率，危及身体健康。

表 3 - 1 全身振动的主观反应

主观感觉	频率/Hz	振幅/mm
腹痛	6 ~ 12	0.049 ~ 0.163
	40	0.063 ~ 0.126
	70	0.032
胸痛	5 ~ 7	0.6 ~ 1.5
	6 ~ 12	0.094 ~ 0.163
背痛	40	0.63
	70	0.32
尿急感	10 ~ 20	0.024 ~ 0.028
粪迫感	9 ~ 20	0.024 ~ 0.12
头部症状	3 ~ 10	0.4 ~ 2.18
	40	0.126
	70	0.032
呼吸困难	1 ~ 3	1 ~ 9.3
	4 ~ 9	2.4 ~ 19.6

人体是一个复杂的系统，它可以近似看成一个等效的机械系统。它包含着若干线性和非线性的"部件"，且机械性很不稳定。骨骼近似为一般固体，但比较脆弱；肌肉比较柔软，并有一定弹性，其他如心、肝、胃等身体器官都可以看成弹性系统。研究表明，人体的各部分器官都有其固有频率，当振动频率接近某个器官的固有频率时，就会引起共振，对该器官影响较大。如胸腹系统对 3 ~ 8Hz 的振动有明显的共振响应；对于头、颈、肩部分引起共振的频率为 20 ~ 30Hz，眼球为 60 ~ 90Hz。另外，频率 100 ~ 200Hz 的振动能引起"下颚 - 头盖骨"的共振，造成身体的损伤。振动主要通过振动幅和加速度对人体造成危害，其危害程度与振动频率有关；在高频振动时，振幅的影响是主要的；在低频振动时，则加速度在起主要作用。如振动频率为 40 ~ 100Hz，振幅达到 0.05 ~ 1.3mm 后，就会引起末梢血管痉挛；当振动频率较低如 15 ~ 20Hz，随着频率加速度的增大，会引起前庭器官反应和使内脏、血管位移，造成不同程度的皮肉青肿、骨折、器官破裂和脑震荡等。

除了人体感受到振动以外，人体经受振动后还发生各种不良的生理反应，如经受振动后感到不舒服、焦躁不安、疲劳等。频率在 30Hz 左右的振动使得眼球发生共振，结果使视力模糊，降低了视力的敏锐性，从而大大削弱了人体完成各种工作的能力。频率高而振幅小的振动主要作用于组织的神经末梢；频率较低而振幅较大的振动使前庭器官受刺激；中等振幅的全身性振动由前庭器官传递，发生恶心、眩晕和运动及运动疾病等不良反应；较大振幅的运动引发病理的影响。研究表明，人体振动的时间越长，危害越大。长时间从事与振动有关的工作会患振动职业病，主要表现为手麻、无力、关节痛、白指、白手、注意力不集中、头晕、呕吐甚至丧失活动能力。

此外，振动与噪声相结合会严重影响人们的生活，降低工作效率，甚至影响到人的身体健康。振动对人体的第一个影响是人体感觉，感觉是通过人体的许多感受器官接收的，如表皮中的末梢神经、细胞组织中的环层小体、肌肉中的肌梭和高尔基腱梭以及前庭器官等。人体对振动的感受有一个振幅和频率的范围，当振幅和频率在这个范围内时，人体才能感觉得到体平衡的内耳神经系统。内耳迷路中，除耳蜗外还有三个半规管、椭圆囊和球囊，后三者称为前庭器官，是人体对自身运动状态和头的空间位置的感受器，当机体进行旋转或者直线变速运动时，速度的变化（包括正、负加速度）会刺激三个半规管或椭圆球囊中的感受细胞，这些刺激引起的神经冲动沿第八脑神经的前庭支传向中枢，引起相应的感受或其他效应。10Hz 以上，肌肉深处的感受器官感受振动；1000Hz 以上，则表皮感受器官是最敏感的振动感受器。人体通过这些感受器最灵敏地感受各种不同频率的振动。当振动造成听力损伤时，噪声性损伤以高频段（3000~4000Hz）为主，振动性损伤则以低频段（125~250Hz）为主。

3.1.2 振动的评价及其标准

3.1.2.1 振动的评价指标

A 位移、速度

振动的振动量是指被测系统在选定点上选定方向的运动量。描述振动量的基本参数有位移、速度和加速度，三者的相互换算关系如图3-1所示。图3-1中频率为10Hz、振动加速度为 $10^{-2}\mathrm{m/s^2}$ 处（O 点）的振动速度约为0.16mm/s、位移约为2.5μm。

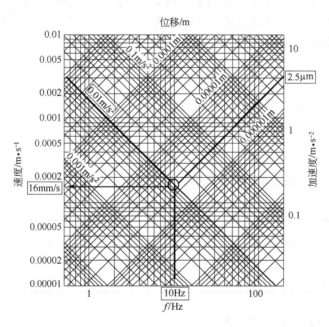

图 3-1 振动量换算图

振动位移是物体振动时相对于某一参照系的位置移动。振动位移能很好地描述振动的物理现象，常用于机械结构的强度、变形的研究。在振动测量中，常用位移级 L_s（单位为dB）来表示：

$$L_s = 20\lg\frac{S}{S_0} \tag{3-1}$$

式中，S 为振动位移，m；S_0 为位移基准值，一般取 8×10^{-12}m。

人体受振动影响的程度也取决于振动速度。振动速度即物体振动时位移的时间变化量。通常，当振动比较小，频率比较高时，振动对人们的感觉起主要作用。在振动测量中，常用速度级 L_v（单位为 dB）来表示：

$$L_v = 20\lg \frac{v}{v_0} \qquad (3-2)$$

式中，v 为振动速度，m/s；v_0 为速度基准值，一般取 5×10^{-8}m/s。

B 振动加速度和振动级

在环境振动测量中，一般选用振动加速度级和振动级作为振动强度参数。

振动加速度级定义为：

$$L_a = 20\lg \frac{a_e}{a_{ref}} \qquad (3-3)$$

式中，a_e 为加速度的有效值，m/s²，对于简谐振动，$a_e = \frac{1}{\sqrt{2}}a$；$a_{ref}$ 为加速度参考值，国外一般取 $a_{ref} = 1 \times 10^{-6}$m/s²，而我国习惯取 $a_{ref} = 1 \times 10^{-5}$m/s²。

人体对振动的感觉与振动频率的高低、振动加速度的大小和在振动环境中暴露时间长短有关，也与振动的方向有关。综合这许多因素，国际标准化组织建议采取如图 3-2 所示的等感度曲线。

振动级定义为修正的加速度级，用 L_a' 表示

$$L_a' = 20\lg \frac{a_e'}{a_{ref}} \qquad (3-4)$$

式中，a_e' 为修正的加速度有效值，可通过下式计算得到：

$$a_e' = \sqrt{\sum a_{fe}^2 10^{\frac{c_f}{10}}} \qquad (3-5)$$

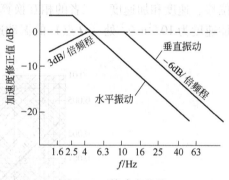

图 3-2　等感度曲线

式中，a_{fe} 为频率为 f 的振动加速度有效值；c_f 为表 3-2 列出的修正值。

表 3-2　c_f 修正值

中心频率/Hz	1	2	4	8	16	31.5	63
垂直方向修正值/dB	-6	-3	0	0	-6	-12	-18
水平方向修正值/dB	3	3	-3	-9	-15	-21	-27

振动级与感觉的关系见表 3-3。

表 3-3　振动级与感觉的关系

振动级/dB	振动感觉状况	振动级/dB	振动感觉状况
100	墙壁出现裂缝	70	门窗振动
90	容器中的水溢出、暖壶倒地等	60	人能感觉到振动
80	电灯摇摆、门窗发出响声		

C 振动周期与频率

振动由最大值—最小值—最大值变化一次，即完成一次周期性振动所需要的时间称为周期，单位是秒（s）。

振动频率是指在单位时间内振动的周期数，单位为赫兹（Hz）。简谐振动只有一个频率，在数值上等于周期的倒数；非简谐振动具有多个频率，周期只是基频的倒数。

3.1.2.2 环境振动的评价标准

振动的影响是多方面的，它损害或影响振动作业工人的身心健康和工作效率，干扰居民的正常生活，还影响或损害建筑物、精密仪器和设备等。评价振动对人体的影响比较复杂，根据人体对某种振动刺激的主观感觉和生理反应的各项物理量，国际标准化组织和一些国家推荐提出了不少标准，概括起来可以分为以下几类：

（1）振动对人体影响的评价标准。振动对人体的影响比较复杂，人的体位，接受振动的器官，振动的频率、方向、振幅和加速度都会对其造成影响。人体对振动的感觉标准是：人体刚感到振动是 $0.03m/s^2$，不愉快感是 $0.49m/s^2$，不可容忍感是 $4.9m/s^2$。评价振动对人体的影响远比评价噪声复杂。振动强弱对人体的影响，大体上有四种情况：

1）振动的"感觉阈"。人体刚能感觉到振动，对人体无影响。

2）振动的"不舒服阈"。这时振动会使人感到不舒服，或有厌烦的反应，这是一种大脑对振动的本能反应，不会产生生理的影响。

3）振动的"疲劳阈"。这时人体不仅对振动产生心理反应，而且出现生理反应，它会使人感到疲劳，出现注意力转移、工作效率降低等。但当振动停止后，这些生理反应也随之消失。实际生活中以该阈为标准，超过者被认为有振动污染。

4）振动的"危险阈"。此振动的强度不仅对人体产生心理影响，还会造成生理性伤害。此时振动会使人体的感觉器官和神经系统产生永久性病变，即使振动停止也不能恢复。

根据振动强弱对人体的影响，国际标准化组织对局部振动和整体振动都提出了相应的标准。

1）局部振动标准。国际标准化组织 1981 年起草推荐了《局部振动标准》（ISO 5349—1981）。该标准规定 8～1000Hz 不同暴露时间的振动加速度和速度的容许值（见图 3-3）、用来评价手传振动暴露对人体的损伤。由图 3-3 可知，对于加速度值，8～16Hz 曲线平坦，16Hz 以上曲线以每倍频带上升 6dB，而人对加速度最敏感的振动频率范围是 6～16Hz。

2）整体振动频率。振动对人体的作用取决于四个参数：振动强度、频率、方向和暴露时间。国际标准化组织 1978 年公布推荐了《整体振动标准》（ISO 2631—1978）。该标准规定了人体暴露在振动作业环境中的允许界限，振动的频率范围为 1～80Hz。这些界限按三种公认准则给出，即舒适性降低界限、疲劳–工效降低界限和暴露极限。这些界限分别

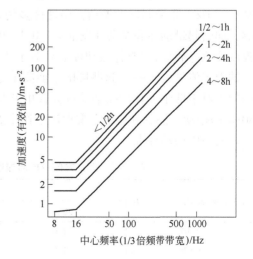

图 3-3 手的暴露评价曲线

按振动频率、加速度值、暴露时间和对人体躯干的作用方向来规定。图3-4和图3-5分别给出了垂直振动和水平振动疲劳－工效降低界限曲线，横坐标为1/3倍频带的中心频率，纵坐标是加速度的有效值。当振动暴露超过这些界限时，常会出现明显的疲劳和工作效率降低。对于不同性质的工作，可以有3~12dB的修正范围。超过图中曲线的二倍（即+6dB）为暴露极限，即使个别人能在强的振动环境中无困难地完成任务，也是不允许的。暴露极限和舒适性降低界限具有相同的曲线，将暴露极限曲线向下移10dB即将相应值减去10dB为舒适性降低界限，降低的程度与所做事情的难易程度有关。

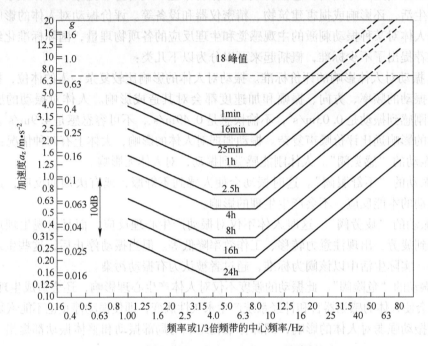

图3-4 垂直振动标准曲线（疲劳－工效降低界限）

对于垂直振动，人的敏感频率范围是4~8Hz；对于水平振动，人最敏感的频率范围是1~2Hz。低于1Hz的振动会出现许多传递形式，并出现一些与较高频率完全不同的影响，如引起晕动症和晕动并发症等。0.1~0.63Hz的振动传递到人体，会引起从不舒适到极度疲劳等病症，《整体振动标准》对于0.1~0.63Hz人承受垂直方向全身振动极度不舒适的限定值见表3-4。这些影响不能简单地通过振动的强度、频率和持续时间来解释。不同的人对于低于1Hz的振动反应会有相当大的差别，这与环境因素和个人经历有关。高于80Hz的振动，感觉和影响主要取决于作用点的局部条件，目前还没有建立80Hz以上的关于人的整体振动标准。

表3-4 垂直方向用振动加速度数值表示的极度不舒适限定值

1/3倍频带的中心频率/Hz	加速度/m·s⁻²		
	30min	2h	8h（暂行）
0.10	1.0	0.5	0.25
0.125	1.0	0.5	0.25
0.16	1.0	0.5	0.25

1/3 倍频带的中心频率/Hz	加速度/m·s⁻²		
	30min	2h	8h（暂行）
0.20	1.0	0.5	0.25
0.25	1.0	0.5	0.25
0.315	1.0	0.5	0.25
0.40	1.5	0.75	0.375
0.50	2.15	1.08	0.54
0.63	11.15	1.60	0.80

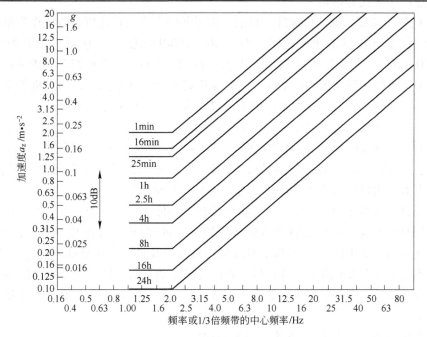

图 3 – 5　水平振动标准曲线（疲劳 – 工效降低界限）

（2）城市区域环境振动的评价标准。由各种机械设备、交通运输工具和施工机械所产生的环境振动，对人们的正常工作和休息都会产生较大的影响。我国已制定《城市区域环境振动标准》（GB 10070—1988）和《城市区域环境振动测量方法》（GB 10071—1988）。对每天只发生几次的冲击振动，其最大值昼间不允许超过标准值10dB，夜间不超过标准值3dB。标准规定测量点应位于建筑物室外0.5m以内振动敏感处，必要时测点置于建筑物室内地面中央，标准值均取3 – 4表中的值。对于连续发生的稳态振动、冲击振动和无规则振动等情况，表3 – 5中的标准值同样适用。

表3 – 5　城市各类区域铅垂方向振级标准值　　　　　　　　　　　　　　（dB）

适用地带范围	昼间	夜间	适用地带范围	昼间	夜间
特殊住宅区	65	65	工业集中区	75	72
居民、文教区	70	67	交通干线道路两侧	75	72
混合区、商业中心区	75	72	铁路干线两侧	80	80

　　《城市区域环境振动标准》对表3－5中适用地带的范围划分为：特殊住宅区是指特别需要安静的居民区；居民、文教区指纯居民和文教、机关区；混合区是指一般商业和居民混合区，以及工业、商业、少量交通与居民混合区；商业中心区是指商业集中的繁华地区；工业集中区是指在一个城市或区域内规划明确确定的工业区；交通干线道路两侧是指车流量100辆/小时以上的道路两侧；铁路干线两侧是指每日车流量不少于20列的铁路外轨30m外两侧的住宅区。

　　垂直方向振级的测量及评价量的计算方法按国家标准《城市区域环境振动标准》有关条款的规定执行。环境振动一般并不构成对人体的直接危害，主要是对居民生活、睡眠、学习、休息产生干扰和影响。

　　（3）机械振动设备的评价标准。目前，世界各国大多采用速度有效值作为量标来评价机械设备的振动（振动的频率范围一般在10～1000Hz之间）。国际标准化组织颁布的《转速为10～200r/s机器的机械振动—规定评价标准的基础》（ISO 2372—1974）规定以振动烈度作为评价机械设备振动的量标。它是在指定的测点和方向上，测量机器振动速度的有效值，再通过各个方向上速度平均值的矢量和来表示机械的振动烈度。

　　振动等级的评定按振动烈度的大小来划分，设为以下四个等级：A级：不会使机械设备正常运转发生危险，通常标为"良好"；B级：可验收、允许的振级，通常标为"许可"；C级：振级是允许的，但有问题，不满意，应加以改进，通常标为"可容忍"；D级：振级太大，机械设备不允许运转，通常标为"不允许"。

　　对机械设备进行振动评价时，可先将机器按下述标准进行分类：第一类：在其正常工作条件下与整机连成一个整体的发动机及其部件，如15kW以下的电动机产品；第二类：刚性固定在专用基础上的300kW以下发动机和机器以及设有专用基础的中等尺寸的机器，如输出功率为15～75kW的电动机；第三类：装在振动方向刚性或重基础上的具有旋转质量的大型电动机和机器；第四类：装在振动方向相对较软基础上的具有旋转质量的大型电动机和机器。

　　对于机械设备可参考表3－6来进行振动评价。

表3－6　机械设备的评价

振动烈度的量程	判定每种机器质量的实例			
/mm·s⁻¹	第一类	第二类	第三类	第四类
0.28	A	A	A	A
0.45				
0.71				
1.12	B			
1.8		B		
2.8	C		B	
4.5		C		B
7.1	D		C	
11.2		D		C
18			D	
28				D
45				
71				

（4）建筑物的允许振动标准。

建筑物的允许振动标准与其上部结构、底基的特征以及建筑物的重要性有关。德国1996年颁布的标准 DIN4150 中规定，在短期振动作用下，使建筑物开始遭破坏，诸如粉刷开裂或原有裂缝扩大时，作用在建筑物基础上或楼层平面上的合成振动速度限值见表3－7。

表3－7 建筑物开始损坏时的振动速度限值

结 构 形 式	振动速度限值 $v/\text{mm} \cdot \text{s}^{-1}$			
	基 础			多层建筑物最高一层楼层平面
	频率范围/Hz			混合频率/Hz
	10 以下	10 ~ 50	50 ~ 100	
商业或工业用的建筑物与类似设计的建筑物	20	20 ~ 40	40 ~ 50	40
居住建筑和类似设计的建筑物	5	5 ~ 15	15 ~ 20	15
不属于上述所列的对振动特别敏感的建筑物和具有纪念价值的建筑物（如要求保护的建筑物）	3	3 ~ 8	8 ~ 10	8

3.2 振动测量方法和常用仪器

3.2.1 振动的主要参数

描述振动的物理量主要有两类：一类是描述振动振幅的量，如振动速度、振动加速度和振动位移等；另一类是描述振动变化的量，如周期、频率、频谱等。

3.2.1.1 振动位移

振动位移是物体振动时相当于某一个参照坐标系的位置移动，单位为米（m），常用于机械结构的强度、变形的研究。在振动测量中，常用位移级 L_S 来表示（单位为 dB）：

$$L_S = 20\lg \frac{S}{S_0} \tag{3-6}$$

式中，S 为位移，m；S_0 为位移基准值，8×10^{-12} m。

3.2.1.2 振动速度

振动速度即物体振动时位移的时间变化，单位是 m/s。振动的速度和噪声的大小有直接关系，常用于描述振动体的噪声辐射。常用速度级 L_v 来表示振动速度（单位为 dB）：

$$L_v = 20\lg \frac{v}{v_0} \tag{3-7}$$

式中，v 为振动速度，m/s；v_0 为速度基准值，5×10^{-8} m/s。

3.2.1.3 振动加速度

振动加速度是物体振动速度的时间变化，单位是 m/s²。振动加速度一般在研究机械疲劳、冲击等方面被采用，现在也普遍用来评价振动对人体的影响，常用 g（重力加速度）作单位。分析和测量振动加速度时常用加速度级 L_a 来表示（单位为 dB）：

$$L_a = 20\lg \frac{a}{a_0} \tag{3-8}$$

式中，a 为振动加速度，m/s^2；a_0 为加速度基准值，$5 \times 10^{-4} m/s^2$。

振动位移、速度、加速度之间存在一定的数学函数关系，见表 3 - 8。

表 3 - 8　振动位移、速度、加速度的关系

已知量	S	v	a
$S = S_0 \sin\omega t$		$v = \dfrac{dS}{dt}$ $v = S_0 \cos\omega t$	$a = \dfrac{d^2 S}{dt^2}$ $a = -S_0 \omega^2 \sin\omega t$
$v = v_0 \sin\omega t$	$S = \int v dt$ $S = \dfrac{-v_0}{\omega}\cos\omega t$		$a = \dfrac{dv}{dt}$ $a = V_0 \omega\cos\omega t$
$a = a_0 \sin\omega t$	$S = \int(\int a dt)dt$ $S = -\dfrac{a_0}{\omega^2}\sin\omega t$	$v = \int a dt$ $v = \dfrac{a_0}{\omega}\sin\omega t$	

3.2.1.4　振动周期

按一定时间间隔做重复变化的振动，称作振动周期。在振动中，振幅由最大值—最小值—最大值变化一次所需要的时间称为周期，单位是秒（s）。

3.2.1.5　振动频率

振动频率指在单位时间内振动的周期数，单位为赫兹 Hz。简谐振动只有一个频率，在数值上等于周期的倒数；非简谐振动称为谐振动，具有很多个频率，周期只是基频的倒数。

3.2.2　惯性测振仪原理

惯性测振仪原理如图 3 - 6 所示，包括质量为 m 的惯性物体、刚度为 K 的弹簧和阻尼器（阻尼系数为 C）。将测振仪的外壳与被测物体相固定，那么在外壳与振动体一起运动的同时，质量体对外壳的相对运动便被测振仪上的笔和转鼓记录下来。

该系统的振动与基础位移引起的受迫振动基本相同，所以其运动方程为：

$$m\ddot{y} = -K(y - x) - C(y - \dot{x}) \qquad (3 - 9)$$

设相对位移 $(y - x) = z$，则该方程变为：

$$m\ddot{z} + c\dot{z} + Kz = m\omega^2 X \sin\omega t \qquad (3 - 10)$$

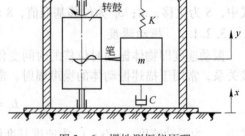

图 3 - 6　惯性测振仪原理

因此受迫振动的振幅和相位用 $z = Z\sin(\omega t - \varphi)$ 表示，则有：

$$Z = \frac{a^2 X}{\sqrt{(1 - a^2)^2 + (2\zeta a)^2}} \qquad (3 - 11)$$

式中，$a = \omega/\omega_0$；ω 为振动计系统的频率，Hz；ω_0 为振动计本身的固有频率，Hz；ζ 为阻尼比。

3.2.3 测量仪器

3.2.3.1 振动计（位移仪）

若 $a \geqslant 1$，则 $\dfrac{Z}{X}$ 近似等于 1，即相对位移 Z 等于要测量的位移 x，只是相位相差 $180°$，这时惯性体 m 在空间位置几乎静止不动。因此，若将振动计本身的固有频率 ω_0 设计得很低，就可以保证 $a \geqslant 1$，在此基础上设计出的位移仪就是一种本身固有频率很低的振动计传感器，用于测量大型机器的振动或地震。

3.2.3.2 加速度计

当 $a \leqslant 1$，即 $\omega \leqslant \omega_0$ 时，这时记录所反映的为被测物体的振动加速度，以此为原理设计出来的加速度计就是一种固有频率很高的传感器，它的固有频率 ω_0 比激励频率 ω 高得多，从而保证 ω/ω_0 足够小。根据加速度换能原理的不同，加速度计可分为电磁式、压电式两种，目前应用最多的是压电式加速度计，其结构示意图如图 3 – 7 所示。在测量振动时，它可以将机械能转化成电能，即产生电信号，而这个电信号是机械振动的加速度的函数，电信号的输出与加速度相对应。

如图 3 – 7 所示，该加速度计换能元件为两个压电片（石英晶体或陶瓷），压电片上放置一个质量物体，它借助于弹簧把压电片夹紧，整个结构放置于具有坚固的厚底座的金属壳中。在测量振动时将传感器的底座固定在被测振动物体上。工作时，当传感器受到振动时，质量物体对压电片施加与振动加速度成正比的交变作用力。在压电效应的作用下，两片压电片上会产生一个与交变作用力成正比，即正比于质量物体的加速度的交变电压。这个交变电压被传感器以电信号的形式输出，以用来确定振动

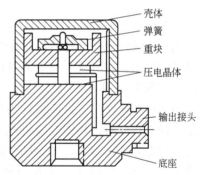

的振幅、频率等。此外，该加速度计还可以与电子积分网络联合使用，以此可以获得与位移或速度成正比的交变电压。这种加速度计尺寸小，仅有 $\phi 15mm \times 20mm \sim \phi 5mm \times 7mm$；质量轻，为 $0.03 \sim 2g$；灵敏度较高和有较宽频率范围，加速计的频率响应可达 $2 \sim 22Hz$，可测量 $0 \sim 2000g$ 范围内的加速度，可以在 $-150 \sim +260℃$ 温度范围内使用，有时甚至可达 $600℃$；而且结构简单、使用方便。但它的抗低频性能较差，阻抗高、噪声大，特别是利用它的二次积分测量位移时，干扰影响很大。

加速度计的灵敏度是衡量它性能优越与否的重要指标。在单位加速度作用下加速度计的输出电压或输出电荷量，分别称为电压灵敏度和电荷量灵敏度。研究表明，电缆对电压灵敏度有较大的影响，电缆不同会造成电压灵敏度的差异，但它只需要用一般放大器就可以进行放大和测量，如与声级计配合使用；而电荷灵敏度只取决于加速度计本身，与电缆无关，必须与电荷放大器配合使用。在测量低频振动时，加速度计的低频响应取决于所用的前置放大：如使用电压前置放大器，低频响应决定于其输入阻抗和加速度计、电缆和前置放大器输入电容；如使用电荷放大器，则低频响应由放大器的低频响应决定。

此外，加速度计本身的谐振频率及安装谐振频率都会限制其工作性能。因此，选择加

图 3 – 7　压电式加速度计

壳体
弹簧
重块
压电晶体
输出接头
底座

速度计时，要考虑其工作频率，如在靠近谐振 1/3（±10%）的频率带内灵敏度的偏离是 1/3（±10%）的一倍左右。再者，由于压电元件的电压系数及其他特性都会随温度变化，故加速度计的灵敏度易受温度影响。几种加速度计的性能参数见表 3-9，供使用时选择。

表 3-9   几种加速度计的性能参数

项　目	YD-1	YD-3-G	YD-4-G	YD-5	YD-8	YD-12
电压灵敏度/MV·g^{-1}	80~130	10~15	10~15	4~6	8~10	40~60
电荷灵敏度/pC·g^{-1}	—	—	—	2~3	—	—
频率范围/Hz	2~10000	2~10000	2~10000	2~10000	2~18000	2~10000
电容/pF	700	1000~1300	1000~1300	500	390	1000
可测最大加速度/m·s^{-2}	200	200	200	3000	500	500
温度范围/℃	常温	<260	<260	-20~40	常温	常温
质量/g	约40	约12	约12	约10	约3	约25
最大尺寸	30mm×15mm	14mm×14mm	14mm×14mm	12mm×14mm	9mm×9mm	16mm×15mm
特　点	灵敏度高	高温	高温	冲击	微型	中心压轴式

3.2.3.3　利用声级计测量振动

当把声级计上的电容传声器换成振动传感器（如加速度计），再将声音计权网络换成振动计权网络，就组成了一个测量振动的基本系统，如图 3-8 所示。

当测量加速度时，将声级计头部的传声器取下，换上积分器，利用电缆将积分器的输入端与加速度计连接起来，加速度计固定在被测物体上，积分器起到了一个积分网络的作用。利用声级计测量振动比较方便，但它有一定的

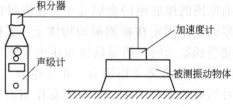

图 3-8　利用声级计测量振动的基本原理

适用范围，它仅适用声频范围内的振动测量。对于振动，尤其是作为公害的地面振动所涉及的频率一般都在 20Hz 以下，它的测量可选用专用的公害测量仪器，它一般由传感器、放大器和衰减器、频率计权网络、频率限制电路、有效检波器、振幅或振级指示器组成，用来进行公害的专门测量。

3.2.4　振动的测量

3.2.4.1　环境振动的测量

环境振动是指使人整体暴露在振动环境中的振动，其特点一般是振动强度范围广、加速度有效值的范围为 $3×10^{-3}~3m/s^2$、振动频率为 1~80Hz 或 0.1~1Hz 的超低频。因此，要选择灵敏度高的加速度计、1/1 或 1/3 倍频带滤波器、低振频振动测量放大器和窄带。环境振动测量一般测量 1~80Hz 范围内的振动在 x、y、z 三个方向上的加速度有效值，通过测量值与振动标准值相比较来进行评价。为了准确地进行测量，振动测量点应该尽可能选择在振动物体和人表面接触的地方。在住宅、医院、办公室等建筑物内的测量，应该在室内地面中心附近选择几个点进行测量。当对楼房进行测量时，因为建筑物具有振动的放

大作用，所以应该在楼内各层都选择几个房间进行测量。在测量道路两侧由于机动车辆引起的振动时，应在距离道路边缘5m、10m、20m处选择测量点，测量时仪器要水平放置在平坦坚硬的地面上，避免放在泥地、沙地和草地上。当对振动机械进行振动测量时，应该充分了解振动源的振动范围和振动特征，测量点要选择在振动源的基础座上以及距离基础座5m、10m、20m等位置点上。

3.2.4.2 振动物体的测量

对辐射噪声物体的振动测量，不仅要测量发声物体的振动，还要测量振动源的振动和振动传导物体的振动，根据实际情况选择测量点。在声频范围内的振动测量，一般取20～20000Hz的均方根振动值，用窄带来分析振动的频谱。当振动频率的测量扩展到20Hz以下时，可按振源基座三维正交方向测量振动加速度。在测量过程中，加速度计必须与被测物体良好接触，以避免在水平或垂直方向上产生相对运动，影响测量结果。常用的压电加速度计可用金属螺栓、绝缘螺栓和云母垫圈、永久磁铁、黏合剂和胶合螺栓、蜡膜黏附七种固定方法固定，如图3-9所示。七种固定方法介绍如下：

（1）将加速度计用钢栓固定在被测物体上，加速度计还要拧得过紧以免影响其灵敏度，可在接触面上涂硅蜡以消除表面不平整带来的影响。

（2）先在表面垫上绝缘云母垫圈，再用绝缘螺栓固定。

（3）用永久磁铁将加速度计吸附在被测物体上，环境温度一般应在150℃以下，加速度一般要小于50g。

（4）用黏合剂将加试计直接粘贴在被测物体上，简单方便但不容易取下。

（5）用螺栓将加试计直接粘贴在被测物体上。

（6）使用薄蜡层将加速度计固定在被测物体上。这种方法适用于十分平整的表面，频率响应较好，但不抗高温。

（7）使用探针接触。该方法适宜测量狭缝或高温物体，但频率范围不应高于1000Hz。

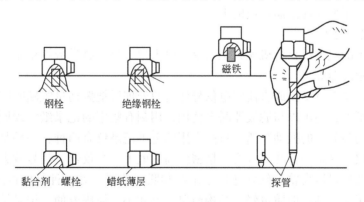

图3-9 加速度计的安装方法

测量前应该充分了解温度、湿度、声场和电磁场等环境条件，认真选择加速度计，其灵敏度、频率响应都应该满足测量的要求。使用加速度计测振时，加速度的感振方向和振动物体测点位置的振动方向应该一致。如果两个方向之间的夹角为α，则测量值的相对误差为$C = 1 - \cos\alpha$。对于质量小的振动物体，附在它上面的加速度计要足够小，以免影响振动的状态。

3.2.5 振动测量分析系统

3.2.5.1 振动测量分析系统的分类

振动测量分析系统通常由拾振、放大和记录分析三部分组成，它们有两种组合方式。

（1）整体式。将传感器、放大器、记录分析和显示仪表组成一个完整的测量仪器，可以直接在表头上读出有关的量级，这种称为测振仪的振动测量仪器一般适合于现场测振使用。

（2）组合式。由各独立仪表如拾振器（传感器）、放大器、滤波器、显示仪、记录仪和分析仪等组成一个完整的振动测量分析系统，精度高。

3.2.5.2 振动测量分析系统的组成、测量方法和步骤

A 振动测量分析系统的组成

a 传感器

测量振动的拾振仪又称传感器，是一种机电参数转化元件，它可以将被测对象的振动信号转化为电信号的形式输出。目前常用的传感器可以分为以下几类：输出电量与输入振动位移成正比的位移式传感器；输出电量与输入振动速度成正比的速度式传感器；输出电量与输入振动加速度成正比的加速度式传感器。目前常用的是压电式加速度计传感器，它具有灵敏度高、高频性能好、频响范围宽和测量范围大、相位失真小、使用稳定等优点。但由于它内部的压电式晶体阻抗高，故要求放大器和测量电路前极均具有较高的阻抗，所以对电缆导线有较高的要求，而且使用中容易受电场的干扰，在测量时会出现零位漂移的现象，即使所测量的瞬间加速度消失后，加速度计仍有一个直流输出。

为保证在一些高温、强声场和有电磁干扰的环境中加速度计使用的可靠性，加速度计的选取应该注意以下几点：加速度计的质量要小于待测物体质量的 1/10；工作频率上限要小于加速度计谐振频率的 10 倍，下限要小于待测对象工作频率下限的 4 倍左右；连续振动加速度值要小于最大冲击额定值的 1/3。

b 测量记录设备

振动测量中的记录设备有机械式记录仪、电平记录仪、磁带数据记录仪、记忆示波器以及阴极射线示波器等。

电平记录仪可以将交流或直流的电信号作对数处理后把振动量级随时间变化的历程连续记录在坐标纸上，还可以与滤波器联合使用，用刻有频率的记录纸实现同步扫描，记录随频率而变化的各分量的振动频谱。目前常用的电平记录仪有两种：一种是实验室使用的精密电平记录仪，这是一种功能齐全、精密度高的电子综合仪器，信号放大与分析应用电子原理，利用变速机械齿轮和软管连接记录纸和联运装置；另一种是便携式电平记录仪，它的精密度低于上一种，但质量轻、结构简单、尺寸小、使用方便。记录纸和滤波器的联运装置都采用电子线路。

磁带记录仪又称为磁带机，它可以在测量现场对测量和记录的信息进行储存。它利用磁铁性材料的磁化对记录的数据进行重放复现和转录。磁带机具有工作带频宽，可以变换信号频率，能多通道同时记录以及记录时间长等优点；另外，可以作为计算机的外围设备配合计算机进行数据处理。磁带机可以分为模拟磁带记录仪和数字磁带记录仪两种。数字磁带记录仪可以把模拟信号转化为数字量，然后采用数字记录技术进行二进制的"模数"

转化,复放时可通过解码器将数字信号恢复成振动信号实现振动的重现。从结构上讲,磁带记录仪可分为大型立柜式磁带机和小型便携式磁带机;按工作原理可分为工作频率在 $10 \sim 20000$ Hz 的直接记录磁带机和小型便携式磁带机,与工作频率在 $0 \sim 10000$ Hz 的调频记录磁带机(适用于记录振动信号,也是目前最常用的一种记录机)。

c 放大器

测量放大器又称为二次仪表,可分为电压放大器和电荷放大器两种。目前最常用的是电荷放大器,它是一种输出电压与输入电荷成正比的前置放大器,具有传感器的线性好、信噪小、电荷的灵敏度与输入电缆无关且不受其长度和种类的制约、低频响应好等优点。在测量中首先要根据待测目标的振级、频率范围等选择合适的电荷放大器和传感器,然后选用绝缘性能好的电缆将电荷放大器和传感器牢固地连接。测量前,事先释放加速度计上的积聚电荷,选择合适的高、低能滤波器范围和合适的衰减输出量程来进行测量。测量过程中系统的连接要遵循"单点接地"的原则。

d 滤波器

滤波器是振动测量和分析系统中经常使用的辅助仪器,主要用来将不需要的频率成分过滤掉,以最小的衰减传输有用频段内的信号。根据不同通频带,滤波器可以分为低通滤波器、高通滤波器、带通滤波器和带阻滤波器几种。

e 频率分析仪

频率分析仪为测振中的三次仪表,它的主要作用是将振动时间信号转化成频率域,给出频谱;或将测量的模拟信号转化为数字信号,在表头或打印设备上显示出来。模拟式频率分析仪由测量放大器和滤波器两部分组成,基本方法就是使输入的电信号通过放大后依次通过一系列不同的中心频率或一个由中心频率连续可调的模拟式滤波器,分别对每一个通过滤波器的功率进行测定,以获得频谱。20 世纪 70 年代后,计算机上做快速傅里叶分析的 FFT 实时频率分析仪的应用提高了频谱分析仪的性能。它具有分析速度快、可以对瞬间或连续的信号进行分析、能在整个分析范围内对所有的频率同时提供平行的实时分析等优点。除了进行频谱分析外,它还可以进行数据处理和输电网设计,包括函数处理、平滑处理、数字滤波、概率密度函数等数学分析。采用专门的计算机可以在软件和硬件上实现 FFT 频率的实时分析,它的处理速度快、操作简单方便,经过培训一般人员就可以熟练掌握,并且随着计算机的不断完善和发展,该技术正得到日益广泛的应用。

B 测量步骤和方法

测量前需要对测振仪进行标定以保证仪器处于良好的工作状态;对传感器需要标定将位移、速度和加速度等振动量级转化为电量或电压后的大小,即对传感器的灵敏度包括频率响应等参数进行标定。对于如放大器和滤波器类的电子仪表一般可采用标准信号源和高精度电压表校正。

a 绝对标定法

绝对标定法就是对振动参数如时间、长度等基本单位进行精确的测量,测量数据经过计算后,得到各个参数的标准值,根据得到的标准值可以计算出测振仪器的灵敏度。测量中标准值的取得都是通过波形计算得到的,因此要有振动台或激振器之类的激振设备。

常用的激振设备是振动台和激振器。根据激振方向可分为单向、两向和三向几种。目前主要有:(1)电磁式激振器或振动台,它向处于磁场中的线圈通入交流电,在线圈中产

生的电动力驱动线圈产生周期性的正弦振动。（2）机械
式激振器或振动台，通过曲柄连杆对台面的驱动或通过偏
心旋转产生的离心力来产生周期性的正弦振动。（3）电
动－液压式振动台，利用油缸的运动产生周期性正弦振
动，其中以电磁式振动台或激振器最为常用，它具有波形
好、操作调节简单等优点，如图 3-10 所示。工作过的应
力磁线圈中输入交流电，使中心磁极与磁极板间的空气间
隙中形成一个强大的磁场，同时再给动圈输入交流电，通
过电流对磁场的感应作用产生电磁感应力。在感应力的作
用下，顶杆上下运动，并传给试件一个由惯性力、弹性力
和阻尼力之差产生的激振力。当输入的电流做简谐变化
时，激振力也相应地做简谐规律的变化。

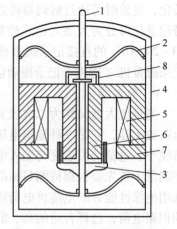

图 3-10　电动－液压式振动台
1—连杆；2—支撑弹簧；3—悬浮装置；
4—外壳；5—励磁线圈；6—驱动器；
7—传感器；8—减震器

　　b　相对标定法

　　用经过校准的仪器对一般的仪器进行标定就称为相对
标定法，其精度在 2% 左右。使用相对标定法时，标定传
感器或全套测振系统的灵敏度、频响和其他过程均与绝对标定法相同，只是通过两套仪器
来对同一个目标进行振动测量，以标准测振仪器读数来对被测仪器进行校订，为了保证两
套仪器所受的振动影响相同，标定时应尽可能将它们的安装位置相靠近。

　　c　测量

　　当测量仪器校准完毕后，就可以进行振动物体的测量，其步骤如下：（1）对需要测量
的振动类型和振级进行判别来确定振动是周期性的还是随机瞬时型的；（2）选定有代表性
的位置来安装测量振动传感器的位置，并对产生的传感器的附加质量是否会对被测物体有
所影响进行考虑；（3）考虑外界的环境条件如电磁场、湿度、温度等各种因素，以此来选
定合适的振动换能器的类型和传感器的种类；（4）确定测量参数，选择仪器的测频范围以
满足测量限度的要求，并考虑测振仪的动态范围，避免在测量中出现过载或饱和；（5）检
查测振系统的背景噪声，使它至少低于 10dB；（6）进行振动测量和相关的记录和绘图。

3.3　振动的控制

3.3.1　振动源控制

　　日常生活中振动源无处不在，各类运行中的机械设备和交通工具都可以成为振动源。
振动源由于自身运动中产生的不平衡力导致了振动的发生，振动不但会对设备、机器本身
造成损害，还会产生噪声以及共振，造成环境污染。在城市区域的环境保护中常见的振动
源包括：工厂振动源，如居民生活设施配套的机械设备和混合在居民区中的中小型工厂内
的工业设备；交通振动源，如公路交通、穿越城区的铁路和地铁以及城市上空的飞机等；
建筑工地，如在城区建筑施工的打桩机、压路机等机械设备；大地脉动及地震等。以上的
环境振动污染源按其形式，可分为固定式单个振动源（如一台冲床或一台水泵等）和集合
振动源（如厂界环境振动、建筑施工厂界环境振动、城市道路交通振动等，均是各种振源
的集合作用）两类；按其动态特征可分成稳态振动、冲击振动、无规则振动和铁路振动四

类，见表 3 - 10。

表 3 - 10　环境污染振动源动态特征

项 目	稳态振动	冲击振动	无规则振动	铁路振动
定义	观测时间内振级变化不大的环境振动	具有突发性振级变化的环境振动	未来任何时刻不能预先确定的环境振动	有铁路列车行驶带来的轨道两侧30m环境振动
振动污染源举例	往复运动机械，如空压机、柴油机等；旋转机械类，如发电机、发动机、通风机等	建筑施工机械类，如打桩机等；锻压机械类，如冲床、纺锤等	道路交通振动、居民生活振动，如房屋施工、室内运动等	铁路机车运行

虽然振动源不同，就机械设备而言，引起振动的原因主要有三个：一是由突然的作用力或反作用力引起的冲击振动，如打桩机、剪板机、冲锻设备等，这是一种瞬间的作用力；二是由于旋转机械平衡力或动平衡力所产生的不平衡力引起振动，如风机、水泵等；三是往复机械，如内燃机或空压机等，由于本身不平衡引起振动。从振源控制来讲，改进振动设备的设计和提高制造加工装配精度，可以使其振动减小，是最有效的控制方法。例如，鼓风机、蒸汽轮机、燃气机轮等旋转机械，大多数转速在每分钟千转以上，其微小的质量偏心力或安装间隙的不均匀常带来严重的危害。性能差的风机往往是动平衡不佳，不仅振动厉害，还伴有强烈的噪声。因此，应尽可能调好其动、静平衡，提高其制造质量，严格控制安装间隙，减少其离心力、偏心惯性力的产生。

3.3.2　防止共振

激振力的振动频率与设备的固有频率一致时就会产生共振，产生共振的设备将振动得更加厉害，振动对设备本身的损伤也更大。由于共振的放大作用，其放大倍数可能达到几倍甚至几十倍，并由此带来巨大的破坏和危害。手持的加工机械如锯、刨会产生强烈的振动并伴有受体的共振，产生的抖动使操作者手会感到难以忍受的麻；载重的货车在路面行驶时，往往对路两侧的居民建筑物产生共振影响，会发生地面的晃动和门窗的抖动。最为著名的如美国塔克马峡谷中的长853m、宽12m的悬索吊桥，在1940年的8级飓风的袭击中发生了难以理解的振动，引起的共振使笨重的钢铁桥发生扭曲最后彻底毁坏。因此，减少和防止共振响应是振动控制的一个重要方面。

对于建筑物来讲，主要振源是安装在建筑物内的辅助机械设备，另外建筑物外的机械设备，如打桩机、地铁和机械工程以及载重卡车都能引起建筑物的共振。建筑物内振动传递主要通过四种振动波，分别是纵向波、切向波、扭转波、弯曲波，如图 3 - 11 所示。

纵向波是一种沿着构件振动，与传递方向一致的疏密波；切向波是沿构件横截面振动，与传递方向垂直的一种疏密波；扭转波是由扭曲、剪切和旋转力所引起的；弯曲波是在构件表面产生的波动，是大多数材料最容易产生的一种波，是建筑构件振动传递的主要波。

控制振动的主要方法有：(1) 改变机器的转速或改换机型来改变振动的频率；(2) 将振动源安装在非刚性的基础上以降低共振响应；(3) 用粘贴弹性高阻尼结构材料来增加一些波壳机体或仪器仪表的阻尼，以增加能量散逸，降低其振幅；(4) 改变设施的结构和总

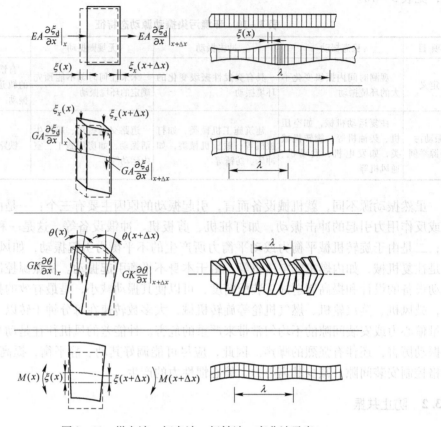

图 3 – 11　纵向波、切向波、扭转波、弯曲波示意

体尺寸或采取局部加强法来改变结构的固有频率。

　　为了防止建筑物产生共振响应，需要对建筑物各个构件各自的共振频率进行估算。当机械设备安装在房屋地板（楼板）上时可用下式计算其固有频率（Hz）：

$$f_0 = \frac{1}{2\pi} \sqrt{\frac{K}{m}} = 0.498 \sqrt{\frac{K}{W}} \approx 0.5 \sqrt{\frac{1}{\xi_{\mathrm{d}}}} \tag{3 – 12}$$

式中，ξ_{d} 为地面（楼板）的变形量，m；W 为物体的重量，N；K 为弹簧的刚度系数，N/m；m 为物体的质量，kg。

　　只要估算出地面（楼板）的变形，便可以大致确定建筑结构中大多数公共系统中地面（楼板）的共振频率。表 3 – 11 列出了不同跨距混凝土楼板的固有频率，可供参考。

表 3 – 11　混凝土楼板结构固有频率

跨距/m	固有频率/Hz	跨距/m	固有频率/Hz
3	12	12	6
6	9	18	5
9	7		

　　当机器安装在悬臂梁或简支梁不同位置时，由于梁的变形不同，固有频率也不同。当机器从梁的中心点移向支撑点时，由于梁的变形的逐渐减小，其固有频率也逐步提高。

3.3.3 振动的控制技术

3.3.3.1 隔振技术

振动对于环境的影响主要是通过振动的传递来达到的，因此减少或隔离振动的传递就可以有效地控制振动。隔振就是利用振动元件阻抗的不匹配以降低振动传播的措施。隔振技术常应用在振动源附近，把振动能量限制在振动源上而不向外界扩散，以免激发其他构件的振动，有时也应用在需要保护的物体附近，把需要低振动的物体同振动环境隔开，避免物体受到振动的影响。

通常采用一些大型基础来减少基础（和机器）的振动和振动向周围的传递。根据经验，一般的切削机床的基础是本身质量的 1～2 倍，冲锻设备要达到本身的 2～5 倍，甚至达到 10 倍以上。

利用防振沟是一种常见的防震措施，即在振动机械基础的四周开有一定宽度和深度的沟槽，里面可填充松软的物质（如木屑）来隔离振动的传递。一般来讲，防振沟越深，隔振效果就越好，而沟的宽度几乎对隔振效果没有影响，防振沟以不填充材料为佳。实验研究发现，当沟的宽度取振动波长的 1/20，沟的深度为振动波长的 1/4 时，振动幅值将减少1/2；当沟深为波长的 3/4 时，振动将减少 1/3；当沟深进一步增加不仅施工困难，而且隔离效果也不明显。防振沟可用在积极防振上，即在振动的机械设备周围挖掘防振沟；也可以用于消极防振，即在容易受振动干扰的机械设备附近，在其垂直方向上开挖防振沟。

在设备下安装隔振原件——隔振器，是目前在工程上常见的控制振动的有效措施。其隔振原理就是把物体和隔振器（主要是弹簧）系统的固有频率设计得比激发频率低得多（至少 3 倍），再在隔振器上垫上橡皮、毛毡等垫子。安装这种隔振元件后，能真正起到减少振动与冲击力的传递作用。只要隔振元件选用得当，隔振效果可在 85%～90% 以上，而且不必采用大型基础。对于一般中小型设备，甚至可以不用地脚螺丝和基础，只要普通的地坪就能承受设备的负荷。

A 隔振原理及设计

机械设备的振动力传递给基础的基本模型是由外力引起的单自由度系统的受迫振动模型，该系统的运动方程为：

$$m \frac{\mathrm{d}^2 x}{\mathrm{d}t^2} + C \frac{\mathrm{d}x}{\mathrm{d}t} + Kx = F_0 \sin\omega t \qquad (3-13)$$

式中，m 为物体质量，kg；C 为阻尼器黏性阻尼系数，N·s/m；K 为弹簧刚度系数，N/m；F_0 为简谐激励力，N；ω 为激励力振动角频率，rad/s；t 为时间，s。

其中，角频率与简谐振动频率 f 的关系为：

$$\omega = 2\pi f \qquad (3-14)$$

该方程的解，即受迫振动的位移响应为：

$$x = X\mathrm{e}^{-\zeta\omega_0 t}\cos(\omega_\mathrm{d} t - \varphi) + \frac{F_0 \sin(\omega t - \varphi)}{\sqrt{(K - \omega^2)^2 + (C\omega)^2}} \qquad (3-15)$$

式（3-15）中第一项是以有阻尼固有频率进行振动的有阻尼自由振动项，随着时间的增长而逐渐趋近于零，这一部分是瞬态解，它表明由于激励力作用而激发起来的按系统固有频率振动的部分；第二项是受迫振动的瞬态解，振动频率就是外力 F_0 即激励力的频率，而且振幅保持恒定，研究受迫振动问题时位移响应都是指的这个瞬态解。其振幅 X 和相位 Φ 可以分别表示为：

$$X = \frac{F_0}{K} \frac{1}{\sqrt{\left[1 - \left(\frac{\omega}{\omega_0}\right)^2\right]^2 + \left(2\zeta\frac{\omega}{\omega_0}\right)^2}} \tag{3-16}$$

$$\Phi = \tan^{-1} \frac{2\zeta\frac{\omega}{\omega_0}}{1 - \left(\frac{\omega}{\omega_0}\right)^2} \tag{3-17}$$

式中，$\frac{\omega}{\omega_0}$ 为频率比。

式（3-17）表明振动物体的位移响应是频率的函数，对应不同频率区间内的响应特性见表 3-12。由表可知，影响单自由度受迫振动响应的三个基本因素是质量、阻尼和刚度。它们各自有不同的作用，在低频率区由弹簧的刚度控制，在高频率区由质量控制，也就是说这三个参数只能在有限的频率范围内起到有效的响应控制作用。

表 3-12　不同频率范围的主要控制参数

频　率	响　应	控制参数	频　率	响　应	控制参数
$\omega \ll \omega_0$	$A = \frac{F_0}{K}$	弹性控制	$\omega = \omega_0$	$A = \frac{F_0}{C\omega}$	阻尼控制
$\omega \gg \omega_0$	$A = \frac{F_0}{M\omega^2}$	质量控制			

令式（3-15）中的 $\frac{F_0}{K} = X_0$，为在干扰外力作用下弹簧的静扰度，这时式（3-15）可以写成：

$$T_M = \frac{X}{X_0} = \frac{1}{\sqrt{\left[1 - \left(\frac{\omega}{\omega_0}\right)^2\right]^2 + \left(2\zeta\frac{\omega}{\omega_0}\right)^2}} \tag{3-18}$$

式中，T_M 为运动位移响应系数。

在有阻尼的情况下，传递至基础的传递力 F_T 系由两部分组成：一是弹簧力，幅值为 KX；二是阻尼力，幅值为 $C_\omega X$。

因为弹簧力与位移成正比，而且阻尼力与速度成正比，两者相差 $\frac{\pi}{2}$ 的相角，所以其矢量和为：

$$F = KX + CX = F_{T_0} \sin(\omega t - \varphi) \tag{3-19}$$

其中，F_{T_0} 为传递力的幅值，其大小为：

$$F_{T_0} = \sqrt{(KX)^2 + (C_\omega X)^2} = F_0 \sqrt{\frac{1 + \left(2\zeta\frac{\omega}{\omega_0}\right)^2}{\left[1 - \left(\frac{\omega}{\omega_0}\right)^2\right]^2 + \left(2\zeta\frac{\omega}{\omega_0}\right)^2}} \tag{3-20}$$

还可以表示成：$F_{Y_0} = F_0 T_A$，T_A 成为运动动力传递系数，又称绝对传递系数，当 $\omega = \omega_0$ 时，即激振力的固有频率等于系统固有频率时，称系统处于共振状态，这时 T_A 有最大值：

$$T_{A_{max}} = \sqrt{1 + \left(\frac{1}{2\zeta}\right)^2} \qquad (3-21)$$

传递力与激振力之间的相位差：

$$\Psi = \tan^{-1} \frac{2\zeta\left(\frac{\omega}{\omega_0}\right)^3}{1 - \left(\frac{\omega}{\omega_0}\right)^2 + \left(2\zeta\frac{\omega}{\omega_0}\right)^2} \qquad (3-22)$$

图 3-12 给出了对应各种阻尼比 ζ 的绝对传递系数 T_A 随频率比 $\frac{\omega}{\omega_0}$ 的变化曲线，由关系曲线可以看出：

（1）T_A 值随着频率比的变化是连续的，不论阻尼比 ζ 取何值，所有的 T_A 变化曲线均在频率比 $\sqrt{2}$ 处相交。当无阻尼时，T_A 的最大值出现在频率比等于 1 的地方；当有阻尼时，最大的 T_A 值发生在 f/f_0 小于 1 的区域中，其值等于

$$\frac{4\zeta^2}{\sqrt{16\zeta^4 - 8\zeta^2 - 2 + \sqrt{1 + 8\zeta^2}}}, \text{相应的频率}$$

比为 $\sqrt{\frac{-1 + \sqrt{1 + 8\zeta^2}}{4\zeta^2}}$，当 $\zeta \leqslant 0.1$ 时，T_A 的最大值可用 $\frac{1}{2\zeta}$ 代替。在实际工程系统中，阻尼都不大，基本可以满足小于 0.1 的条件，所以通常用该值来估算隔振中的最大传递力或最大位移响应。

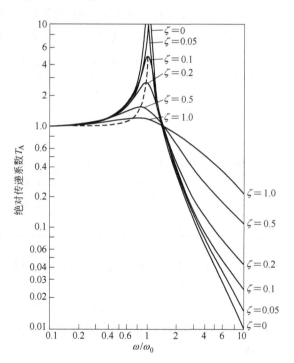

图 3-12 绝对传递系数 T_A 曲线

（2）当频率比 $f/f_0 \leqslant 1$ 时，此时 T_A 近似为 1，说明激振力通过隔振装置全部传给基础，隔振器不起隔振作用。

（3）当 $f/f_0 = 1$ 时，此时 $T_A > 1$，说明隔振措施不合理，不仅不起隔振作用，反而会放大振动的干扰，乃至发生共振，这是隔振设计中要避免的。

（4）不论阻尼比 ζ 取值的大小，只有当 $f/f_0 > \sqrt{2}$ 时，T_A 才小于 1，此时随着频率比的不断增大，T_A 值越来越小，也就是说隔振效果越来越好，因此要达到隔振的目的，单自由度隔振系统必须满足 $f/f_0 > \sqrt{2}$ 这一条件，否则振动会被放大。但频率比也不应过大，因为过大的频率比意味着隔振器要有很大的静态压缩量，必须设计得很软，这样会导致机械的稳定性变差，容易产生摇晃；而且若频率比大于 5 以后，T_A 值的变化也不明显，隔振效果提高不大。所以一般实际工程中采用的频率比为 2.5~4.5，ζ 值一般选用 0.02~0.1。

如有特殊的原因只能将频率比设计在小于$\sqrt{2}$的区域，那就尽量的使频率比小于 0.4 ~ 0.6，相应的 T_A 值为 1.2 ~ 1.5，即将振动放大了 20% ~ 50%，此时隔振的目的主要是隔离高频振动。

（5）在 $f/f_0 < \sqrt{2}$ 的范围内，即隔振器不起隔振的作用乃至发生共振，阻尼的作用就更明显。

当采取一定的隔振措施后，隔振效果可用激振力幅与隔振后传递力之差同激振力幅比值的百分数来衡量，称为隔振效率 I，其定义式为：

$$I = \frac{F_0 - F_{T_0}}{F_0} \times 100\% = (1 - T_A) \times 100\% \tag{3-23}$$

在实际工程系统中，所要求的绝对传递力系数 T_A 的大小取决于机器类型、功率的大小、转速以及建筑物用途等各种因素，见表 3-13。

表 3-13　不同功率的电机一般规定的 T_A、f/f_0、I 值

电机功率	底　层			两层以上重型结构楼层			两层以上轻型结构楼层		
	T_A	I	$\frac{f}{f_0}$	T_A	I	$\frac{f}{f_0}$	T_A	I	$\frac{f}{f_0}$
<4	只考虑隔声			0.5	0.5	1.8	0.1	0.9	3.5
4 ~ 10	0.5	0.5	1.8	0.25	0.75	2.5	0.07	0.93	4.5
10 ~ 30	0.2	0.8	2.8	0.1	0.9	3.5	0.05	0.95	5.5
30 ~ 75	0.1	0.9	3.5	0.05	0.95	5.5	0.025	0.975	9.5
75 ~ 225	0.05	0.95	5.5	0.03	0.97	7.5	0.015	0.985	12

隔振装置的设计要求根据振动源的干扰频率和设计对象的要求不同进行设计。干扰频率一般可分为高频率振动，即 $f > 1000$ Hz；中频振动，即 6 ~ 100 Hz；低频振动，即 $f < 5$ Hz。工业上常见的振动源干扰频率除了个别为高频干扰外，大都属中频干扰源，而地壳的脉动、海潮运动和人为活动都属于低频干扰源。表 3-14 列出了一些常见的机械设备振动干扰频率。

表 3-14　常见的机械设备振动干扰频率

设备种类	干扰频率	设备种类	干扰频率
风机	（1）轴的转速；（2）轴的转速乘以叶片数	压缩机	轴的转速
电机	（1）轴的转速；（2）轴的转速乘以极数	内燃机	（1）轴的转速；（2）轴的转速乘以缸数
齿轮	齿轮数乘以轴转速	变压器	交流电频率乘以2
轴承	轴转速乘以珠子数除以2		

在实际工程中，为了满足 $\frac{f}{f_0} > \sqrt{2}$ 以取得良好的隔振效果，需要了解一些机器以及安装场所的各种设计规定，表 3-15 和表 3-16 分别给出了一些常见的设备及场所的设计规定值。

表 3 – 15　常见机器一般规定的 T_A、$\dfrac{f}{f_0}$、I 值

机器型号 （电功率）/kW		地下室、工厂			两层以上建筑的楼层		
		T_A	I	$\dfrac{f}{f_0}$	T_A	I	$\dfrac{f}{f_0}$
风　机		0.30	0.70	2.2	0.10	0.90	3.5
泵	3	0.30	0.70	2.2	0.10	0.90	3.5
	3	0.2	0.80	2.8	0.05	0.95	5.5
往复式 冷冻机	10	0.30	0.70	2.2	0.15	0.85	3.0
	10 ~ 40	0.25	0.75	2.5	0.10	0.90	3.5
	40 ~ 110	0.20	0.80	2.8	0.05	0.95	5.5
离心式冷冻机		0.15	0.85	3.0	0.05	0.95	5.5
密闭式冷冻设备		0.30	0.70	2.2	0.10	0.90	3.5
冷却塔		0.30	0.70	2.2	0.15 ~ 0.20	0.80 ~ 0.85	2.5 ~ 3.0
柴油机、发电机		0.20	0.80	2.8	0.10	0.90	3.5
换气装置		0.30	0.70	2.2	0.20	0.80	2.8
管路系统		0.30	0.70	2.2	0.05 ~ 0.10	0.90 ~ 0.95	3.5 ~ 5.5

表 3 – 16　不同建筑用途一般规定的 T_A、f/f_0、I 值

场　所	用　途	T_A	I	f/f_0
只考虑隔声的场所	工厂、地下室、车库	0.8 ~ 1.5	0.2 ~ 0.5	1.4 ~ 1.5
一般场所	办公室、食堂、商店	0.2 ~ 0.4	0.6 ~ 0.8	2 ~ 2.8
需加注意的场所	旅馆、医院、学校	0.05 ~ 0.2	0.8 ~ 0.95	2.8 ~ 5.5
要特别注意的场所	播音室、音乐厅、录音室	0.01 ~ 0.05	0.95 ~ 0.99	5.5 ~ 15

B　主动隔振和被动隔振

在机械设备中的转子不可能达到绝对的平衡，往复机械的惯性力总会存在以及车床加工零件时产生的振动都是一些不可避免的振动，人们必须利用隔振技术将振动源与基础或需要防振的物体进行减振，一般采用弹性元件和阻尼进行连接，以隔绝或减弱振动能量的传递。在隔振技术中按照有无消耗能量的作动机构，振动可以分为主动隔振（有源隔振）和被动隔振（无源隔振）两类。

a　主动隔振

主动隔振又称有源隔振，是最近 10 ~ 20 年迅速发展起来的隔振方法。这种方法中需要消耗能量的作动机构即用以生产控制力的执行机构，能量靠能源补充。实际操作中，主动隔振是将振源与支撑振源的基础隔离开来。如将一台电机作为振动源，它与基础之间是近似刚性连接，电机的运转将会产生一个激振力 $Q(t) = H\sin\omega t$，这个力会被完全传给基础，并向四下波及。当用橡胶块将电机与基础隔离开来，以减少激振力向基础的传递，减少通过地基向周围物体传播的振动和噪声，如图 3 – 13 所示。

在此系统中，电机设备运转产生的简谐激振力 $Q(t) = H\sin\omega t$，它作用于质量为 m 的

物体上，刚度为 K 和阻尼系数为 C 的阻尼元件将物体和地基之间进行隔离，以此使激振力部分或完全被隔绝，达到隔振和降低噪声的效果，此系统的微分方程为：

$$\frac{\mathrm{d}^2 x}{\mathrm{d}t^2} + 2n\frac{\mathrm{d}x}{\mathrm{d}t} + \omega_n^2 x = h\sin\omega t \qquad (3-24)$$

式中，$\omega_n^2 = \dfrac{k}{m}$ 为弹性系数；$2n = \dfrac{C}{m}$，C 为阻尼系数；$h = \dfrac{H}{m}$，H 为激振力的幅值。

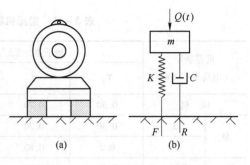

图 3 – 13   电机隔振及力学模型

其通解为：

$$x = A\mathrm{e}^{-nt}\sin\left(\sqrt{\omega_n^2 - n^2}\, t + a\right) + B\sin(\omega t - \varepsilon) \qquad (3-25)$$

式中，A，a 为积分常数；B 为受迫振动的物体离平衡位置最远的幅值，$B = \dfrac{H}{\sqrt{(1-\lambda^2)^2 + 4\zeta^2\lambda^2}}$；$\lambda$ 为频率比 $\dfrac{f}{f_0}$；ζ 为阻尼比 $\dfrac{C}{C_0}$；C_0 为临界阻尼；ε 为振动物体的位移与激振力之间的相位差，$\varepsilon = \arctan\dfrac{2\zeta\lambda}{1-\lambda^2}$。

式（3 – 25）右边的第一部分有阻尼的自由振动，即随着时间的增加而逐渐减弱，最后消失；第二部分受迫振动，它是一种稳态振动过程，也是要研究的振动过程，则式（3 – 25）可以简化为：

$$x = B\sin(\omega t - \varepsilon) \qquad (3-26)$$

由式（3 – 26）可以看出，虽然有阻尼存在，但受简谐激振力作用的受迫振动仍然是简谐振动，其振动频率等于激振力的振动频率。在物体振动时，通过阻尼作用于基础的力 $F' = CB\omega\cos(\omega t - \varepsilon)$，弹簧给的基础力 $F'' = KB\sin(\omega t - \varepsilon)$，两者的合力最大值 $F_{\max} = KB\sqrt{1 + (2\zeta\lambda^2)}\, T$。衡量主动隔振效果最常用的系数是力的传递系数 T $\left(T = \dfrac{F_{\max}}{H} = \dfrac{\sqrt{1 + 4\zeta^2\varepsilon}}{(1-\lambda^2)^2 + 4\zeta^2\lambda^2} \right)$，隔振效率用式（3 – 27）评价：

$$\eta = (1 - T) \times 100\% \qquad (3-27)$$

所以，传递系数 T 越小，表明通过隔振系统传过去的力就越小，隔振效果越好，实际工作中，主动隔振通常用一套传感器、信号处理机和作动机构组成的机械装置来完成具体工作，如图 3 – 14 所示。

（1）作动机构是命令的执行者，它常有以下几种形式：可变弹性元件如磁性或导电的液体、电流变流体和电磁的力发生器，流体型如液压或气动的缸筒，机械型如螺母齿轮等。

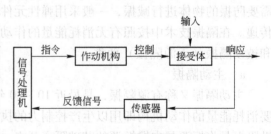

图 3 – 14   主动隔振控制

（2）传感器用来提取反馈信号，是闭环振动控制系统的组成。反馈信号包括位移、速度、加速度的时间积分或压力差等。

（3）信号处理机又称控制器，是振动控制的核心环节，控制作用在此实现。它通常是由一个电子或流体的主动网格组成，在此执行放大、衰减、积分、微分、加法运算以及网格形成等功能，用来对传感器送来的信号进行修正和综合分析，然后向作动机构发出指令。

在不同的场合中具体的振动隔振控制系统的类型有所差别，具体取决于外界很多因素，如载荷能力、动态范围、反应速度、控制带宽、价格等。

b　被动隔振

将需要防振的物体单独与振源隔离开称之为被动隔振，如在一些仪器下面铺垫泡沫塑料或橡胶垫等。被动隔振力学模型如图 3 – 15 所示。

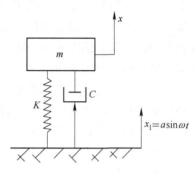

图 3 – 15　被动隔振力学模型

系统中弹簧的刚性系数为 k，阻尼元件的阻尼系数为 C，被隔绝的物体质量为 m，设基础为简谐振动，即 $x_1 = a\sin\omega t$。由于地基振动将引起其上的物体 m 的振动，称之为位移（基础）激振。设物体的振动位移为 x，则作用在在物体上的弹性力为 $K(x_1 - x)$，阻尼力为 $C\left(\dfrac{\mathrm{d}x_1}{\mathrm{d}t} - \dfrac{\mathrm{d}x}{\mathrm{d}t}\right)$，则该系统的运动微分方程为：

$$m\frac{\mathrm{d}^2 x}{\mathrm{d}t} = K(x_1 - x) - C\left(\frac{\mathrm{d}x}{\mathrm{d}t} - \frac{\mathrm{d}x_1}{\mathrm{d}t}\right) \qquad (3-28)$$

整理得：

$$m\frac{\mathrm{d}^2 x}{\mathrm{d}t^2} + C\frac{\mathrm{d}x}{\mathrm{d}t} + Kx = Kx_1 + x\frac{\mathrm{d}x_1}{\mathrm{d}t} \qquad (3-29)$$

将 x_1 代入，得：

$$m\frac{\mathrm{d}^2 x}{\mathrm{d}t^2} + C\frac{\mathrm{d}x}{\mathrm{d}t} + Kx = Ka\sin\omega t + C\omega a\cos\omega t \qquad (3-30)$$

即：

$$m\frac{\mathrm{d}^2 x}{\mathrm{d}t^2} + C\frac{\mathrm{d}x}{\mathrm{d}t} + Kx = h\sin(\omega t + \theta) \qquad (3-31)$$

式中，$h = a\sqrt{K^2 + C^2\omega^2}$，$\theta = \arctan\dfrac{C\omega}{K}$。

将上述方程的一个特解 $x = b\sin(\omega t - \varepsilon)$ 代入得到 $b = \sqrt{\dfrac{K^2 + C^2\omega^2}{(K - m\omega^2) + C^2\omega^2}}$，则振动物体的位移与基础激振位移之比，即位移传递系数 $T = \dfrac{b}{a} = \sqrt{\dfrac{1 + 4\zeta^2\lambda^2}{(1 - \lambda^2)^2 + 4\zeta^2\lambda^2}}$。可以看出，当振源作简谐振动时，主动隔振与被动隔振的原理是相同的，它们的位移传递系数也一样，只是主动隔振传递的是力的比值，而被动隔振传递的是振幅的比值。

3.3.3.2　阻尼减振

许多设备是由金属板制成的，如车、船、飞机的主体，机器的护壁，空气动力机械的管道壁。当其受到外界的激励时便会产生弯曲振动，辐射出很强烈的噪声，这类噪声称为结构噪声。同时，这些薄板又可以将机械设备的噪声或气流噪声辐射出来。结构噪声不宜用隔声罩加以限制，因为隔声罩的壁壳受激振后也会产生辐射噪声。有时不但起不到隔声作用，反而因为增加了噪声的辐射面积而使噪声变得更加强烈。结构噪声的控制一般有两种方法：一是在尽量减少噪声辐射面积，去掉不必要的金属板面的基础上，在金属结构上涂一层阻尼材料来抑制结构振动、减少噪声。结构噪声的大小与材料的阻尼特性有密切的关系，在同样的外界激励的情况下，材料的阻尼结构越大，其结构振动就越弱，噪声也就越低。二是非材料阻尼，即利用一些如固体摩擦阻尼器、电磁阻尼器和液体摩擦器等来降低振动。需要注意：阻尼减振与隔振在性质上是不同的：减振是在振源上采取措施，直接减弱振动；而隔振措施并不一定要求减弱振动源本身振动幅度，只是把振动加以隔离，使振动不容易传递到需要控制的部位。

阻尼的作用是将振动的动能转化为热能而消耗掉。材料阻尼的大小取决于其内部分子运动实施这种能量转化的能力。合理的材料选择可以有效地降低振动系统的振动和噪声，它同材料本身的弹性模量和消耗因子有关。材料阻尼的大小可以用材料损耗因子 η 来表征，它不仅可以作为对材料内部阻尼的量度，还可以成为涂层与金属薄板复合系统的阻尼特征的量度。同时，η 与薄板的固有振动、在单位时间内转变为热能而散失的部分振动能量成正比。η 值越大，则单位时间内损耗的振动能量就越多，减振的阻尼效果就越好。表 3-17 列出了室温下材料的性能常数表，给出了工程上常用材料的弹性模量和损耗因子。

表 3-17 常用材料的弹性模量和损耗因子

材 料	密度/kg·m⁻³	弹性模量/Pa	损耗因子 η
铝	2700	7.2×10^{10}	$(0.3 \sim 10) \times 10^{-5}$
铅	11300	1.7×10^{10}	$(5 \sim 30) \times 10^{-2}$
铁	7800	2×10^{11}	$(1 \sim 4) \times 10^{-4}$
钢	7800	2.1×10^{11}	$(0.2 \sim 3) \times 10^{-4}$
金	19300	8×10^{10}	3×10^{-4}
铜	8900	1.25×10^{11}	2×10^{-3}
镁	1740	4.3×10^{10}	10^{-4}
黄铜	8500	9.5×10^{10}	$(0.2 \sim 1) \times 10^{-3}$
阻尼合金	—	$(1 \sim 2) \times 10^{11}$	$0.05 \sim 0.15$
石棉	2000	2.8×10^{10}	$(0.7 \sim 2) \times 10^{-2}$
沥青	$1800 \sim 2300$	7.7×10^{10}	0.38
橡皮	$700 \sim 1000$	$(2 \sim 10) \times 10^{10}$	0.01
软木	$120 \sim 250$	0.025×10^{9}	$0.13 \sim 0.17$
干砂	1500	0.03×10^{9}	$0.12 \sim 0.6$
砖	$1900 \sim 2200$	1.6×10^{10}	$0.01 \sim 0.02$
钢筋混凝土	2300	2.6×10^{9}	$(4 \sim 8) \times 10^{-3}$
层压板	600	5.4×10^{10}	0.013
聚苯乙烯	—	3×10^{8}	2.01
硬橡胶	—	2×10^{8}	1.01

由表 3 - 17 可知，金属材料的损耗因子小，而非金属材料一般具有较高的阻尼、损耗因子大，而且往往随温度和频率而变化。近十年来国内新开发的并在减噪工程中应用的有阻尼合金和黏弹性阻尼材料。阻尼合金是一种新型的具有较高阻尼损耗因子的金属材料，其弹性模量在 10^{11}Pa 左右，损耗因子在 0.05 ~ 0.15 之间。黏弹性阻尼材料是应用很广泛的非金属阻尼材料，其弹性模量在 10^6Pa 左右，损耗因子大于 1，最高可达 2 左右，在工程上常常将它与金属板黏结成具有很高强度和较大结构损耗因子的阻尼结构，来抑制和减弱宽带随机振动和多自由度的结构共振。

A　阻尼的描述和其减振降噪原理

a　利用自由振动法描述阻尼

对于图 3 - 16 所示的具有阻尼 C 的振动系统，当使其从一个初始的形变量进行释放时，它将开始有规律地做衰减运动，阻尼越大，衰减越快。因此，可以用振幅随时间的衰减速率来对其阻尼结构进行衡量。

定义对数衰减率：第 n 次波幅值 X_n 与第 $n+1$ 次波幅值 X_{n+1} 比值的对数为：

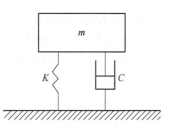

图 3 - 16　黏性阻尼的振动系统

$$\delta = \ln \frac{X_n}{X_{n+1}} \qquad (3-32)$$

设此后第 N 个振动周前后的振幅为 X_{n+N}，则

$$\delta = \frac{1}{N}\ln \frac{X_n}{X_N} \qquad (3-33)$$

对于黏性阻尼振动系统有 $\dfrac{X_n}{X_{n+1}} = \mathrm{e}^{\zeta \omega_n T}$。其中，$T = \dfrac{2\pi}{\omega_d}$ 为振动周期；ω_n 为系统无阻尼振动的固有频率；ω_d 为系统有阻尼振动固有频率，则阻尼率为 $\delta = 2\pi\zeta$。

b　相位法

当一个阻尼弹簧材料受简谐力作用时，设 $f(t) = F\sin\omega t$，由于阻尼的存在，变形将滞后某一相位 φ，即 $x(t) = X\sin(\omega t - \varphi)$。稳态时，振动一周内的阻尼耗能应等于外力所做的功。

$$D = \int_0^{\frac{2\pi}{\omega}} f(t)\,\mathrm{d}x = \int_0^{\frac{2\pi}{\omega}} (F\sin\omega t)\omega X\cos(\omega t - \varphi)\,\mathrm{d}t = \pi F\sin\varphi \qquad (3-34)$$

$$E = \frac{1}{2}X\sin\frac{\pi}{2}F\sin\left(\frac{\pi}{2} + \varphi\right) = \frac{1}{2}XF\sin\varphi \qquad (3-35)$$

材料的损耗因子为：

$$\eta = \frac{D}{2E\pi} = \tan\varphi \qquad (3-36)$$

c　能量法

阻尼简谐振动的特点是通过在每一个振动周期中能量的损耗来达到稳态的振动。如果单自由度黏性阻尼振动系统的响应为 $x(t) = X\sin\omega t$，则加速度 $\dfrac{\mathrm{d}x}{\mathrm{d}t} = X\omega\cos\omega t$，阻尼力 $f_d(t) = C\dfrac{\mathrm{d}x}{\mathrm{d}t} = C\omega X\cos\omega t$。在一个振动周期内，阻尼耗能所做的功为：

$$D = \int_0^{\frac{2\pi}{\omega}} f_d(t)\,dx = \int_0^{\frac{2\pi}{\omega}} f_d(t)\frac{dx}{dt}dx = \int_0^{\frac{2\pi}{\omega}} C\omega X\cos\omega t\omega X\cos\omega t dt = \pi C\omega X^2 \qquad (3-37)$$

振动系统在某一个瞬间的振动能 E：

$$E = \frac{1}{2}m\left(\frac{dx}{dt}\right)^2 + \frac{1}{2}KX^2(t) = \frac{1}{2}m\omega^2 X^2\cos\omega t + \frac{1}{2}KX^2\sin^2\omega t \qquad (3-38)$$

当系统发生共振时，$\omega^2 = \omega_n^2 = K/m$，振动系统的振动能为一常数 $\frac{1}{2}KX^2$，结构损耗因子为：

$$\eta = \frac{D}{2E\pi} = \frac{C\omega_n}{K} = 2\zeta \qquad (3-39)$$

d　频率响应函数法

当系统做受迫振动时，若激励力频率 $\omega = \omega_r$ 时，系统产生共振振幅达到最大值，并产生如图 3 – 17 所示的幅频响应曲线，此时振动系统的阻尼损耗因子为：

$$\eta = (\omega_2 - \omega_1)/\omega_n \qquad (3-40)$$

式中，ω_n 为系统的共振频率；ω_1、ω_2 为半功率点对应的频率值。

B　阻尼减振的原理

利用增加阻尼材料来进行减振时，其减振的简单原理如下：对于一般的金属材料如钢、铝等，它们的固有阻尼都不大，可以通过增加材料的自身阻尼或采用外加阻尼层来达到减振降噪的目的。金属板结构在振动时，往往会存在一系列的峰值，相应的噪声也具有与结构振动一样的频率谱线，即噪声也会产生一系列的峰值，而且每个峰值的频率都有其相应的结构共振频率，如图 3 – 17 所示。结构共振共有四个频率，传导率（结构的振动振幅与激振力振幅的比值）出现在峰值，当在薄板涂上阻尼材料后，共振峰值明显减弱，传导率不再出现峰值，如图 3 – 18 所示。

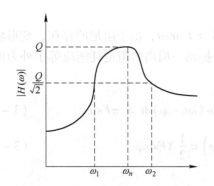

图 3 – 17　振动系统幅频特性曲线

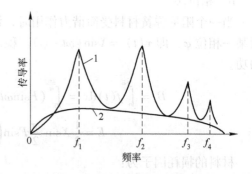

图 3 – 18　阻尼降低结构共振

阻尼材料之所以能够减弱振动、降低噪声的辐射，主要是利用材料内损耗的原理。当金属板被涂上阻尼材料而做弯曲振动时，阻尼层也随着振动、拉压而交替变化，材料内部分子互相挤压、摩擦、相对的错动和位移，使振动能量转化为热能而散失。同时，阻尼的增加缩短了激振时间，以此达到降低金属板辐射噪声的能量和减振降噪的目的。

工程材料的种类繁多，衡量其内阻尼的指标通常用耗损因子。表 3 – 18 列出了各种材料在室温和声频范围内的损耗因子值。

表3-18 常用材料的损耗因子值

材　料	损耗因子	材　料	损耗因子
钢、铁	$(1 \sim 6) \times 10^{-4}$	木纤维板	$(1 \sim 3) \times 10^{-2}$
有色金属	$(0.1 \sim 2) \times 10^{-3}$	混凝土	$(1.5 \sim 2) \times 10^{-2}$
玻璃	$(0.6 \sim 2) \times 10^{-3}$	砂（干砂）	$(1.2 \sim 6) \times 10^{-1}$
塑料	$(0.5 \sim 1) \times 10^{-2}$	黏弹性材料	$(2 \sim 5) \times 10^{-1}$
有机玻璃	$(2 \sim 4) \times 10^{-2}$		

从表3-18中可以看出：金属材料的阻尼值是很低的，但是金属材料是最常用的机器零部件和结构材料，所以它的阻尼性能常常受到关注。为满足特殊另有的需求，目前已经研制生产了多种类型的阻尼合金，这些阻尼合金的阻尼值比普通金属材料高出2~3个数量级。

材料阻尼的机理是：宏观上连续的金属会在微观上因应力或交变应力的作用产生分子或晶界之间的位错运动、塑性滑移等，产生阻尼。在低应力状况下由金属的微观运动产生的阻尼耗能，称为金属滞弹性。由图3-19可知，当金属材料在周期性的应力和应变作用下时，加载线 OPA 因上述原因形成略有上凸的曲线而不再是直线，而卸载线 AB 将低于加载线 OPA。于是在一次周期的应力循环中，构成了应力-应变的封闭回线 $ABCDA$，阻尼耗能的值正比于封闭回线的面积。

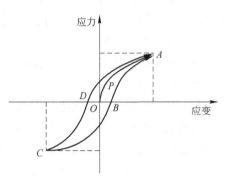

图3-19 应力应变迟滞回线

对于阻尼等于零的全弹性材料，封闭回线将退化为面积等于零的直线 $OAOCO$。金属在低位应力状态下，主要由黏滞弹性产生阻尼，而在应力增大时，局部的塑性变形应变逐渐变得重要，其间没有明显的分界。由于这两种机理在应力增长过程中都在起作用而且发生变化，因此金属材料的阻尼在应力变化过程中不为常值，而在高应力或大振幅时呈现出较大的阻尼。

对于铁磁材料等磁性金属材料，由磁弹效应产生的迟滞耗能是它的阻尼产生机理。在强磁场中，每一单元体的磁矢量为了和外界磁场方向趋于一致而发生旋转，在旋转的过程中引起单元体和边界、边界和边界之间的相对运动，同时磁场或应力场使磁饱和单元体产生磁致伸缩现象，加剧了各单元体之间的相对运功。维持上述两种运动必须有能量输入，即将机械能转变成热能并耗散，这就是产生阻尼的物理机理，称作磁弹效应。

工程材料中另一种正在日益崛起的重要材料是黏弹性材料，它属于高分子聚合物。从微观结构上看，这种材料的分子与分子之间依靠化学键或物理键互相连接，构成三维分子网。高分子聚合物的分子之间很容易产生相对运动，分子内部的化学单元也能自由旋转，因此，受到外力时，曲折状的分子链就会产生拉伸、扭曲等变形，分子之间的链段会产生相对滑移、扭转。当外力除去后、变形的分子链要恢复原位，分子之间的相对运动会部分复原，释放外力所做的功，这就是黏弹材料的弹性。但分子链段之间的滑移、扭转不能全复原，产生了永久性变形，这就是黏弹材料的黏性，这一部分功转变为热能并耗散，这就是黏弹材料产生阻尼的原因。

为了充分利用各种材料的物理力学性能，还出现了各种复合材料供工程应用，如纤维基材料、金属基材料、非金属基材料等，均是利用各种基本材料和高分子材料复合而成。用作精密机床基础件的环氧混凝土则以花岗岩碎块作为基体，用环氧树脂作黏结剂所制成的复合材料。由两种或者多种材料组成的复合材料，因为不同材料的模量不同，承受相同的应力时会有不等的应变，形成不同材料之间的相对应变，因而就有附加的耗能，因此复合材料可以大幅度提高材料的阻尼值。

C 表面阻尼处理

表面阻尼处理是提高结构阻尼、抑制共振、改善机构减振降噪性能的有效方法。它主要应用于以弯曲振动为主的，厚度不大的构件或薄壁零件，如梁类、板类、管壳类等，具体可以分为两大类：自由阻尼处理和约束阻尼处理。

自由阻尼处理是将一定厚度的弹性阻尼材料涂于结构的表面，弹性阻尼层外侧处于自由状态，当结构产生弯曲振动时，阻尼层也随着结构一起振动，从而在阻尼层结构内部产生拉压变形。此时阻尼材料就会将有序的机械能转化为无序的热能，从而起到耗能的作用。约束阻尼振动处理就是在自由阻尼处理弹性阻尼层的外侧涂上一层弹性层，这一弹性层的弹性模量要远大于里面阻尼层的弹性模量，它通常用铝片或薄铁层制成。当阻尼层随着结构一起产生拉压变形而进行弯曲振动时，敷在外侧的弹性层因为具有较大的弹性模量而会对阻尼层的拉压变形起到约束作用。由于约束层与阻尼层接触表面产生的拉压变形不同于阻尼层与结构层接触表面的变形，因而会在阻尼材料的内部产生剪切变形。这种阻尼层内部产生的剪切应变也能起到耗能的作用。

目前常用复刚度法来对表面阻尼处理进行分析，它是通过利用材料力学和弹性力学的观点和分析方法对其进行推导的，并做以下假设：（1）阻尼层与弹性层在弯曲振动时具有相同的曲率；（2）各层具有相同的振动模态。其复刚度表达式为：

$$\widetilde{B} = (E\widetilde{I}) = (EI)' + j(EI)'' = (EI)'(1 + j\eta) \tag{3-41}$$

其中，损耗因子 $\eta = \dfrac{(EI)''}{(EI)'}$，反映了结构振动时能量损耗能力的大小。

a 自由阻尼层结构

自由阻尼层结构是将黏弹性的阻尼材料牢固地粘贴或涂抹在振动金属薄板的侧面，如图 3-20 所示。

由图 3-20 可知，当基层板做弯曲振动时，板和阻尼层自由压缩和拉伸，阻尼层将损耗较大的振动能量，从而减弱振动。自由阻尼层结构的损耗因子与阻尼层的厚度等因素有关，可以近似地表示为：

$$\eta = 14\left(\frac{\eta_2 E_1}{E_2}\right) \times \left(\frac{d_1}{d_2}\right)^2 \tag{3-42}$$

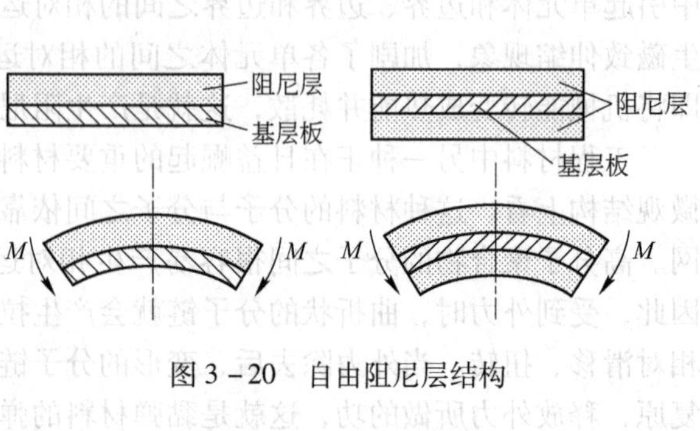

图 3-20 自由阻尼层结构

式中，η 为基层板与阻尼层组合系统的损耗因子；η_2 为阻尼材料的损耗因子；d_1 为基层板的厚度，mm；d_2 为阻尼材料层厚度，mm；E_1 为基层板弹性模量，Pa；E_2 为阻尼材料弹性模量，Pa。

由式（3-42）可以看出，损耗因子与相对厚度 $\dfrac{d_1}{d_2}$ 的平方成正比例关系，在实际中 $\dfrac{d_1}{d_2}$ 一般取 2～4 为适宜，比值过大，阻尼效果增加不够明显，会造成阻尼材料的浪费，经济性不够可观；比值太小，起不到应有的阻尼效果。大量研究表明，对于厚度在 5mm 以上的金属板材可以有较好的降噪作用。因此，阻尼减振措施常用于薄板的振动与噪声的降低。自由阻尼结构措施，涂层结构工艺简单、取材方便，但由于过厚的阻尼层使得外观不够美观，因此常用于管道消音、消声器及隔音设备中。当采用自由阻尼层减振降噪的效果不够理想时，为了进一步增加阻尼层的拉伸与压缩，可以在板层与阻尼层之间增加一层能承受较大剪切力的间隔层。间隔层常设计成蜂窝状结构，也可用类似玻璃纤维类的材料来依靠摩擦产生阻尼。

b　约束阻尼结构

将阻尼层牢固地粘贴在基层上后，再在阻尼层上粘合一层刚度较大的材料如金属铝板就构成了约束层，如图 3-21 所示。

当结构基层板发生弯曲时，约束层也相应发生弯曲并保持与基层板平行，长度基本不变化。此时，阻尼层下部受到压缩作用而上部则被拉伸，产生一个约束层相对于基板层的移动，阻尼层产生剪应变，不断往复变化，从而消耗机械振动能量。约束阻尼层由于结构本身

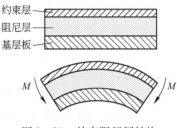

图 3-21　约束阻尼层结构

的问题而产生的运动与自由阻尼结构也不一样，它可以较大地提高机械振动能量的消耗。实际工程中，常选用于基板层材料、厚度都相同的对称型结构来做约束层，有时也可以使约束层的厚度为基板层的 25%～50% 左右。

近年来，一种新型的复合阻尼结构在减振降噪工程中被广泛使用。它是一种将几层金属板用薄黏弹性材料黏合在一起的具有高阻尼特性并保持原有金属板强度的约束阻尼层结构。阻尼层具有良好的阻尼性能，它将振动能量的耗散由单纯意义上的通过普通的弹性变形做功变为高弹性形变的做功损耗，从而增加了形变滞后应力的程度。阻尼结构在受激振后，其阻尼层形成的剪应力和变形产生的损耗因子一般在 0.3Hz 以上、最大可达 0.9Hz 左右，并具有宽频带控制的特性，可以有效地起到减振降噪的作用。

复合阻尼材料常选用不锈钢、耐摩擦钢等，结构层常为 2～5 层，最早应用在军工、航天技术领域，现在则广泛地应用于如电动机机壳、凿岩机内衬、隔声罩及消声设备中。

3.4　振动控制的材料分类和选择

3.4.1　隔振材料和元件

在设备和基础之间安装隔振器或者隔振材料，是设备和基础之间的刚性连接变成弹性支撑，以防止振动的能量向外传递。一般来说，作为隔振材料和元件应该符合下列要求：材料的弹性模量低，承载能量大，强度高，耐久性好，不易疲劳破坏，组织性能好，无

毒，无放射性，抗酸、碱、油等环境条件，取材方便，易于加工等。工程中广泛使用的隔振材料和元件有金属弹簧、空气弹簧、橡胶、软木、毛毡、玻璃纤维、矿棉毡等。表 3 - 19 列出了常见的隔振材料和元件的性能。

表 3 - 19   常见的隔振材料和元件的性能

隔振材料和元件	频率范围	最佳工作频率	阻 尼	缺 点	备 注
金属螺旋弹簧	宽频	低频	很低，仅为临界阻尼的 0.1%	容易传递高频振动	广泛应用
金属板弹簧	低频	低频	很低		特殊情况
空气弹簧	取决于空气容积	—	低	结构复杂	
橡胶	取决于成分和硬度	高频	随硬度增加而增加	载荷容易受影响	
软木	取决于密度	高频	较低，一般为临界阻尼的 6%		
毛毡	取决于密度和厚度	高频	高	—	通常采用，厚度 1 ~ 3cm

3.4.1.1　金属隔振材料

A　金属弹簧隔振器

金属弹簧隔振器广泛应用于工业振动控制中，应用较多的是螺旋弹簧隔振器和板条式钢板隔振器，如图 3 - 22 所示。螺旋弹簧隔振器适用范围广，在各类风机、空气压缩机、球磨机、粉碎机等大、中、小型的机械设备中都有使用。板条式钢板隔振器是由几块钢板条叠合制成的，利用钢板条之间的摩擦，可以获得适宜的阻尼比。这种隔振器只在一个方向上有隔振作用，多用于运输车辆的车体减振和只有垂直冲击的锻锤基础隔振。

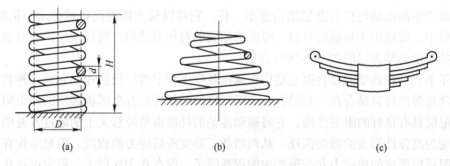

(a)　　　　　　　　　(b)　　　　　　　　　(c)

图 3 - 22　金属弹簧隔振器
(a) 圆柱形；(b) 圆锥形；(c) 板 (叠板) 形

金属弹簧隔振器的优点：低频隔振效果好，适用频率为 1.5 ~ 5Hz；力学性能稳定，弹簧的动劲度、静劲度的计算值与实测值基本一致，误差一般小于 5%；允许位移大，可承受较大负载，而且在受到长期大载荷作用时也不产生松弛现象；适用范围广，在很宽的温度范围（-40 ~ 150℃）和不同的环境条件下，可以保持稳定的弹性、耐油、耐腐蚀、不老化、寿命长；适用性强，能适用于不同要求的弹性支撑系统；设计加工简单，易于控制，可以大规模生产，既可制成压缩型，又可制成悬吊型。

金属弹簧隔振器的缺点：阻尼系数很小，阻尼性能较差，高频隔振效果差，容易传递高频振动，在运转时易产生共振，从而使设备产生摇摆。因此，有些金属隔振器专门进行了阻尼处理，在使用中往往要在弹簧和基础之间加橡胶、毛毡等内阻较大的衬垫，以及内插杆和弹簧盖等稳定装置，使高频隔振性能有较大改善。

B 空气弹簧隔振器

空气弹簧隔振器也称为"气垫"。空气弹簧隔振器一般有两种形式：一是在可挠的密闭容器中填充压缩空气，利用其体积弹性而起隔振作用，即当空气弹簧受到激振力而产生位移时，容器的形状将发生变化，容积的改变使得容器内的空气压强发生变动，从而使其中的空气内能发生变化，达到吸收振动能量的作用；二是由弹簧、附加气囊和高度控制阀组成。空气弹簧的控制原理如图 3-23所示。

空气弹簧隔振器具有劲度可以随载荷而变化、固有频率保持不变的特点；靠气囊气

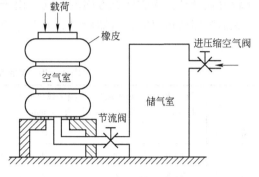

图 3-23 空气弹簧的控制原理

室的改变可对隔振器的劲度进行选择，因此可以达到很小的固有频率（在 1Hz 以下）；空气弹簧隔振器一般有自动调节机构，每当负荷改变时，可调节橡胶腔内的气体压力，实质保持恒定的静态压缩量，从而达到隔振的目的，因此可以适应多种载荷需要，抗振性能好，耐疲劳。目前，空气弹簧隔振器一般应用于压缩机、气锤、汽车、火车、地铁等机械的隔振，可以有效减少振动的危害和降低辐射噪声，大大提高了车辆乘坐的舒适度。

空气弹簧隔振器的缺点是需要有压缩气源及一套复杂的辅助系统，造价昂贵，并且荷重只限于一个方向，故一般工程上采用较少。

3.4.1.2 橡胶

A 橡胶隔振器

橡胶隔振器实质上是利用橡胶弹性的一种"弹簧"，是使用最为广泛的一种隔振元件。它具有良好的隔振缓冲和隔声性能，加工容易，可以根据劲度、强度以及外界环境条件的不同而设计成不同的形状。橡胶隔振器的阻尼较高，阻尼比可达 0.07~0.15，故对共振振峰具有良好的抑制作用。同时，橡胶隔振器对高频振动能量具有明显的吸收作用。橡胶隔振器主要由橡胶制成，橡胶的配料和制造工艺不同，橡胶隔振器的性能差别也很大。较软的橡胶允许承受较低的应力值；较硬的橡胶允许承受较高的应力值；对于中等硬度的橡胶允许承受的应力值为 $(3~7) \times 10^5 Pa$。

橡胶隔振器一般由约束面与自由面构成，约束面通常和金属相接，自由面则指垂直加载于约束面时产生变形的那一面。在受到负荷压缩时，橡胶横向胀大，但与金属的接触面则受约束，因此，只有自由面能发生变形。这样，即使使用同样弹性系数的橡胶，通过改变约束面和自由面的尺寸，制成的隔振器的劲度也不同。就是说，橡胶隔振器的隔振参数，不仅与使用的橡胶材料成分有关，也与构成形状、方式等有关。国产橡胶隔振器有 XD 型和 WJ 型，有 40°~90°四种硬度，一般在 -15~40℃ 的温度环境中使用。设计橡胶隔振器时，其最终隔振参数要由试验确定，尤其在要求较准确的情况下，更应如此。

B 橡胶隔振垫

利用橡胶本身的自然弹性设计出来的橡胶隔振垫是近几年发展起来的一种隔振材料。

常用的橡胶隔振垫一般有肋状垫、镂孔垫、钉子垫以及 WJ 型橡胶隔振垫等。

　　WJ 型橡胶隔振垫是一种新型橡胶垫，其结构是在橡胶垫的两面设置有不同高度的圆台，分别交叉配置。当 WJ 型隔振垫在载荷作用下，较高的凸圆台受压变形，较低的圆台尚未受压时，其中间部分载荷而完成波浪形，振动能量通过交叉台和中间弯曲波来传递，能较好地分散并吸收任意方向的振动。由于原凸面斜向地被压缩，起到制动作用，在使用中无需紧固就可以防止机器滑动，并且承载越大，越不易滑动。WJ 型橡胶隔振垫的性能见表 3 - 20。

表 3 - 20　WJ 型橡胶隔振垫的性能

型　号	额定载荷 /kg·cm⁻²	极限载荷 /kg·cm⁻²	额定载荷下 变形/mm	额定载荷下 固有频率/Hz	应 用 范 围
WJ - 40	2 ~ 4	30	4.2 ± 0.5	14.3	电子仪器、钟表、工业机械、光学仪器等
WJ - 60	4 ~ 6	50	4.2 ± 0.5	13.8 ~ 14.3	空气压缩机、发电机组、空调、搅拌机等
WJ - 85	6 ~ 8	70	3.5 ± 0.5	17.6	冲床、普通车床、磨床、铣床等
WJ - 90	8 ~ 10	90	3.5 ± 0.5	17.2 ~ 18.1	锻压机、钣金加工机、精密磨床等

　　橡胶隔振垫的劲度由橡胶的弹性模量和几何形状决定。由于表面是凸台或肋状等形状，能增加隔振垫的压缩量，使固有频率降低。凸台的疏密直接影响隔振垫的技术性能。橡胶隔振器与金属弹簧隔振器相比，有以下特点：

　　（1）可以做成各种形状，有效地利用有限的空间。

　　（2）橡胶有内摩擦，阻尼比较大，因此不会产生像钢弹簧那样的强烈共振，也不至于形成螺旋弹簧所特有的共振激增现象。另外，橡胶隔振器都是由橡胶和金属接合而成的，金属与橡胶的声阻抗差别较大，也可以有效地起到隔声作用。

　　（3）橡胶隔振器的弹性系数可借助改变橡胶成分和结构而在相当大的范围内变动。

　　（4）橡胶隔振器对太低的固有频率 f_0（如低于 5Hz）不适用，其静态压缩量也不能过大（一般不应大于 1cm）。因此，对具有较低的干扰频率机组和质量特别大的设备不适用。

　　（5）橡胶隔振器的性能易受到温度影响。在高温下使用时，性能不好；在低温下使用，弹性系数也会改变。如用天然橡胶制成的橡胶隔振器，使用温度为 - 30 ~ 60℃。橡胶一般是不耐油污的，在油中使用，易损坏失效。如果必须在油中使用时应改用丁腈橡胶。为了增强橡胶隔振器适应气候变化的性能，防止龟裂，应在天然橡胶的外侧涂上氯丁橡胶。

　　（6）橡胶隔振器使用一段时间后，应检查它是否老化而弹性变坏，如果已损坏应及时更换。

3.4.1.3　软木

　　隔振用的软木与天然软木不同，是将天然软木经高温、高压、蒸汽烘干和压缩制成的板状或块状物。软木具有一定的弹性，一般软木的静态弹性模量约为 $1.3 \times 10^6 \text{Pa}$，动态弹性模量为静态弹性模量的 2 ~ 3 倍。软木可以压缩，当压缩量达到 30% 时也不会出现横向伸展。软木受压，应力超过 40 ~ 50kPa 时，发生破坏，设计时取软木受压载荷为 5 ~ 20kPa，阻尼比为 0.04 ~ 0.05。软木隔振系统的固有频率一般可控制在 20 ~ 30Hz 范围内，常用的厚度为 5 ~ 15cm。软木的优点是质轻、耐腐蚀、保温性能好、加工方便等。但是由于厚度不是太厚，固有频率较高，因此软木不适于低频隔振，且其隔振效果受粒度粗细、软木层厚度、载荷大小以及结构形式等因素的影响。目前国内并无专用的隔振软木产品，通常用保温软木代替。在实际工程中，人们常把软木切成小块，均匀布置在机器基座或混凝土座下面。一般将软木切成 100mm × 100mm 的小块，然后根据机器的总载荷求出所需要的块数，常用作重型机器基础和高频隔振，常见的有大型空调通风机、印刷机等机械的隔振。如果机组的总载荷较大，软木承受压力一定会造成基座面积小于所设计的软木面积，此时，可在机器底座下面附设混凝土板或钢板以增大它的面积。

3.4.1.4　玻璃纤维、毛毡、沥青毡

酚醛树脂或聚醋酸乙烯胶合的玻璃纤维板、矿渣棉和各类材质的毛毡均具有良好的隔振效果。玻璃纤维和矿渣棉类材料具有耐腐蚀、防火、弹性好、性能不随温度而变化等特点，主要用于机器设备及特殊建筑物基础的隔振。这类材料密度为 800 ~ 1200kg/m³、纤维直径为 8 ~ 10μm，宜作为隔振垫层；而密度小、纤维直径小宜作为吸声材料。如用酚醛树脂等黏合剂将玻璃纤维或矿渣棉胶合成板状，可大大提高承载能力。常用的玻璃纤维板承载力为 $(1 ~ 2) \times 10^4 Pa$，阻尼比为 0.04 ~ 0.07，自由状态的最佳厚度为 5 ~ 15cm，隔振系统的固有频率为 5 ~ 10Hz。

采用玻璃纤维板时，最好使用预制混凝土基座，将玻璃纤维板均匀地垫在基座底部，使荷载得以均匀分布，同时需要采用防水措施，以免玻璃纤维板丧失弹性。

对于负荷很小而隔振要求不高的设备，使用毛毡既经济又方便。工业毛毡是用粗羊毛制成的，在振动受压时，毛毡的压缩量等于或小于厚度的 25%，此时其刚度是线性的；大于 25% 后，则呈现非线性，这时刚度剧增，可达到前者的 10 倍。毛毡的固有频率取决于它的厚度，一般情况下，30Hz 是毛毡的最低固有频率，因此毛毡垫对于 40Hz 以上的激振频率才能起到隔振作用。毛毡的可压缩量一般不要超过厚度的 1/4。当压缩量增大时，弹性失效，隔振效果变差。

采用毛毡时，因为毛毡的防水、防腐、防火性能差，使用时应该注意防潮、防腐、防虫、防火，可用油纸或塑料薄膜予以包裹，缝隙宜用沥青涂抹密封。毛毡类隔振垫的优点是价格低廉、安装方便，可根据需要切成任何形状和大小，并可重叠放置，获得良好的隔振效果。

沥青毡是用沥青黏结羊毛加压制成的，它主要用于垫衬锻锤的隔振。

以上介绍的是常见的几种隔振器。另外，薄膜塑料、塑料气垫纸、矿渣棉毡、废橡胶、废金属丝等，也可以作为隔振材料使用。有些专业生产厂家生产的一些专用隔振材料和装置，也可以用于不同条件下的隔振。

工程应用中除单独使用某种隔振材料外，也常将几种隔振材料结合使用，如应用最多的有钢弹簧 – 橡胶复合式减振器、软木 – 弹簧隔振装置及毡类 – 弹簧隔振装置等，这些隔振装置综合了不同材料的优点。

3.4.2　阻尼材料

在工程中应用较多的是阻尼材料。现有的阻尼材料大致可分为：弹性阻尼材料，如橡胶类，沥青类和塑料类；复合材料，包括层压材料以及混合材料；阻尼合金，基体包括铁基、铝基等；库仑摩擦阻尼材料，如不锈钢丝网、钢丝绳和玻璃纤维；其他类，如阻尼陶瓷、玻璃等。

衡量阻尼材料的主要参数是材料的损耗因子，用 β 来表示，它不仅可以作为材料内部阻尼的量度，还可以成为涂层与金属薄板复合系统的阻尼特征量度。同时，β 与薄板的固有振动频率和在单位时间内转变为热能而散失的部分振动能量成正比。β 值越大，则单位时间内的振动能量越多，减振的阻尼效果越好。作为阻尼材料，β 至少要在 10^{-2} 数量级，通常由于制作配方成分不一，β 的变化很大。

在所有的阻尼材料中，弹性阻尼材料具有很大的阻尼损耗因子和良好的减振性能，但适应温度的变化范围窄，只要温度稍有变化，其阻尼特性就会有较大的变化，性能不够稳定，不能作为机器本身的结构件，同时对于一些高温场合也不能应用。因此，人们研制出了耐高温的大阻尼合金，这是一种新型的具有较高阻尼损耗因子的金属材料，其弹性模量在 10^{11} Pa 左右，损耗因子在 0.05 ~ 0.15 之间，可以直接用这种材料做成机器的零件，具有良好的导热性，但是价格贵。复合阻尼材料是一种由多种材料组成的阻尼板材，通常做成自黏性的，可由铝质约束层、阻尼层和防粘纸组成。这种材料施工工艺简单，有较好的控制结构振动和降低噪声的效果。关于工程上常用材料的弹性模量和损耗因子，可参见表 3 - 17 室温下材料的性能常数。表 3 - 21 为几种国产阻尼材料的损耗因子。

表 3 - 21　几种国产阻尼材料的损耗因子

名　称	厚度/mm	损耗因子 β	名　称	厚度/mm	损耗因子 β
石棉漆	3	3.5×10^{-2}	聚氯乙烯胶泥	3	9.3×10^{-2}
硅石阻尼浆	4	1.4×10^{-2}	软木纸板	1.5	3.1×10^{-2}
石棉沥青膏	2.5	1.1×10^{-2}			

通过参见表 3 - 17 可知，金属材料的损耗因子小，而非金属材料一般具有较高的阻尼，损耗因子大，但是非金属材料的损耗因子会随温度和频率的改变而改变。

黏弹性阻尼材料是应用很广泛的非金属阻尼材料，一般由石油沥青中的氧化沥青等与其他各种附加剂组成。附加剂包括以下几种：填充剂，如石棉纤维和滑石粉等，主要保证阻尼层有良好的黏滞性和可流动性；油剂，可起软化作用；酚醛树脂，可增加黏合性；漆与橡胶液，可增加耐磨性。黏弹性阻尼材料损耗因子大，在工程上常常将它与金属板材料黏结成具有很高强度又有较大结构损耗因子的阻尼结构，如在薄板或管道上紧贴或喷涂上一层内摩擦大的材料，如沥青、软橡胶或其他高分子涂料，也是抑制振动的有效措施。

表 3 - 22 为软木防热隔振阻尼浆的配比。据测定，该阻尼涂料在常温下 $\beta = (4 \sim 5) \times 10^{-2}$，在 80℃ 以下，$\beta$ 几乎不变，当升温至 150℃ 时，$\beta \approx (3 \sim 4) \times 10^{-2}$，经长期使用，发现其与钢板黏结性良好。

表 3 - 22　软木防热隔振阻尼浆的配比

材料名称	质量分数/%	材料名称	质量分数/%
厚白漆	20	软木屑（粒径 3~5mm）	13
光油	13	水	27
生石膏	23	松香水	4

表 3-23 为 J-70-1 防振隔热阻尼浆的配比。该涂料已用于长征号燃气轮机的顶棚和东方红 4 型内燃机车壁上，有较好的降噪作用。

表 3-23　J-70-1 防振隔热阻尼浆的配比

材料名称	质量分数/%	材料名称	质量分数/%
30%氯丁橡胶液	60	粗膨胀硅石（粒径 1~5mm）	8
420 环氧树脂	2	石棉粉	6
胡麻油醇酸树脂	4	萘酸钴液	0.6
珍珠岩（膨胀）	8	萘酸铅液	0.8
细膨胀硅石（粒径 0.3~1.0mm）	10	萘酸锰液	0.6

表 3-24 为沥青阻尼浆的配比。该涂料应用在某些越野车上，有一定效果。实测 $\beta \approx (3 \sim 4) \times 10^{-2}$。

表 3-24　沥青阻尼浆的配比

材料名称	质量分数/%	材料名称	质量分数/%
沥青	57	蓖麻油	1.5
胺焦油	23.5	石棉油	14
热桐油	4	汽油	适量

参 考 文 献

[1] 李连山，杨建设，等．环境物理性污染控制工程 [M]．武汉：华中科技出版社，2009．

[2] 孙兴滨，闫立龙，张宝杰，等．环境物理性污染控制 [M]．北京：化学工业出版社，2010．

[3] 陈杰瑢．物理性污染控制 [M]．北京：高等教育出版社，2007．

[4] 国家环境保护总局科技标准司．中国环境保护标准汇编：土壤、固体废物、噪声和振动分册 [G]．北京：中国环境科学出版社，2001．

[5] 盛美萍，王敏庆，孙进才．噪声与振动控制技术基础 [M]．北京：科学出版社，2007．

[6] 谷口修．振动工程大全（上册）[M]．北京：机械工业出版社，1983．

[7] 董霜，朱元清．环境振动对人体的影响 [J]．噪声与振动控制，2004（6）：22~25．

[8] 翁智远．结构振动理论 [M]．上海：同济大学出版社，1988．

[9] 黄勇，王凯全．物理性污染控制技术 [M]．北京：中国石化出版社有限公司，2013．

[10] 刘铁祥．物理性污染检测 [M]．北京：化学工业出版社，2009．

[11] 任连海，田媛，齐运全．环境物理性污染控制工程 [M]．北京：化学工业出版社，2008．

[12] 陈亢利，钱先友，许浩瀚．物理性污染与防治 [M]．北京：化学工业出版社，2006．

[13] 张宝杰，乔英杰，赵志伟，等．环境物理性污染控制 [M]．北京：化学工业出版社，2003．

[14] 杨耀庭, 邢新华. 快速傅里叶变换（FFT）在物理学振动理论中的应用 [J]. 哈尔滨师范大学自然科学学报, 1993, 9 (1): 41~47.

[15] 中国环境保护产业协会噪声与振动控制委员会. 我国噪声与振动控制行业 2011 年发展综述. 2011: 98~102.

[16] 陈巍巍. 简析振动污染监测 [J]. 科技咨询导报, 2007 (7): 54.

[17] 战嘉恺, 吕玉恒, 张翔. 噪声与振动污染防治中投资、环境效益和经济效益之间辩证关系剖析 [J]. 中国环境保护产业发展战略论坛专家征文, 2000: 357~359.

[18] 陈红艳. 警惕噪声与振动污染 [J]. 绿色大世界, 2007 (Z2): 64.

4 环境热污染及其防治

4.1 热环境

热环境是指提供给人类生产、生活及生命活动的良好的生存空间的温度环境。太阳能量辐射创造了人类生存空间的大的热环境，而各种能源提供的能量则对人类生存的小的热环境做进一步的调整，使它更适宜人类的生存。同时人类的各种活动也在不断地改变着人类生存的热环境。

4.1.1 人类生存热环境的热量来源

地球是人类生产、生活及生命活动的主要空间，太阳是其天然热源，并以电磁波的方式不断向地球辐射能量。环境的热特性不仅与太阳辐射能量的大小有关，同时还取决于环境中大气与地表之间的热交换状况。太阳表面的有效温度为 5497℃，其辐射通量又称为太阳常数，是指在地球大气圈外层空间，垂直于太阳光线束的单位面积上单位时间内接受的太阳辐射能量的大小，其值大约为 $1.95cal/(cm^2 \cdot min)$，太阳辐射到地球的能量有 47% 被地球吸收、18% 被大气吸收、35% 被云层反射，如图 4 – 1 所示。

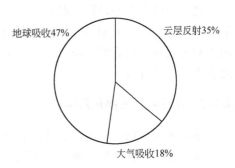

图 4 – 1 太阳辐射通量分配状况

自然环境的温度变化较大，而满足人体舒适要求的温度范围又相对较窄，不适宜的热环境会影响人的工作效率、身体健康以致生命安全。为了维系人类生存较为适宜的温度范围，创造良好的热环境，除太阳辐射的能量外，人类还需要各种能源产生的能量。可以说人类的各种生产、生活和生命活动都是在人类创造的热环境中进行的。

4.1.2 地表接受太阳辐射能量的影响因素

从地球接受来自太阳辐射能量的途径可以看出地壳以外的大气层是影响地球接受能量的一个重要方面，这主要取决于大气的成分组成，即大气中臭氧、水蒸气和二氧化碳的含量。大气中主要物质吸收辐射能量的波长范围见表 4 – 1。

表 4 – 1   大气中主要物质吸收辐射能量的波长范围

物质种类	吸收能量的波长范围/μm		
N_2，O_2，N，O	<0.1	短波	距地 100km，对紫外光完全吸收
O_2	<0.24	短波	距地 50 ~ 100km，对紫外光部分吸收

物质种类	吸收能量的波长范围/μm		
O₃	0.2 ~ 0.36	短波	在平流层中，吸收绝大部分的紫外光
	0.4 ~ 0.85	长波	对来自地表辐射少量吸收
	8.3 ~ 10.6	长波	
H₂O	0.93 ~ 2.85	长波	6 ~ 25μm 附近，对来自地表辐射吸收能力较强
	4.5 ~ 80	长波	
CO₂	4.3 附近	长波	对来自地表辐射完全吸收
	12.9 ~ 17.1	长波	

距地表 20 ~ 50km 的高空中为臭氧层，它主要吸收太阳辐射中对地球生命系统构成极大危害的紫外线波段的辐射能量，从这个意义上来说，臭氧层就是地球的护身符。

太阳辐射中到达地表的主要是短波辐射，其中微量较少的长波辐射被大气下层中的水蒸气和二氧化碳所吸收。而大气中的其他气体分子、尘埃和云，对大气辐射起反射和散射作用。其中大的微粒主要起反射作用，而小的微粒对短波辐射的散射作用较强。

地表的形态类型是影响地表接收太阳辐射能量的另一重要因素。地表在吸收部分太阳辐射的同时，又对太阳辐射起反射作用。而且吸热后温度升高的地表也同样以长波的形式向外辐射能量。地表的形态类型决定了吸收和反射太阳辐射能量之间的比例关系，不同的地表类型，差异较大。

4.1.3 地球热环境换热方程

地表和大气间以辐射方式进行的能量交换称为潜热交换，而以对流和传导方式进行的能量交换称为显热交换。地表和大气间不停地进行着这两种能量交换，地表热环境的状况取决于这两者热交换的结果。可以假设一柱体空间，其上表面为太空，下表面无限延伸至竖向热流为零的表面。柱体空间区域与外界热交换的方程为：

$$G = (Q + q)(1 - \alpha) + I_{进} - I_{出} - H - L_E - F \tag{4-1}$$

式中，G 为柱体空间区域总能量；Q 为太阳直接辐射能量；q 为大气微粒散射太阳辐射能量；α 为地表短波反射率；$I_{进}$ 为到达地表的长波辐射能量；$I_{出}$ 为地表向外的长波辐射能量；H 为地表与大气交换的显热量；L_E 为地表与大气交换的潜热量；F 为柱体空间区域与外界水平方向交换的热流能量。

该空间区域的净辐射能量为：

$$R = (Q + q)(1 - \alpha) + I_{进} - I_{出} = G + H + L_E + F \tag{4-2}$$

不同地区的热环境系数 R、H、L_E、F 是不同的。

4.1.4 人体与热环境之间的热平衡关系

人与其所处的环境之间不断地进行着热交换。人体内食物的氧化代谢不断产生大量的能量，然而人的体温要保持在 37℃ 左右，因此人体内部产生的热量要及时向环境散发以保持人体内部的热量平衡。人体内热量平衡关系式为：

$$S = M - (\pm W) \pm E \pm R \pm C \tag{4-3}$$

式中，S 为人体蓄热率；M 为食物代谢率；W 为外部机械功率；E 为总蒸发热损失率；R 为辐射热损失率；C 为对流热损失率。

4.1.5　热环境变化过程中人体的自身调节方式

人体所能适应的最适温度范围（25～29℃）称为中性区。在中性区人体的各种生理机能能够得到较好的发挥，从而可以达到较高的工作效率。中性区的中点称为人的中性点。

空气温度的下降降低辐射，空气流速的增加增大对流传热，这两者都会增加人体对外的散热量。为了保持体温稳定，人体会发生自然的生理反应，通过血管收缩，减少流向皮肤的血液流量，从而减小皮层的传热系数，降低体内热的外辐射量。如果环境温度继续降低，人就要加快体内物质代谢的速率以提供体内热，或依靠衣物以及外部的能量补给，以阻止体温的进一步降低。此时人体的生理反应为肌肉伸张，表现为打冷战，这一温度区间称为行为调节区。如果外界环境温度再度降低，即进入人体冷却区，人体的各种生理功能难以协调发挥作用，感觉是比较冷。有记载的人体存在的最低环境温度为 −75℃，而通过穿着高效保温服能保证进行正常工作的温度低限为 −35℃。

环境温度高于中心点以上有一较窄的温度范围，被称为抗热血管温度调节区。在此温度范围内，人体会加大传至体表的血液流量（比在中性点时高出 2～3 倍的血液流量），此时体表的温度仅比体内低 1℃，从而加大体表外辐射量。环境温度继续升高时，人体将要借助体表分泌和蒸发更多的汗液，以潜热的方式向环境释放体内热，此温度范围称为蒸发调节区。在此温度范围区内，环境的水蒸气分压和体表的空气流速是影响身体调节功能发挥效果的决定性因素。而后随着环境温度的进一步升高，人体将进入受热区，人体处于热量的耐受状态。

4.1.6　高温环境

人类生产、生活和生命活动所需要的适宜的环境温度相对较窄，而超过中性点的温度环境都可以称为高温环境。但是只有环境温度超过29℃以上时，才会对人体的生理机能产生影响，降低人的工作效率。

4.1.6.1　高温环境热量来源

（1）各种燃料燃烧过程中产生的燃烧热，以热的三种传导方式与环境进行热交换，改变热环境。如锅炉、冶炼工厂、窑厂等的燃料燃烧。

（2）各种大功率的电器机械装置在运转过程中，以副作用的形式向环境中释放热能。如电动机、发动机、各种电器装置等。

（3）放热的化学反应过程。如化工厂的化学反应炉和核反应堆中的化学反应。太阳本身巨大的能量来源——氢核聚变就是一个化学反应过程。

（4）夏季和热带、沙漠地区强烈的太阳辐射。

（5）各种军事活动中的爆炸物产生的巨大能量。

（6）密集人群释放的辐射能量。一个成年人体对外辐射的能量相当于一个 146W 发热器所散发的能量。如在密闭的潜水舱内，由于人体辐射和烹饪等所产生的能量的积累可以使舱内的温度达到 50℃ 的高温。

4.1.6.2 高温环境对人体的危害

（1）高温灼伤。当皮肤温度高达 41～44℃时，人就会有灼痛感。如果温度继续升高，就会伤害皮肤基础组织。

（2）高温反应。如果长时间在高温环境中停留，由于热传导的作用，体温会逐渐升高。当体温高达 38℃以上时，人就会产生高温不适反应。人的深部体温是以肛温为代表的。人体可耐受的高温为 38.4～38.6℃，体力劳动时，此值为 38.5～38.8℃。高温极端不适反应的高温临界值为 39.1～39.5℃。当高温环境温度超过这一限值时，汗液和皮肤表面的热蒸发就都不足以满足人体和周围环境之间热交换的需要，从而不能将体内热及时释放到环境中去，人体对高温的适应能力达到极限，将会产生高温生理反应现象。体内温度超过正常值（37±2）℃时，人体的机能就开始丧失。体温升高到 43℃以上，只需要几分钟的时间，就会导致人的死亡。高温生理反应的主要表现症状为头晕、头疼、胸闷、心悸、视觉障碍（眼花）、恶心、呕吐、癫痫、抽搐等；体征表现为虚脱、肢体僵直、大小便失禁、昏厥、烧伤、昏迷，甚至死亡。

4.1.7 高温热环境的防护

为防止高温热环境对人体的局部灼伤，一般采用由隔热耐火材料制成的防护手套、头盔和鞋袜等防护物。对于全身性高温环境，其防护措施为采用全身性降温的防护服。研究表明，头部和脊柱的高温冷却防护对于提高人体的高温耐力具有重要的价值和意义。其次，全身冷水浴和大量饮水，也可以对抗高温起到很好的作用。另外，有意识地经常性地在高温环境中锻炼，人体就会产生"高温习服"现象，从而更加耐受高温环境。高温习服的上限温度为 49℃。随着科技水平的不断发展，高温环境中的工作将会逐渐由机械完成（如机器人），在必须有人类参与的高温环境中，普遍采用环境调节装置调节环境温度，以更适宜于人类的生产、生活和生命活动。

4.1.8 环境温度的测量方法和生理热环境指标

4.1.8.1 环境温度的测量方法

环境温度是用来表示环境冷热程度的物理量。鉴于反映环境温度的性质不同，其测量方法主要有以下几种：

（1）干球温度法。将水银温度计的水银球不加任何处理，直接放置到环境中进行测量，得到的温度为大气的温度，又称气温。

（2）湿球温度法。将水银温度计的水银球用湿纱布包裹起来，然后放置到环境中进行测量。由此法所测得的温度是湿度饱和情况下的大气温度。干球温度与湿球温度的差值反映了测量环境的湿度状况。

湿球温度与气温、空气中水蒸气分压间存在着一定的关系式：

$$h_e(P_w - P_a) = h_c(T_a - T_w) \tag{4-4}$$

式中，h_e 为热蒸发系数；P_w 为湿球温度下的饱和水蒸气分压（湿球表面的水蒸气的压强），Pa；P_a 为环境中的水蒸气分压，Pa；h_c 为热对流系数；T_a 为干球温度，℃；T_w 为湿球温度，℃。

（3）黑球温度法。将温度计的水银球放入一直径为 15cm 外涂黑的空心铜球中心进行测定。此法的测量结果可以反映出环境热辐射的状况。

由以上三种方法测定的温度值各代表一定的物理意义，各值之间存在着较大差异。在表示环境温度时，必须注明测定时采用的测量方法。

4.1.8.2　生理热环境指标

环境温度对于人体产生的生理效应，除与环境温度的高低有关外，还与环境湿度、风速（空气流动速度）等因素有关。在环境生理学上常采用温度、湿度、风速的综合指标来表示环境温度，并称为生理热环境指标。

常用生理热环境指标主要有以下三种：

（1）有效温度（ET）。将温度、湿度和风速三者综合，形成一种具有同等温度感觉的最低风速和饱和湿度的等效气温指标。它是根据人的主诉制定的温度指标，同样数值的有效温度对于不同的个体而言，其主诉的温度感觉是相同的。其应用较广，但是它没有考虑热辐射对人体的影响。

（2）干－湿－黑球温度。它是干球温度法、湿球温度法和黑球温度法测得的温度值按一定比例的加权平均值，可以反映出环境温度对人体生理影响的程度。它主要有以下三种表示方法：1）湿－黑－干球温度（WGBT）；2）湿－黑球温度（WBGT）；3）湿－干球温度（WD）。

此外，美国气象局制定的温湿指数（THI）也用来表示生理热环境指标。

（3）操作温度（OT）。工作环境中的温度值。

4.2　温室效应

4.2.1　温室效应的定义

温室效应（greenhouse effect）是指能透射阳光的密闭空间由于与外界缺乏热交换而形成的保温效应，是大气保温效应的俗称。太阳短波辐射可以透过大气射入地面，而地面增暖后放出的长波辐射却被大气中的二氧化碳等物质所吸收，从而使地表与低层大气变暖的效应。如果大气不存在这种效应，那么地表温度将会下降约33℃或更多。反之，若温室效应不断加强，全球温度也必将逐年持续升高。

4.2.2　温室效应原理

地球大气层的长期辐射平衡状况如图4-2所示。太阳总辐射能量（240W/m²）和返回太空的红外线的释放能量应该相等。其中约1/3（103W/m²）的太阳辐射会被反射而余下的会被地球表面所吸收。此外，大气层的温室气体和云团吸收及再次释放出红外线辐射，使得地面变暖。其实温室效应是一种自然现象，自从地球产生以后，就一直存在于地球上。如果地球没有大气层的保护，在太阳辐射能量的平衡状态下，地球表面的平均温度约为-18℃，比目前地表的全球平均气温15℃低了许多。大气的存在使地表气温上升了约33℃，温室效应是造成此结果的主要原因。大气层中的许多气体几乎不吸收可见光，但对地球放射出去的长波辐射却具有极好的吸收作用。这些气体允许约50%的太阳辐射穿越大气被地表吸收，但却拦截几乎所有地表及大气辐射出去的能量，减少了能量的损失，然后再将能量释放出来，使得地表及对流层温度升高。大气放射出的辐射不但使地表升温，而且在夜晚继续辐射，使地表不致因缺乏太阳辐射而变得太冷。而月球没有大气层，从而无法产生温室效应，导致月球上日夜温差达数十度。其实温室效应不只发生在地球，金星及火星大气的成分主要为二氧化碳，金星大气的温室效应高达523℃，火星则因其大气太薄，其温室效应只有10℃。

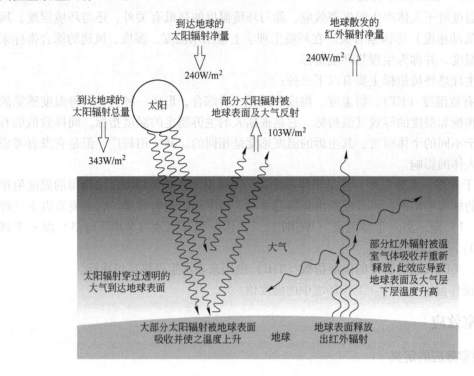

图4-2 地球大气层热量辐射平衡图

4.2.3 温室效应的加剧

地球大气的温室效应创造了适宜于生命存在的热环境。如果没有大气层的存在，地球也将是一个寂静的世界。除 CO_2 外，能够产生温室效应的气体还有水蒸气、甲烷、氧化亚氮（N_2O）及臭氧、SO_2、CO 以及非自然过程产生的氟氯碳化物（CFCs）、氢氟化碳（HFCs）、过氟化碳（PFCs）等。每一种温室气体对温室效应的贡献是不同的。HFCs 与 PFCs 吸热能力最大；甲烷的吸热能力超过二氧化碳 21 倍；而氧化亚氮的吸热能力比二氧化碳的吸热能力高 270 倍。然而空气中水蒸气的含量比 CO_2 和其他温室气体的总和还要高出很多，所以大气温室效应的保温效果主要还是由水蒸气产生的。但是有部分波长的红外线是水蒸气所不能吸收的，二氧化碳所吸收的红外线波长则刚好填补了这个空隙波长。

水蒸气在大气中的含量是相对稳定的，而二氧化碳的浓度却不然。自从欧洲工业革命以来，大气中二氧化碳的浓度持续攀升，究其原因主要有森林大火、火山爆发、发电厂、汽机车排出的尾气，而由于化石类矿物燃料的燃烧排放的 CO_2 却占有最大的比例，全球由于此种原因平均每天产生的温室气体达到 6000 多万吨，这是"温室效应"加剧的主要原因。在欧洲工业革命之前的一千年，大气中 CO_2 的浓度一直维持在约 $280mL/m^3$（即一百万单位体积的大气气体中含有 280 单位体积的二氧化碳）。如图 4-3 所示，工业革命之后大气中 CO_2 含量迅速增加，1950 年之后，增加的速率更快，到 1995 年大气中 CO_2 浓度已达到 $358mL/m^3$。自 18 世纪以来，大气中的 CO_2 含量已经增加30%，达到150 年以来的最高峰，而且还以每年 0.5% 的速度继续增加。随着大气中 CO_2 浓度的不断提高，更多的能量被保存到地球上，加剧了地球升温。

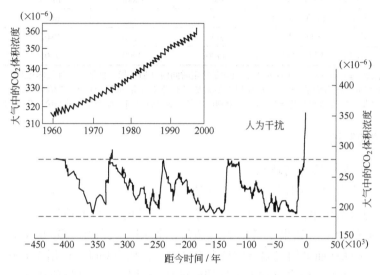

图 4-3   近代全球气温变化与 CO_2 和 CH_4 含量的关系

近年来地球变暖的结果并不只是因为大气中 CO_2 浓度的提高所引起的，其他温室气体的作用也是一个重要因素。在谈到温室效应时，常常会谈及二氧化碳，只是因为这其中 CO_2 的影响性较大而已（它在大气中的浓度是不断上升的）。虽然其他的温室气体在大气中的浓度比二氧化碳要低很多，但它们对红外线的吸收效果要远好于 CO_2，所以它们潜在的影响力也是不可低估的。

温室气体在大气中的停留时间（即生命期）都很长，见表 4-2。二氧化碳的生命期未能确定（为 50~200 年）、甲烷为 12 年、氧化亚氮为 114 年、氟氯碳化物（CFC-12）为 100 年等。这些气体一旦进入大气，几乎无法进行回收，只有依靠自然分解过程让它们逐渐消失。因此温室效应气体的影响是长久的而且是全球性的。从地球任何一个角落排放至大气中的温室效应气体，在它的生命期中都有可能到达世界各地，从而对全球气候产生影响。因此，即使现在人类立即停止所有人造温室气体的产生、排放，但从工业革命以来，累积下来的温室气体仍将继续发挥它们的温室效应，影响全球气候达百年之久。

表 4-2   各温室气体致全球变暖的潜能

温室气体	留存期/年	全球变暖潜能[①]		
		20 年	100 年	500 年
二氧化碳（CO_2）	未能确定	1	1	1
甲烷（CH_4）	12	62	23	7
一氧化二氮（N_2O）	114	275	296	156

温室气体		留存期/年	全球变暖潜能①		
			20 年	100 年	500 年
氯氟碳化合物（CFCs）	$CFCl_3$（CFC-11）	45	6300	4600	1600
	CF_2Cl_2（CFC-12）	100	10200	10600	5200
	$CClF_3$（CFC-13）	640	10000	14000	16300
	$C_2F_3Cl_3$（CFC-113）	85	6100	6000	2700
	$C_2F_4Cl_2$（CFC-114）	300	7500	9800	8700
	C_2F_5Cl（CFC-115）	1700	4900	7200	9900

① 全球变暖潜能（global warming potential），也就是特定时间内（通常指一百年）每种气体相对于 CO_2 所造成的暖化影响。如甲烷的变暖潜能是 23（代表 1t 甲烷所造成的暖化效应是同量 CO_2 的 23 倍），氧化亚氮的变暖潜能是 296，以及其他含氟气体变暖潜能甚至超过 10000。（资料来自政府间气候变化委员会第三份评估报告，2001）

4.2.4　温室效应理论

4.2.4.1　辐射对流平衡理论

由于动力、热力的种种原因，大气一直处在不停的运动中。一方面以 CO_2 为代表的温室气体有一定的增温作用，另一方面，大气湍流又有利于热量的传导，这两种作用的叠加结果才是对环境的影响。如果不考虑大气湍流的作用，大气中 CO_2 从 $150mL/m^3$ 增加到 $300mL/m^3$ 时，全球地面平均气温就应该上升 3.8℃；从 $300mL/m^3$ 增至 $600mL/m^3$ 时，平均气温应该上升 3.6℃。而当叠加上大气湍流的影响结果时，这两种情况下的增温值分别为 2.8℃ 和 2.4℃，所以大气湍流对全球变暖的抑制作用也是不能忽略的，这也是自然系统进行自我调整的一种表现形式。

4.2.4.2　冰雪反馈理论

这一理论是由前苏联学者俱姆·布特克于 1969 年提出的。冰雪覆盖的地表对太阳辐射的反射能力要比陆地或其他的地表类型要大得多。由于温室效应导致的全球变暖的结果，势必会造成一部分冰雪消融，从而减少地表冰雪的覆盖面积，降低冰雪对太阳辐射的反射作用，从而地球将会获得更多的太阳辐射，加剧大气层的温室效应，结果地表温度会继续升高，从而导致冰雪的进一步大量消融，这是一个大家都不愿意看到的大自然的正反馈的结果。有人曾经估算过，如果大气中 CO_2 的浓度达到 $420mL/m^3$ 时，冰雪将会从地球上消失；反之，如果大气中 CO_2 的浓度降低到 $150mL/m^3$，地球将会完全被冰雪覆盖而变成一个冰雪的世界；如果今后大气中 CO_2 的含量以每年 $0.7mL/m^3$ 的速率增加的话，到 21世纪的中叶，地球上冰雪的覆盖面积将会降低一半以上，这将会对人类生存的地球环境产生不可估量的影响。

4.2.4.3　反射理论

大气中 CO_2 含量的增加，将会增大大气的浑浊度，这势必会加强大气对太阳辐射的反射能力，从而减少地表吸收的太阳辐射入射能量，这样大气中 CO_2 含量的增加，不但不会使地表增温反而会引起其温度下降。这也是许多大气学家的观点。

4.2.5　全球变暖

由于大气层温室效应的加剧，已导致了严重的全球变暖的发生，这已是一个不争的事实。全球变暖已成为目前全球环境研究的一个主要课题。已有的统计资料表明，全球温度在过去的 20 年间已经升高了 0.3 ~ 0.6。全球变暖会对已探明的宇宙空间中唯一有生命存在的地球环境产生非常严重的后果：

（1）冰川消退，海平面升高。根据上面的冰川反馈理论可知，温室效应导致的气温上升和冰川消退之间是一种正反馈的关系。长期的观测结果表明，由于近百年来海温的升高，海平面已经上升了 2 ~ 6cm。由于海洋热容量大，比较不容易增温，陆地的气温上升幅度将会大于海洋，其中又以北半球高纬度地区上升幅度最大，因为北半球陆地面积较大，从而全球变暖对北半球的影响更大。已有的统计资料表明，格陵兰岛的冰雪融化已使全球海平面上升了约 2.5cm。冰川的存在对维持全球的能量平衡起到至关重要的作用，对于全球液态水量的调节也起到决定性的作用。

全球变暖的直接后果便是高山冰雪融化、两极冰川消融、海水受热膨胀，从而导致海平面升高，再加上近年来由于某些地区地下水的过量开采造成的地面下沉，人类将会失去更多的立足之地。有关资料表明，自 19 世纪以来，海平面已经上升了 10cm 以上。据预测，依照现在的状况，到 21 世纪末，海平面将会比现在上升 50cm，甚至更多。

而如两极的冰川持续消融的话，将导致海平面上升，进一步导致低地被淹、海岸侵蚀加重、排洪不畅、土地盐渍化和海水倒灌等问题，其所带来的后果对地球上的生命将会是致命的，而且也是难以预知的。

（2）气候带北移，引发生态问题。全球变暖将导致北半球气候带将北移，若物种迁移适应的速度落后于环境的变化速度，则该物种可能濒于灭绝；病虫分布区扩大、生长季加长、繁殖代数增加，年中危害期延长，加重农林灾害。

全球变暖将会使多种已灭绝的病毒细菌死灰复燃，使已经控制的有害微生物和害虫得以大量繁殖，人类自身的免疫系统也将因此而降低，从而对地球生命系统和生态系统构成极大的威胁。

（3）加重区域性自然灾害。全球变暖会加快、加大海洋的蒸发速度，同时改变全球各地的雨量分配结果。研究表明，在全球变暖的大环境下，陆地蒸发量将会增大，这样世界上缺水地区的降水和地表径流都会减少，会变得更加缺水，从而给那些地区人们的生产生活带来极大的用水困难，加重地区旱灾和土地荒漠化的速度。而雨量较大的热带地区，如东南亚一带降水量会更大，从而加剧洪涝灾害的发生，这些都是局部区域气候异常、自然灾害加重的表现。目前，世界土地沙化的速率是每年 60000km^2。

（4）危害人类健康。温室效应导致极热天气出现频率增加，使心血管和呼吸系统疾病的发病率上升，同时还会促进流行性疾病的传播和扩散，威胁人类健康。

已有的研究表明，地球演化史上曾多次发生变暖 - 变冷的气候波动，但都是由人类不可抗拒的自然力引起的，而这一次却是由于人类活动引起的大气温室效应加剧导致的，因此其后果也是不可预知的，但无论如何都会给地球生命系统带来灾难。

4.2.6　温室效应的综合防治

温室效应的综合防治可从以下几方面入手：

（1）控制温室气体的排放。控制矿物燃料的使用量，调整能源结构，提高能源利用率；有效控制 CO_2 排放量，这需要世界各国协调保护与发展的关系，主动承担其责任，并互相合作、联合行动。

自 20 世纪 80 年代末期以来，在联合国的组织下召开了多次国际会议，形成了两个最重要的决议。

（2）增加温室气体的吸收。保护森林资源，植树造林提高森林覆盖面积，有效提高植物对 CO_2 的吸收量。森林植被可以防风固沙、滞留空气中的粉尘，进一步抑制温室效应。加强二氧化碳固定技术的研究。

（3）适应气候变化的对策。培育农林作物新品种、调整农业生产结构。规划和防止海岸侵蚀的工程。加强温室效应和全球变暖的机理及其对自然界和人类的影响研究。控制人口数量、加强环境保护的宣传教育。

4.3 热岛效应

4.3.1 城市热岛效应现象

城市热岛效应（urban heat island effect）是指城市中的气温明显高于外围郊区的现象。在近地面温度图上，郊区气温变化很小，而城区则是一个高温区，就像突出海面的岛屿，由于这种岛屿代表高温的城市区域，因此就被形象地称为城市热岛。

据气象观测资料表明，城市气候与郊区气候相比有"热岛"、"浑浊岛"、"干岛"、"湿岛"、"雨岛"等五岛效应，其中最为显著的就是由于城市建设而形成的"热岛"效应。城市热岛效应早在 18 世纪初首先在伦敦发现。国内外许多学者的研究已表明：城市热岛强度是夜间大于白天，日落以后城郊温差迅速增大，日出以后又明显减小。中国观测到的热岛效应最为严重的城市是上海和北京；世界最大的城市热岛是加拿大的温哥华与德国的柏林。

城市热岛效应使城市年平均气温比郊区高出 1℃，甚至更多，见表 4-3。夏季，城市局部地区的气温有时甚至比郊区高出 6℃以上。此外，城市密集高大的建筑物阻碍气流通行，使城市风速减小。由于城市热岛效应，城市与郊区形成了一个昼夜相反的热力环流。如上海市，每年气温在 35℃以上的高温天数都要比郊区多出 5～10 天以上。这当然与城区的地理位置、城市规模、气象条件、人口稠密程度和工业发展与集中的程度等因素有关。日本环境省 2002 夏季发表的调查报告表明，日本大城市的热岛效应在逐渐增强，东京等城市夏季气温超过 30℃的时间比 20 年前增加了 1 倍。这份调查报告指出，在东京，1980 年夏季气温超过 30℃的时间为 168h，2000 年增加到 357h，东京 7～9 月份的平均气温升高了 1.2℃。

表 4-3 世界主要城市与郊区的年平均温差 （℃）

城 市	温 差	城 市	温 差
纽 约	1.1	巴 黎	0.7
柏 林	1.0	莫斯科	0.7

4.3.2 城市热岛效应的成因

城市热岛效应是人类在城市化进程中无意识地对局地气候所产生的影响，是人类活动对城市区域气候影响中最为典型的特征之一，是在人口高度密集、工业集中的城市区域，由人类活动排放的大量热量与其他自然条件因素综合作用的结果。图4-4所示为城市热岛效应形成模式。

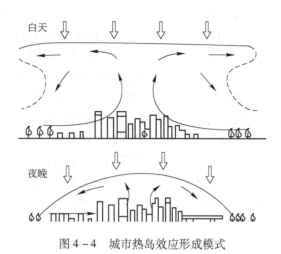

图4-4 城市热岛效应形成模式

随着城市建设的高度发展，热岛效应也变得越来越明显。究其原因，主要有以下五方面：

（1）城市下垫面（大气底部与地表的接触面）特性的影响。城市内大量的人工构筑物如混凝土、柏油地面、各种建筑墙面等，改变了下垫面的热属性，这些人工构筑物吸热快、传热快，而热容量小，在相同的太阳辐射条件下，它们比自然下垫面（绿地、水面等）升温快，因而其表面的温度明显高于自然下垫面。白天，在太阳的辐射下，构筑物表面很快升温，受热构筑物面把高温迅速传给大气；日落后，受热的构筑物仍缓慢向市区空气中辐射热量，使得近地气温升高。如夏天，草坪温度32℃、树冠温度30℃的时候，水泥地面的温度可以高达57℃，柏油马路的温度更是高达63℃，这些高温构筑物形成巨大的热源，烘烤着周围的大气和我们的生活环境。

（2）人工热源的影响。工业生产、居民生活制冷、采暖等固定热源，交通运输、人群等流动热源不断向外释放废热。城市能耗越大，热岛效应越强。美国纽约市2001年生产的能量约为接收太阳能量的1/5。

（3）日益加剧的城市大气污染的影响。城市中的机动车辆、工业生产以及大量的人群活动产生的大量的氮氧化物、二氧化碳、粉尘等物质改变了城市上空大气的组成，使其吸收太阳辐射和地球长波辐射的能力得到了增强，加剧了大气的温室效应，引起地表的进一步升温。

（4）高耸入云的建筑物造成近地表风速小且通风不良。城市的平均风速比郊区小25%，城郊之间热量交换弱，城市白天蓄热多、夜晚散热慢，加剧城市热岛效应。

（5）城市中绿地、林木、水体等自然下垫面的大量较少，加上城市的建筑、广场、道路等构筑物的大量增加，导致城区下垫面不透水面积增大，雨水能很快从排水管道流失，可供蒸发的水分远比郊区农田绿地少，消耗于蒸发的潜热也少，其所获得的太阳能主要用于下垫面增温，从而极大地削弱了缓解城市热岛效应的能力。

4.3.3 城市热岛效应带来的影响

城市热岛效应带来的影响主要有以下几方面：

（1）城市热岛效应的存在使得城区冬季缩短，霜雪减少，有时甚至出现城外降雪城内雨的现象（如上海1996年1月17日至18日），从而可以降低城区冬季采暖能耗。

（2）夏季，城市热岛效应加剧城区高温天气，降低工人工作效率，且易造成中暑甚至死亡。医学研究表明，环境温度与人体的生理活动密切相关，环境温度高于28℃时，人就有不舒适感；温度再高就易导致烦躁、中暑、精神紊乱；如果气温高于34℃加之频繁的热浪冲击，还可引发一系列疾病，特别是使心脏、脑血管和呼吸系统疾病的发病率上升，死亡率明显增加。此外，高温还加快光化学反应速率，从而使大气中O_3浓度上升，加剧大气污染，进一步伤害人体健康。例如，1966年7月9～14日，美国圣路易斯市气温高达38.1～41.4℃，比热浪前后高出5.0～7.5℃，导致城区死亡人数由原来正常情况的35人/天陡增至152人/天。1980年圣路易斯市和堪萨斯市，两市商业区死亡率分别升高57%和64%，而附近郊区只增加了约10%。

（3）城市热岛效应会给城市带来暴雨、飓风、云雾等异常的天气现象，即"雨岛效应"、"雾岛效应"。夏季经常发生市郊降雨，远离市区干燥的现象。对美国宇航局"热带降雨测量"卫星观测数据的分析显示，受热岛效应的影响，城市顺风地带的月平均降雨次数要比顶风区域多28%，在某些城市甚至高出51%。他们还发现，城市顺风地带的最高降雨强度，平均比顶风区域高出48%～116%，这在气象学上被称为"拉波特效应"。拉波特是美国印第安纳州的一个处于大钢铁企业下风向的一个城镇，因此而命名。例如，2000年上海市区汛期雨量要比远郊多出50mm以上。而城市雾气则是由工业、生活排放的各种污染物形成的酸雾、油雾、烟雾和光化学雾的集合体，它的增加不仅危害生物，还会妨碍水陆交通和供电。例如，2002年的冬天，整个太原城100天的冬季，其中50天是雾天。

（4）热岛效应会加剧城市能耗，增大其用水量，从而消耗更多的能源，造成更多的废热排放到环境中去，进一步加剧城市热岛效应，导致恶性循环。城市热岛反映的是一个温差的概念，原则上来讲，一年四季热岛效应都是存在的，但是，对于居民生活和消费构成影响的主要是夏季高温天气下的热岛效应。为了降低室温和提高空气流通速度，人们普遍使用空调、电扇等电器装置，从而加大了耗电量。例如，目前美国1/6的电力消费用于降温目的，为此每年需付400亿美元。

（5）形成城市风。由于城市热岛效应，市区中心空气受热不断上升，周围郊区的冷空气向市区汇流补充，城乡间空气的这种对流运动，被称为"城市风"，在夜间尤为明显。而在城市热岛中心上升的空气又在一定高度向四周郊区冷却扩散下沉以补偿郊区低空的空缺，这样就形成了一种局地环流，称为城市热岛环流。这样就使扩散到郊区的废气、烟尘等污染物质重新聚集到市区的上空，难于向下风向扩散稀释，加剧城市大气污染。

4.3.4 城市热岛效应的防治

城市中人工构筑物的增加、自然下垫面的减少是加剧城市热岛效应的主要原因，因此在城市中通过各种途径增加自然下垫面的比例，便是缓解城市热岛效应的有效途径之一。

城市绿地是城市中的主要自然因素，因此大力发展城市绿化，是减轻热岛影响的关键措施。绿地能吸收太阳辐射，而所吸收的辐射能量又有大部分用于植物蒸腾耗热和在光合作用中转化为化学能，从而用于增加环境温度的热量大大减少。绿地中的园林植物通过蒸腾作用，不断地从环境中吸收热量，降低环境空气的温度。每公顷绿地平均每天可从周围环境中吸收 81.8MJ 的热量，相当于 189 台空调的制冷作用。园林植物光合作用吸收空气中的二氧化碳，1hm² 绿地每天平均可以吸收 1.8t 的二氧化碳，削弱温室效应。

研究表明：城市绿化覆盖率与热岛强度成反比，绿化覆盖率越高，则热岛强度越低，当覆盖率大于 30% 后，热岛效应将得到明显的削弱；覆盖率大于 50% 时，绿地对热岛的削减作用极其明显。规模大于 3hm² 且绿化覆盖率达到 60% 以上的集中绿地，基本上与郊区自然下垫面的温度相当，即消除了城市热岛效应，在城市中形成了以绿地为中心的低温区域，成为人们户外游憩活动的优良环境。例如，在新加坡、吉隆坡等花园城市，热岛效应基本不存在。深圳和上海浦东新区绿化布局合理，草地、花园和苗圃星罗棋布，热岛效应也小于其他城市。

除了绿地能够有效缓解城市热岛效应之外，水面、风等也是缓解城市热岛的有效因素。水的热容量大，在吸收相同热量的情况下，升温值最小，表现为比其他下垫面的温度低；水面蒸发吸热，也可降低水体的温度；合理规划城市布局，确保"城市风道"；改变建筑材料和热学特性；革新设计，降低城市建筑密度；采用高反射能素材、涂料；采用透水性、保水性铺修；风能带走城市中的热量，地面洒水等方法也可以在一定程度上缓解城市热岛效应。

4.4 环境热污染及其防治

随着科技水平的不断提高和社会生产力的不断发展，工农业生产和人们的生活都取得了巨大的进步，这其中大量的能源消耗（包括化石燃料和核燃料），不仅产生了大量的有害及放射性的污染物，而且还会产生二氧化碳、水蒸气、热水等一些污染物，它们会使局部环境或全球环境增温，并形成对人类和生态系统的直接或间接、及时或潜在的危害。这种日益现代化的工农业生产和人类生活中排放出的废热所造成的环境污染，即为热污染。热污染一般包括水体热污染和大气热污染。目前，噪声污染、水污染、大气污染已被人们所重视，而对于热污染，人们却几乎熟视无睹。

4.4.1 热污染的成因

热环境的改变基本上都是由人类活动引起的。人类活动主要从以下三个方面影响热环境。

（1）改变了大气的组成。

1）大气中 CO_2 含量不断增加。1991 年联合国向国际社会披露了二氧化碳排放量占全球总排放量最多的 5 个国家：美国 22%、前苏联 18%、日本 4%、德国 3%、英国 2%，并强调指出："地球气温上升，五大国要负责。"而事实上 1997 年的调查表明，美国对全球气温变暖应负最大责任的比例远不止 22%。

2）大气中微细颗粒物大量增加。随着城市的加速发展，机动车保有量增加和重工业日趋严重，使得我国部分城市大气污染正从单一的煤烟型污染向复合型空气污染转型，以细粒子（PM2.5）为特征的二次污染呈加剧态势。2010 年 PM2.5 监测试点的年均值为 0.047mg/m³，超出世界卫生组织推荐的发展中国家最宽松限值要求的 35%。京津冀、长三角、珠三角等区域每年出现灰霾污染的天数达 100 天以上，个别城市甚至超过 200 天。因此，在 2013 年 9 月 10 日国务院发布的《大气污染防治行动计划》中提出，到 2017 年，全国地级及以上城市可吸入颗粒物浓度比 2012 年下降 10% 以上，优良天数逐年提高；京津冀、长三角、珠三角等区域细颗粒物浓度分别下降 25%、20%、15% 左右，其中北京市细颗粒物年均浓度控制在 60μg/m³ 左右。大气中微细颗粒物质对环境有变冷变热双重效应：颗粒物一方面会加大对太阳辐射的反射作用，同时另一方面也会加强对地表长波辐射的吸收作用，究竟哪一方面起关键作用，主要取决于微细颗粒物的粒度大小、成分、停留高度、下部云层和地表的反射率等多种因素。

3）对流层中水蒸气大量增加。

4）臭氧层破坏。

（2）改变了地表形态。

1）农牧业大发展造成自然植被的严重破坏。

2）飞速发展的城市建设减少了自然下垫面。

3）石油泄漏改变了海洋水面的受热性质。

（3）直接向环境释放热量。能源未能有效利用，余热排入环境后直接引起环境温度升高；根据热力学原理，转化成有用功的能量最终也会转化成热，而传入大气。

4.4.2 水体热污染

由于人类活动向自然水体排放温水，使水体温度升高到有害程度，影响到水生生物生长，最后降低水体功能的现象就称为水体热污染。

4.4.2.1 水体热污染的热量来源

水体热污染的热量来源主要是工业冷却水，其中以电力工业为主，其次为冶金、化工、石油、造纸和机械行业，此外还有核电站。

4.4.2.2 水体热污染的危害

水体热污染会影响水质和水，导致水生生物种群的变化，加快生化反应速度，破坏水产品资源，影响人类生产和生活，危害人类健康甚至会增强温室效应。

4.4.2.3 水体温度升高的标准

我国水体温度升高的标准可参见《地表水环境质量标准》（GB 3838—2002），周平均最大升温不大于 1℃。

4.4.2.4 水体热污染的防治

（1）技术途径。改进冷却方式，减少温排水；废热水的综合利用；废热水的技术标准化。

（2）废热水的综合利用。将冷却水引入养殖场可用于鱼、虾或贝类的养殖；通过热回收管道系统将废热输送到田间土壤或直接利用废热水进行灌溉可在温室中种植蔬菜或花卉等。将废热水引入污水处理系统中可提高污水处理效果，也可将冷却水引入水田以调节水温，或排入港口或航道以防止结冰；利用废热水可以在冬季供暖，而在夏季则作为吸收型空调设备的能源。

通过上述方法，可以对热污染起到一定的防治作用。但由于对热污染的研究还不充分，防治方法还存在很多问题，因此有待进一步探索提高。

（3）废热水的技术标准化。有关部门应尽快制定水温排放标准，同时将热污染纳入建设项目的环境影响评价中。同时各地方部门需加强对受纳水体的管理，如禁止在河岸或海滨开垦土地、破坏植被，通过植树造林避免土壤侵蚀等对水体热污染的综合防治也具有重要意义。

4.4.3 大气热污染

能源是社会发展和人类进步的命脉。随着能源消耗的加剧，越来越多的副产物 CO_2、水蒸气和颗粒物质被排放到大气中。水蒸气吸收从地面辐射的紫外线，悬浮在空气中的微颗粒物吸收从太阳辐射来的能量，加之人类活动向大气中释放的能量，使得大气温度不断升高，即为大气污染。

不会引起全球气候变化的环境可吸收废热的上限值并不为人们所知。一些科学家曾提出过不应超过地球表面太阳总辐射能力的1%（$24W/m^2$）的说法，然而目前有不少地区，尤其是大城市和工业区排放的热量已经超过了这个数值。虽然这些地区表现了与周围环境不同的气候特征，其影响面积依然是相对较小的，并没有引起全球性的气候变化。全球不同地区及城市人为废热排放量见表4-4。

表4-4 不同地区及城市人为废热排放量

地区及城市	面积/km^2	人为废热排放量/$W \cdot m^{-2}$
全球平均	500×10^6	0.016
陆地表面	150×10^6	0.054
美国西部	7.8×10^6	0.24
美国东部	0.9×10^6	1.1
前苏联	22.4×10^6	0.05
波士顿-华盛顿	87×10^2	4.4
莫斯科	0.88×10^2	127
曼哈顿	0.06×10^2	630

4.4.3.1 大气热污染引起局部天气变化

（1）减少太阳到达地球表面的辐射能量，降低大气可见度排放到大气中的各类污染物对太阳辐射都有一定的吸收和散射作用，从而降低了地表太阳的入射能量。污染严重的情况下，可减少40%以上。又由于热岛效应的存在，导致污染物难以迅速扩散开来，积存在大气中形成烟雾，增强了大气的浊度，降低了空气质量，降低了可见度。

（2）破坏降雨量的均衡分布。大气中的颗粒物对水蒸气具有凝结核、冻结核的作用。一方面热污染加大了受污染的大工业城市的下风向地区的降水量（拉波特效应）；另一方面，由于增大了地表对太阳能的反射作用，减少了吸收的太阳辐射能量，使得近地表上升气流相对减弱，阻碍了水蒸气的凝结和云雨的形成，加之其他因素，导致局部地区干旱少雨，导致农作物生长歉收。例如 20 世纪 60 年代后期，非洲大陆因旱灾 3 年大饥荒，死 200 万人；在埃塞俄比亚、苏丹、莫桑比克、尼日尔、马里和乍得等 6 个国家的 9000 万人口中，有 2500 万人面临饥饿和死亡的威胁。

（3）加剧城市的热岛效应。城市热岛效应和大气热污染之间是一种相辅相成的关系，随着大气热污染的加剧，城市会变得更"热"。

4.4.3.2　大气污染引起全球气候变化

目前，还缺少大气热污染对全球气候影响的实际观测资料，还不能具体确定其对自然环境可能造成的破坏作用及其可能产生的深远影响。然而已有明确的观测资料表明大量存在于大气中的污染物改变了地球和太阳之间的热辐射平衡关系，虽然这种影响尚小。曾有人指出，地球热量平衡的稍有干扰，将会导致全球平均气温 2℃ 的浮动。无论是平均气温低 2℃——冰河期，还是平均气温高 2℃——无冰期的发生对于脆弱的地球生命系统来讲都将是致命的。冰河期是指地球气候受到影响后，气温降低，而导致极地冰盖范围增大。从而冰反射来自太阳的辐射热量增强，使得地球温度进一步降低，进而导致冰盖范围进一步扩大。这种正反馈现象，最终将导致"全球冰河化"即地球完全被冰盖所包围的现象发生。

（1）加剧 CO_2 的温室效应。空气中含有二氧化碳，而且在过去很长一段时期中，含量基本上保持恒定。这是由于大气中的二氧化碳始终处于"边增长、边消耗"的动态平衡状态、大气中的二氧化碳有 80% 来自人和动植物的呼吸、20% 来自燃料的燃烧。散布在大气中的二氧化碳有 75% 被海洋、湖泊、河流等地面的水及空中降水吸收溶解于水中。还有 5% 的二氧化碳通过植物光合作用，转化为有机物质储藏起来。这就是多年来二氧化碳占空气成分 0.03%（体积分数）始终保持不变的原因。

但是近几十年来，由于人口急剧增加，工业迅猛发展，呼吸产生的二氧化碳及煤炭、石油、天然气燃烧产生的二氧化碳，远远超过了过去的水平。而另一方面，由于对森林乱砍滥伐，大量农田建成城市和工厂，破坏了植被，减少了将二氧化碳转化为有机物的条件。再加上地表面水域逐渐缩小，降水量大大降低，减少了吸收溶解二氧化碳的条件，破坏了二氧化碳生成与转化的动态平衡，就使大气中的二氧化碳含量逐年增加。空气中二氧化碳含量的增长，就使地球气温发生了改变。

（2）大气中颗粒物对气候的影响。到目前为止，近地层大气中的颗粒物主要还是自然界火山爆发的尘埃颗粒以及海水吹向大气中的盐类颗粒，有人类活动导致的大气中颗粒物的增加量尚少，且只是作为凝结核促进水蒸气凝结成云雾，增强空气的浑浊度。

1）平流层中的大量颗粒物的存在，将会增强对太阳辐射的吸收和反射作用，减弱太阳向对流层和地表的辐射能量，导致平流层能量聚集，温度升高。1963 年，阿贡山火山大喷发造成大量尘埃进入平流层，导致平流层中的同温层立即温升 6~7℃，多年以后，该层温升仍高达 2~3℃ 的事实充分证明了这一点。

2）对流层中大量存在的颗粒物，对太阳和地表辐射都既有吸收又有反射作用，从而其对近地层的气温的影响，目前还缺少统一的说法。

4.4.3.3　大气热污染的防治

（1）植树造林，增加森林覆盖面积。绿色植物通过光合作用吸收 CO_2 放出 O_2。

$$CO_2 \xrightarrow{\text{植物光合作用}} O_2$$

根据化学式，植物每吸收44gCO_2，释放32 gO_2。据试验测定，每公顷森林每天可以吸收大约1tCO_2，同时产生0.73tO_2。据估算，地球上所有植物每年为人类处理 CO_2 近千亿吨。此外，森林植被能够防风固沙、滞留空气中的粉尘，每公顷森林可以年滞留粉尘2.2t，降低环境大气含尘量50%左右，进一步抑制大气升温。

（2）提高燃料燃烧的完全性，提高能源的利用率，降低废热排放量。目前我国的能源利用效率只是世界平均水平的50%，存在着极大的能源浪费现象。研究开发高效节能的能源利用技术、方法和装置，任重而道远。

（3）发展清洁型和可再生性能源，减少化石性能源的使用量。清洁型能源的开发使用时清洁生产的主要内容。所谓清洁型能源就是指它们的利用不产生或者极少产生对人类生存环境的污染物。下面介绍几种新能源和可再生性能源：1）太阳能。太阳向外的电磁波辐射。2）风能。空气流动的动能。3）地热能。地球内部蕴藏的能量。4）生物质能。通过生物转化法、热分解法和气化法转化而成的气态、液态和固态燃料所具有的能量。5）潮汐能。由于天体间的引力作用导致的海水的上涨和降落携带的动能和势能。6）水能。自然界的水由于重力作用而具有的动能和势能。

（4）保护臭氧层，共同采取"补天"行动。世界环境组织已将每年的9月16日定为国际保护臭氧层日。严格执行《保护臭氧层维也纳公约》和《关于消耗臭氧层物质的蒙特利尔议定书》等国际公约。国家和欧盟等国家决定，自2000年起，停止产生氟利昂。中国从1998年起，将实施《中国哈龙行业淘汰计划》，到2006年和2010年底，分别停止哈龙1211和1301生产。

环境热污染的研究属于环境物理学的一个分支。由于它刚刚起步，许多问题还不十分清晰。随着现代工业的发展和人口的不断增长，环境热污染势必日趋严重。为此，尽快提高公众对环境热污染的重视程度，制定环境热污染的控制标准，研究并采取行之有效的防治热污染的措施方为上策。

参 考 文 献

［1］国发［2013］37号文件《大气污染防治行动计划》.

［2］李连山，杨建设，等. 环境物理性污染控制工程［M］. 武汉：华中科技出版社，2009.

［3］孙兴滨，闫立龙，张宝杰，等. 环境物理性污染控制［M］. 北京：化学工业出版社，2010.

［4］左玉辉. 环境学［M］. 北京：高等教育出版社，2010.

［5］竹涛，徐东耀，于妍. 大气颗粒物控制［M］. 北京：化学工业出版社，2013.

［6］陈杰瑢. 物理性污染控制［M］. 北京：高等教育出版社，2007.

［7］王玉梅. 环境学基础［M］. 北京：科学出版社，2010.

［8］王艳娟. 电磁污染和热污染的防治［J］. 民营科技，2012（12）：187.

［9］寿亦萱，张大林. 城市热岛效应的研究进展与展望［J］. 气象学报，2012，70（3）：338～353.

［10］孟博. 热污染对水生生态系统的影响［J］. 环球市场信息导报，2013（4）：82.

［11］金百慧. 温室气体的危害与防治［J］. 科海故事博览·科技探索，2012（9）：102～103.

[12] 王俊松，贺灿飞. 能源消费、经济增长与中国 CO_2 排放量变化 [J]. 长江流域资源与环境，2010，19 (1)：18 ~ 23.

[13] 刘玉庚. 浅析全球温室效应原因与减缓温室效应的方法 [J]. 科学导报，2013 (4)：229.

[14] 张庆国，杨书运，刘新，徐丽. 城市热污染及其防治途径的研究 [J]. 合肥工业大学学报（自然科学版），2005，28 (4)：360 ~ 363.

[15] 何强，井文涌，王翊亭. 环境学导论 [M]. 北京：清华大学出版社，2004.

[16] 鞠美庭，邵超峰，李智. 环境学基础 [M]. 北京：化学工业出版社，2010.

5 环境光污染及其防治

随着生活水平的日益提高，人们的日常活动也变得越来越丰富，活动范围从室内扩大到室外，活动时间从白天延长到夜晚。在这转变的过程中，人们借助光源获得了更为舒适和美好的生活环境。但是人们在享受灯火辉煌的同时，却发现眼睛如果长期处于强光和弱光的条件下，视力就会受到损伤。而光源的不恰当使用或者灯具的光线欠佳也会对人们的生活和生产环境产生不良的影响。之前我国的一项研究结果表明，导致学生近视率普遍提高的主要原因是由于视觉环境受到污染，而并不是通常所说的用眼不当。因此本章以环境光学为依据，从光度学、色度学、生理光学、物理光学、建筑光学等学科的角度来研究适宜人类生存的环境，分析光污染的产生原因、存在类型、危害和防治方法，以避免光污染对人类的危害。

5.1 光环境

光环境是物理环境中的又一个组成部分。对建筑物来讲，光环境是由光照射于其内外空间所形成的环境。因此光环境形成一个系统，包括室外光环境和室内光环境。前者是在室外空间由光照射而形成的环境。它的功能是要满足物理、生理（视觉）、心理、美学、社会（指节能、绿色照明）等方面的要求。后者是在室内空间由光照射而形成的环境。同样，它的功能是要满足物理、生理（视觉）、心理、人体功效学及美学等方面的要求。

光环境和空间两者有着互相依赖、相辅相成的关系。空间中有了光，才能发挥视觉功效，能在空间中辨认人和物体的存在；同时光也以空间为依托显现出它的状态、变化（如控光、滤光、调光、混光、封光等）及表现力。

另外，在室内空间中光通过材料形成光环境，如光通过透光、半透光或不透光材料形成相应的光环境。此外，材料表面的颜色、质感、光泽等也会对光环境产生影响。

5.1.1 人与光环境的关系

视觉是人类获取信息的主要途径，在人类的生活中75%以上的信息来自视觉，在外界条件中光是与视觉直接联系的，也就是说人是通过视觉器官来体验光环境，来感觉周围世界、获取信息。

人体对外界的反应是靠分布在视网膜上的感光细胞起作用的。每当外界环境发生变化，视网膜上的感光细胞的化学组成也发生变化，主要体现在杆状感光细胞和锥状感光细胞的不同作用。杆状感光细胞只能在黑暗的环境中起作用，要达到其最大的适应程度需要30min左右。而锥状感光细胞只有在明亮的环境中起作用，达到其最大适应程度只需要几分钟。与此同时，在明亮的环境下锥状感光细胞能分辨出物体的细部和颜色，并能对光环境的明暗变化产生快速的反馈，使视觉尽快适应。而杆状感光细胞仅能看到黑暗环境中的物体，不能分辨物体的具体细部和颜色特征，对光环境的明暗变化反应比较缓慢。通过以上的理论就能正确地解释为什么人从阳光下走进昏暗影剧院时很难辨明自己的方位，几乎什么也看不见。而过一段时间才相对好些，但是也很难看到物体的细部。

由于人的身体结构的限制，人的视野范围也受到一定的限制。产生的主要原因是各种感光细胞在视网膜上的分布，人的眼眶、眉、面颊的影响。人双眼直视时的视野范围是：水平面 180°、垂直面 130°左右，其中上仰角度为 60°左右、下倾角度为 70°左右。在这个范围内存在一个最佳视觉区域，就是人的视野范围中心 30°左右的区域，人的视觉最清楚，是观察物体总体的最佳位置。同时人的视觉具有向光性，也就是说人总是对视野范围内最明亮的、色彩最丰富的或者对比度最强的部分最敏感。

人的视觉活动和人的其他所有知觉一样，外界环境对神经系统进行刺激，更主要的是大脑对刺激进行分析的同时进行判断并产生反馈，因此人们的视觉不仅是"看"的问题，同时也包含着"理解"的成分。所以光环境与人们的工作效率的关系是对生理和心理同时作用的结果。

5.1.1.1 光环境和生理反应的关系

A 视力与光环境的关系

视觉形成的步骤如下：

（1）光源（如太阳和灯）发出的光；

（2）外界物体在光源的照射下产生反射，通过反射光的不同产生颜色、明暗程度和形体的不同，形成二次光源；

（3）二次光源（反射光）的不同强度、颜色的光信号进入人的眼睛内，经过瞳孔，通过眼球的调节，最终落到视网膜上并成像；

（4）视网膜在物像的刺激下产生脉冲信号，经过视神经传输给大脑，通过大脑的解读、分析、判断从而产生视觉。

明视觉：光线通过瞳孔到达视网膜，分布在视网膜上的锥状感光细胞对于光线不是十分敏感，在亮度高于 $3cd/m^2$ 的水平时才能充分发挥作用。

暗视觉：杆状感光细胞对于光非常敏感，能够感光的亮度阈限为 $10^{-8} \sim 0.03cd/m^2$。在暗视觉的条件下，景物看起来总是模糊不清，灰蒙蒙一片。

中间视觉：当亮度处于 $0.03 \sim 3cd/m^2$ 之间时，眼睛处于明视觉和暗视觉的中间状态。当亮度超过 $106cd/m^2$ 时，人的视觉就难以忍受，视网膜就会由于辐射过强而受到损伤。

从光环境和生理反应的关系可以看出，人的视力是随着亮度的变化而变化的。在一般亮度的情况下随着亮度的增加而提高，但是到了约 $3000cd/m^2$ 时开始出现下降的趋势，随着亮度的增加会使人感到刺眼从而导致视力下降，如图 5-1 所示。在进行环境的设计时应该保证一定的亮度，但不要一味地追求高亮度。

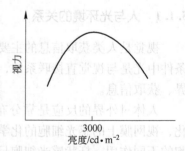

图 5-1 亮度与视力的关系

B 识别力与光环境的关系

眼睛对物体的识别主要是由目标物体的亮度 $B_{目标物}$ 和目标物所处环境背景的亮度 $B_{背景}$

的差与环境背景亮度之比 C 决定的。

$$\Delta B = B_{目标物} - B_{背景} \qquad\qquad (5-1)$$

$$C = \frac{\Delta B}{B_{背景}} \qquad\qquad (5-2)$$

C 值越大，人的眼睛越容易识别到。所以在相同的照度条件下，在白纸上的黑字和不同颜色（绿、黄、红、蓝等）的字的清晰度是不同的。因为白纸的反射率极高，而黑色的反射率低，产生的亮度差与其他颜色在白纸上所产生的亮度差相比最大，从而导致白纸黑字最清晰。这是利用目标物和背景的反射率不同产生的亮度差别进行判断的，同时存在物体本身与其在定向光进行照射时产生的光影的亮度差的对比。

在不同的亮度下人眼睛所能识别到的最小亮度差 ΔB_{min} 与 B 之比为亮度识别阈值。亮度不同，亮度识别阈值也不同，亮度识别阈值的大小代表着在该亮度下物体的识别难易程度。

5.1.1.2 光环境与视觉心理的关系

人对环境的认识，不但是生理的过程，同时也是心理过程。从视觉心理上讲，要提高工作的效率就要求工作环境能够提供使注意力集中在目标物体上的光。不同的光环境对人的注意力的集中是有一定的影响的。每当我们进入一个色彩斑斓的环境空间，由于装饰绚丽夺目，同时存在各种引人注目的物体和图形，这样就会产生强烈的对比和亮度的突出，从视觉心理角度讲就会使人不自觉地将注意力投向这些地方，假如在这种光环境下进行要求高度集中注意力的工作如看书、学习，注意力就不容易集中，会影响工作的效率。在光环境学中称这种影响注意力的视觉信息为视觉 "噪声"，因此在建筑环境的设计中要注意避免声学的 "噪声" 同时也要注意避免光学的 "噪声"。例如，图书馆阅览室的周围环境不能设计得太豪华，应该注意相对恬静；在舞厅、夜总会等休闲场所，灯光要尽量绚丽多彩，分散人们的注意力从而放松精神。又如乒乓球室、台球室，也是要将光主要投射在桌面及周围落球的区域内，这除了考虑节能外，也能让运动员将精力集中在球上。

光线的好与坏会影响人对外界环境的认识，主要是影响人主动探索信息的过程。人每到一个新环境，总会情不自禁的环顾周围，明确自身所在的位置以及外界是否对自己有不良的影响。如果这些信息由于光线的影响不能明确，就会使人烦躁不安，所以在环境的设计中既要创造使人能集中注意力的光环境，一方面要降低目标物体周围的亮度，同时也不能太暗，使人能够明确自己的空间存在位置，看清周围的物体。房间的灯为什么是白色或者明亮的颜色，而不是用深颜色或者黑色的，这里不仅包含美学，同时也包含光学。

从以上光与生理和心理关系的分析可知，在我们生活的空间中既要尽可能地创造满足生理视觉需要的光环境，提高视觉和识别能力，同时也要创造适合不同工作需要的心理因素的光环境，满足人的视觉心理。如果能满足两者的共同需求，就会给人的生理健康和心理健康提供保障，提高工作效率。

5.1.2 光源及其类型

光源指自身正在发光，且能持续发光的物体。生活中光源分为天然光源和人工光源。有些物体，如月亮，本身比不发光，而是反射太阳光才被人看见，所以月亮不是光源。

5.1.2.1 天然光源

在大自然中，太阳光由两部分组成。一部分是一束平行光，这部分光的方向随着季节及时间作规律的变化，称为直射阳光。其比例随太阳高度与天气而变化，天气愈晴，太阳的高度角愈高，直射阳光所占的比例愈高。另一部分是整个天空的扩散光。下面从太阳光的光波波长角度来分析直射阳光和扩散光。太阳辐射的光波波长范围在 $0.2 \sim 0.3\mu m$ 之间，其中 $0.2 \sim 0.38\mu m$ 是紫外线、$0.38 \sim 0.78\mu m$ 是可见光、$0.78 \sim 3\mu m$ 是红外线。关于能量，紫外线为 3%、可见光为 44%、红外线最多占 53%。不同波长的光所起的作用如图 5-2 所示。

图 5-2 中横坐标代表波长，纵坐标代表光强。图中①是从太阳到达大气层的光强，在这里分为两部分，阴影部分代表由水蒸气、二氧化碳、臭氧、尘埃和灰粒等引起的反射、散射、折射和吸收所导致的损失，这部分光被转变成为太阳光的扩散光，使天空具有亮度；②是可以到达地球表面的光强；③是可见光的波长范围。从图 5-2 中可以看出，大部分到达地球表面的光分布在可见光的波长范围内。因此环境光学研究的主要内容是可见光对人类的影响。

图 5-3 为可见光谱能量的相对分布图。由图可见，日光光谱的能量比较均匀，因此人类眼睛能感觉到的可见光是"白色"的，正是因为这个原因，在日光下观察物体才能看到它的天然颜色。

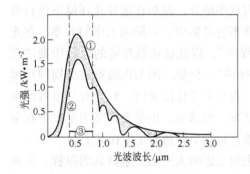

图 5-2 不同波长的光的作用

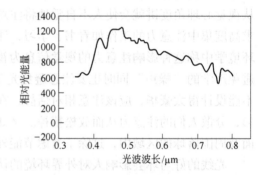

图 5-3 可见光谱能量的相对分布图

直射阳光由于强度高，变化快，容易产生眩光或者室内过热，因此在一些车间、计算机房、体育比赛场馆及一些展室中往往需要遮蔽阳光，这样在采光计算中就忽略了阳光的奉献。但是直射阳光也存在着很多优点，如能促进人的新陈代谢、杀菌，因而能带来生气，给人增添情调、感受阳光明媚的大自然。所以在一些特定的场所，如学校、医院、住宅、幼儿园、度假村等建筑中对直射阳光有一定的要求，要有建筑中庭或者大厅。同时多变的直射光也可以表现建筑的艺术氛围、材料的质感，对渲染环境气氛都有很大的影响。

天空的散射光是比较稳定、柔和的，建筑的采光模式就是以此为依据的，因此在决定建筑的采光时要明确天空的亮度。天空的亮度是与天气情况息息相关的，同时也与季节的变化有关。当天空非常晴朗时亮度大约为 $8000cd/m^2$，略阴时约为 $4700cd/m^2$，浓雾天气约为 $6000cd/m^2$，全阴浓云天气约为 $800cd/m^2$。

天空的亮度与地面的照度直接相关。首先来看亮度在天空中的分布，亮度的分布随着天气的变化而异，同时与大气的透明度、太阳与地面的夹角有关。最亮的位置在太阳附近；随着距离的变远，亮度减小，在与太阳位置成90°角处达到最低。在全阴天时，看不到太阳。这时天顶亮度最大，近地面亮度逐渐降低，变化规律近似为：

$$L_\theta = \frac{1 + 2\sin\theta}{3} \times L_z \tag{5-3}$$

式中，L_θ 为离地面 θ 角处的天空亮度；L_z 为天顶亮度；θ 为计算天空亮度处与地平面的夹角。

美国国家标准局1983年推荐的天顶亮度的经验公式为：

晴朗天空 $\qquad L_z = 0.1593 + 0.0011h_s^2 \tag{5-4}$

全阴天空 $\qquad L_z = 0.123 + 10.6\sin h_s \tag{5-5}$

式中，L_z 为天顶亮度，kcd/m^2；h_s 为太阳高度角。

照度同天空亮度、太阳高度角和大气的透明度有关。普通晴天，大气的透明度为2.75。晴天时直射日光在地面上产生的照度为 E_s、晴天天空扩散光在地面上产生的照度为 E_a^c、全阴天天空扩散光在地面上产生的照度为 E_a^0，它们的计算式分别为：

$$E_s = 130\sin\nu \exp\left(\frac{-0.2}{\sin\nu}\right) \times 10^3 \tag{5-6}$$

$$E_a^c = (1.1 + 15.5\sin^{0.5}\nu) \times 10^3 \tag{5-7}$$

$$E_a^0 = (0.3 + 21\sin\nu) \times 10^3 \tag{5-8}$$

式中，E_s 为直射日光在地面上产生的照度，lx；E_a^c 为晴天天空扩散光在地面上产生的照度，lx；E_a^0 为全阴天天空扩散光在地面上产生的照度，lx；ν 为太阳高度角；$\exp\left(\frac{-0.2}{\sin\nu}\right)$ 为 $T=2.75$ 时，采用的大气透过函数。

由于影响室外地面照度的因素包括太阳高度、云状、云量、日照率、地面反射状况等，各地区室外光照也不相同。我国四川盆地日照最低，原因是该地区云量多，且多属低云，年平均照度20klx；最高的地区是在西藏高原，最高处超过30klx。因此，不同区域采光面积应有差别，照度小的地方则需扩大采光口，照度大的区域采光面积可以适当减少一些。

5.1.2.2 人工光源

虽然天然光是人们在长期生活中习惯的光源，而且充分利用天然光还可以节约常规的能源，但是目前人们对天然光的利用还受到时间及空间的限制，如天黑以后，以及距采光口较远、天然光很难达到的地方，都需要人工光源来补充。

自1879年爱迪生发明电灯后人类步入了以电光源作为人工照明的新时代。一个多世纪以来照明技术的发展和成就，对人类社会的物质产生、生活方式和精神文明的进步都产生了深远的影响。

A 电光源的类型

现代照明用的电光源分为两大类：白炽灯和气体放电灯。白炽灯发出的光是电流通过灯丝，将灯丝加热到高温而产生的，因此白炽灯也称为热辐射电源。气体放电灯是利用某些元素的原子被电子激发而产生光辐射的电源，称为冷光源。气体放电灯又可按照它所含气体压力分为低压气体放电灯和高压气体放电灯。近年来，欧美国家习惯用灯的发光管壁负荷对气体放电灯进行分类：凡管壁负荷大于3W/cm² 的称为高强度气体灯，简称HID

灯，包括高压汞灯、金属卤化物灯、高压钠灯等。电光源的选用主要根据其多种性能指标及使用场合的特点和要求确定。图 5-4 所示为电光源的种类。

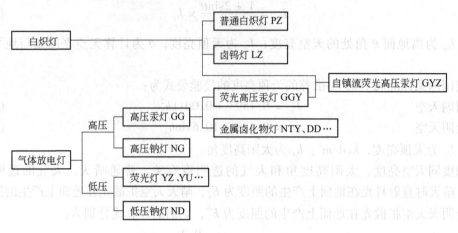

图 5-4 电光源的种类

a 白炽灯

最简单的白炽灯就是给灯丝导通足够的电流，灯丝发热至白炽状态，就会发出光亮。该光源灯丝为细钨丝线圈，为减少灯丝的蒸发，灯泡中充入氩气作为保护气。炽灯因其显色性好、价格低廉、使用方便，得到了广泛的应用。但具有能量转换效率低、使用寿命短等缺陷。近些年来新出现的涂白白炽灯和氪气白炽灯等使发光效率提高，寿命延长。

b 弧灯

弧灯是通常实验所选用的电源。两根钨丝电极密封在玻璃管或者石英管的两端，阴极周围为一池水银（汞）。当两个电极接上电源时，再将管子倾斜，直至水银与两电极接触，一些水银开始蒸发；当管子回复到原来直立位置时，电子和水银正离子保持放电。水银在低压时，其原子发射一种只有黄、绿、蓝和紫色的特征光。用滤光器吸收黄光，并用黄玻璃滤光器吸收蓝光和紫光，剩下的是很窄的波带所组成的强烈绿光，它的平均波长为546nm。由于汞弧灯的绿光由极窄的波带组成，因此发出的光近似于单色光。

c 碳弧灯

碳弧灯是利用两根接触的碳棒电极在空气中通电后分开时所产生的放电电弧发光的电光源。将碳棒接到 110V 或者 220V 的直流电源上，使两根碳棒短暂接触，然后拉开，这时正极碳棒上强烈的电子轰击使其端部形成极为炽热的焰口，其光源温度可达 4000℃ 左右。碳弧灯的工作电流大约为五十到几百安培。碳弧灯的光谱含有很强的紫外辐射，应注意防护，还需常调节距离，操作强度大，光色不理想。除原有的大功率探照灯外，现几乎都被短弧氙灯和金属卤化物灯取代。

d 钠弧灯

钠弧灯是利用钠蒸气放电发光的电光源，电极密封在管内，其灯管用特种玻璃制成，不会受钠的侵蚀。每一电极是一发射电子的灯丝，以通过惰性气体来维持放电。当管内温度升高到某一数值时，钠蒸气气压升高到足以使相当多的钠原子发射出钠的特征黄光，这种黄光对眼睛没有色差，视敏度也较高。钠灯经济耐用，可以作为路灯使用。

e 荧光灯

荧光灯即低压汞灯，它是利用低气压的汞蒸气在放电过程中辐射紫外线，从而使荧光粉发出可见光的放电灯。荧光灯是由一根充有氩气和微量汞的玻璃管构成的，灯内装有两个灯丝，灯丝上涂有电子发射材料三元碳酸盐（碳酸钡、碳酸锶和碳酸钙）在交流电压的作用下，灯丝交替地作为阴极和阳极。灯管内壁涂有荧光粉，通电后灯管内液态汞蒸发成汞蒸气。在电场作用下，汞原子不断从原始状态被激发成激发态，继而自发跃迁到基态，并辐射出波长253.7nm 和185nm 的紫外线，这些紫外线被涂在玻璃管内部的荧光粉所吸收，荧光粉吸收紫外线的辐射能后发出可见光。荧光粉不同，发出的光线也不同，这就是荧光灯可做成白色和各种彩色的原因，如红光可由硼酸镉为荧光粉、绿光对应硅酸锌等、混合物可以发出白光。由于荧光灯所消耗的电能大部分用于产生紫外线，因此荧光灯的发光效率远比白炽灯和卤钨灯高，是目前最节能的电光源。

B 电光源的主要技术参数

a 寿命

光源的寿命又称光源寿期，一般以小时计算。光源寿期通常有两个指标：有效寿命和平均寿命。

（1）有效寿命。该指标通常用于荧光灯和白炽灯，指灯开始点燃至灯的光通量衰减到一定数值（通常是开始规定的光通量的70%～80%）时的点灯时数。

（2）平均寿命。该指标通常用于高强度的放电灯，通常用一组灯来做实验，将灯点燃到其中50% 的灯失效（另50% 为完好的）时所经历的点灯时数。

b 光通量

光通量指人眼所能感觉到的辐射能量，它等于单位时间内某一波段的辐射能量和该波段的光谱光视效率的乘积。光通量表征灯的发光能力，能否达到额定光通量是看一个灯质量的最主要的评价标准，以流明（lm）为单位。由于人眼对不同波长光的光视效率不同，所以不同波长光的辐射功率相等时，其光通量并不相等。光谱光视效率曲线如图5-5 所示。

c 发光效率

发光效率简称光效，表示发光体把受激发时吸收的能量转换为光能的能力，即指电光源所发出的光通量与其所消耗的电功率的比值，单位是流明/瓦（lm/W）。

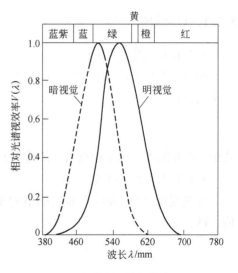

图5-5 光谱光视效率曲线 $V(\lambda)$

d 亮度

亮度指发光体在视线方向单位面积上的发光强度，亮度以 cd/m^2 表示。

e 显色系数

显色系数是表示光源显色性能的指标。它是指在光源照到物体后，与参照光源相比（多以日光或接近日光的人工光源为参照光源），对颜色相符程度的度量参数。

f 光源的色表

光源的色表就是光源的颜色，简称光色，会直接作用人的心理，有冷和暖的区别，它们是以色温或者相关色温为指标。色温低为暖光，色温高为冷光。室内照明按照 CIE 的标准分为三类，见表 5-1。

表 5-1 灯的色表类别

色表类别	色 表	相关色温/K
住宅、特殊作业、寒冷地区	暖	≤3300
工作房间	中间	3300~5300
高照度水平、热带地区	冷	≥5300

g 光源的启动性能

光源的启动性能是指灯的启动和再启动特性，用启动和再启动所需要的时间来度量。光源的发光需要一个逐渐由暗变亮的过程，有的时间长，有的时间短。另外有一些光源熄灭后不能马上启动，要等到光源完全冷却以后才能再次启动，所以选择光源的时候要有所区别。

h 环境适应能力

环境适应能力主要是指电压波动、温度剧变对光源的影响。

5.2 照明单位及度量

5.2.1 照明单位

5.2.1.1 照度（E）

照度（E）表示被照面上的光通量密度，即光通量（F）与受照面积（A）的比值，定义式为：

$$E = \frac{F}{A} \tag{5-9}$$

式中，E 为照度，lx（勒克斯，简称勒）；F 为光通量，lm；A 为受照射的面积，m^2。

5.2.1.2 发光强度（I）

发光强度（I）表示光通量的空间密度，即光通量（F）与入射光立体角（ω）的比值，即：

$$I = \frac{F}{\omega} \tag{5-10}$$

式中，I 为发光强度，cd（坎德拉）；F 为光通量，lm；ω 为入射光立体角。

立体角（ω）的含义为球的表面积 S 对球心所形成的角，即以表面积 S 与球的半径平方之比来度量。

5.2.1.3 亮度（B）

亮度（B）表示发光体在视线方向单位面积上的发光强度，设一个面光源的面积为 S′，照在这个面积上的光源发光强度为 I，则：

$$B = \frac{I}{S'} \tag{5-11}$$

当光源发光强度的单位取 cd、光源的面积单位取 m^2 时，亮度 B 的单位为 nt（尼特）。

5.2.1.4 辐照（R）

辐照（R）定义为单位面积上的散射光的强度（单位为亚熙提，asb），即：

$$R = \frac{F}{S} \tag{5-12}$$

式中，S 为散射光的发光表面（或反射光表面）的面积，m^2；F 为光通量，lm。

换算为照度的标准公式为：

$$R = \rho E \tag{5-13}$$

式中，ρ 为接受光照的表面（反射光的表面）的反射率，%；E 为接受光照的照度（光照射于受照面积表面上的照度）。

5.2.2 照度和明度的测量单位及定义

（1）流明（lm）。光通量单位，一个均匀的具有强度为 1cd 的点光源，在一个单位立体角中所产生的光通量。

（2）勒（lx）。照度单位，即 lm/m^2，即每平方米面积上光通量为 1lm 的照度（与光源的距离无关）。

（3）坎德拉（cd）。发光强度的单位，在 1m 距离上，每平方米面积所测得的全部光通量为 1lm 的光强度。

（4）流明/英尺^2（lm/ft^2）。也是照明的单位，与 lx 的换算为：$1lm/ft^2 = 10.764lx$。

（5）尼特（nt）。亮度的单位，等于 cd/m^2，即光的强度为 1cd，照在一个平面上的光通量为光源的亮度。

（6）熙提（st）。亮度单位，即 cd/cm^2。

（7）亚熙提（asb）。辐照的单位 lm/m^2，一个均匀的漫散射光在单位面积上的强度。

（8）郎（L）。辐照单位，一个均匀的漫散射光，强度为 $1lm/cm^2$。

（9）英尺－朗（ft－L）。亮度的单位，一个均匀的漫散射光，强度为 $1lm/cm^2$。1 英尺－朗 = 1.0764 毫朗。

（10）楚兰德（Troland）。视网膜照度单位，等于一个光子照射于视网膜上的照度。

5.2.3 测量仪器

5.2.3.1 亮度计

测量光环境的亮度或者光源的亮度主要有两种亮度计。一种是适用于被测目标较小或者距离较远的透镜式亮度计，如图 5－6 所示。这类亮度计设有目视系统，便于测量人员精确的瞄准被测目标。辐射光由物镜接收并成像于带孔反射板，辐射光在带孔反射板上分成两部分：一部分经反射镜反射进入目视系统；另一部分通过积分镜进入光探测器。

另一种为适用于测量面积较大，亮度较高目标的遮筒式亮度计，其构造如图 5－7 所示。

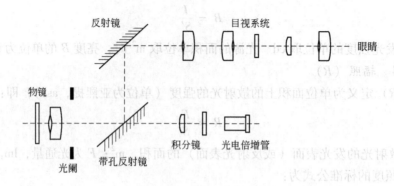

图 5 - 6 透镜式亮度计

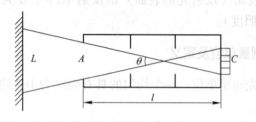

图 5 - 7 遮筒式亮度计

筒的内壁是无光泽的黑色装饰面，同时在筒内还设置了若干个光阑来遮蔽杂散反射光，在筒的一端有一个圆形窗口，面积为 A，另一端设有接受光的光电池 C。通过窗口，光电池可以接受到亮度为 L（cd/m^2）的光源照射。若窗口的亮度为 L，则窗口的光强为 LA，它在光电池上产生的照度 E（lx）为：

$$E = \frac{LA}{l^2} \tag{5-14}$$

因而
$$L = \frac{El^2}{A} \tag{5-15}$$

如果光源和窗口的距离不是很大时，窗口的亮度就等于光源被测部分（θ 角所含面积）的亮度。

5.2.3.2 照度计

照度计（或称勒克斯计）是一种专门测量光度、亮度的仪器，即测量物体表面所得到的光通量与被照面积之比。当光照到光电元件上时就会产生光电效应，不同强度的光照在同一个光电池上产生的电流不同，所以只要观察产生电流的大小就可以判断光的强弱。当光线照射到光电池表面时，入射光透过金属薄膜到达硒半导体层和金属薄膜的分界面上，就会产生光电效应。接上外电路，微电流计就会有电流指示，根据不同照度同其产生的电位差成比例关系来判断照度的大小。根据这个原理设计的照度计就是用硒光电池和微电流计组成，如图 5 - 8 所示。

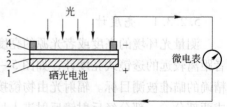

图 5 - 8 硒光电池照度计原理
1—金属底板；2—硒层；3—分界面；
4—金属薄膜；5—集电环

5.3 光污染的危害和防治

5.3.1 光污染的产生和危害

5.3.1.1 光污染的产生

光污染问题最早出现于20世纪70年代，由国际天文界提出，认为是城市夜景照明使天空发亮造成对天文观测的负面影响。后来英、美、德、奥等国将其称为干扰光，日本称为光害。我国理解的光污染是过量的光辐射（包括可见光、红外线和紫外线）对人类生活和生产环境造成不良影响的现象。

尽管不同国家对光污染的定义表述不同，但现代意义上的光污染有狭义和广义之分。狭义的光污染指干扰光的有害影响，其定义是："已形成的良好照明环境，由于溢散光而产生被损害的状况，又由于这种损害的状况而产生的有害影响"。广义光污染指由"人工光源导致的违背人的生理与心理需求或有损于生理和心理健康的现象"。广义光污染与狭义光污染的主要区别在于狭义光污染的定义仅从视觉的生理反应来考虑照明的负面效应，而广义光污染不仅包括了狭义光污染的内容，而且从美学方面以及人的心理需求方面做了拓展。

光污染的主要形式包括眩光、光入侵、溢散光、反射光和天空辉光。

（1）眩光。由于视野中亮度分布或亮度范围不适宜，或存在极端的对比，以致引起不舒适感觉或降低观察细部或目标能力的视觉现象，称为"眩光"。眩光污染是指各种光源（包括自然光、人工直接照射或反射、投射而形成的新光源）的亮度过量或不恰当地进入人的眼睛，对人的心理、生理和生活环境造成不良影响的现象。眩光会使行人或者驾驶员短暂性"视觉丧失"从而引起交通事故。

（2）溢散光。从照明装置散射出并照射到照明范围以外的光线。

（3）反射光。室外照射设施的光线通过墙面、地面或其他被照面反射到周围空间，并对周围人与环境产生干扰的光线。

（4）光入侵。指光投射到了不需要照明的地方，影响了人们的正常生活。如夜间的灯光让人难以入睡，目前世界各国已经有相关的法律来保护人民免受其侵害。

（5）天空辉光。大气中的气体分子和气溶胶的散射光线，反射在天文观测方向形成的夜空光亮现象。

虽然光污染的形式多样，但其都具有两个特点：一是光污染是局部的，随距离的增加而迅速减弱；二是环境中不存在残余物，光源消失，污染立即消失。

5.3.1.2 光污染的危害

光污染按照光波波长不同分为可见光污染、红外线污染和紫外线污染三大类，其对人体产生的危害也各不相同。

A 可见光危害

可见光是自然光的主要部分，也就是常说的七色光组合，其波长范围在390~760mm之间。当可见光的亮度过高或过低、对比度过强或过弱时，长期接触会引起视疲劳，影响身心健康，从而导致工作效率降低。

激光具有指向性好、能量集中、颜色纯正的特点，其光谱中大部分属于可见光的范围。但是由于激光具有高度和强度，会对眼睛产生巨大的伤害，严重时就会破坏机体组织和神经系统，所以在激光使用的过程中要特别注意避免激光污染。

来自于建筑的玻璃幕墙、建筑装饰（高级光面瓷砖、光面涂料）的杂散光也是可见光污染的一部分，由于这些物质的反射系数比一般较暗建筑表面和粗糙表面的建筑反射系数大 10 倍，当阳光照射在上面时，就会被反射过来，对人眼产生刺激。此外，来源于夜间照明的灯光通过直射或者反射进入住户内的杂散光，其光强可能超过人夜晚休息时能承受的范围，从而影响人的睡眠质量，人开着灯睡觉不舒服就是这个原理。

在可见光的污染中，过度的城市照明对天文观测的影响受到人们的普遍重视，国际天文学联合会就将光污染列为影响天文学工作的现代四大污染之一。各种光污染直接作用于观测系统的结果是使观测的数据变得模糊甚至做出错误的判断。

B 红外线危害

自然界中的红外线主要来源于太阳。生活环境中的红外线来源于加热金属、熔融玻璃等生产过程。物体的温度越高，其辐射波长越短，发射的热量就越高。随着红外线在军事、科研、工业等方面的广泛应用，其对人类产生的危害也越来越大。人体受到红外线辐射时会在体内产生热量，造成高温伤害。此外，红外线还会对人的眼睛造成损伤，波长在 750 ~ 1300nm 时会损伤眼底视网膜，超过 1900nm 时就会灼伤角膜，如果长期暴露于红外线下可引起白内障。

C 紫外线危害

自然界中的紫外线来自于太阳辐射，而人工紫外线是由电弧和气体放电所产生。紫外线辐射波长范围在 10 ~ 390nm 的电磁波、长期缺乏紫外线辐射可对人体产生有害影响，比如儿童佝偻病发生最主要的原因就是维生素 D 缺乏症和由于磷和钙的新陈代谢紊乱所导致的。但过量的紫外线将使人的免疫系统受到抑制，从而导致各种疾病的发生。当波长范围在 220 ~ 320nm 时，会导致眼睛结膜炎的出现及白内障的发生，皮肤表面产生水泡和皮肤表面的损伤，类似一度或者二度烧伤。此外，当紫外线作用于大气的污染物 HC 和 NO_x 时，就会发生光化学反应产生光化学烟雾，也会对人体健康造成间接危害。

5.3.2 光污染的防治

光污染已经成为现代社会的公害之一，引起政府及专家的足够重视，为了更好地控制和预防光污染的出现，应从光源入手，预防为主，来改善城市环境质量。一般从以下几方面采取措施来防治光污染。

（1）夜景照明光污染防治。夜景照明主要指广场、机场、商业街和广告标志以及城市市政设施的景观照明。夜景照明的防治主要通过合理的设计照明手法，采用截光、遮光、增加折光隔棚等措施以及应用绿色照明光源等措施来进行光污染防治。

（2）交通照明光污染防治。交通照明光污染包括道路照明光污染和汽车照明光污染。针对道路照明光污染要实行灵活限制开关制度，选择合适的灯具和布灯方式。而对于汽车照明光污染要规范车灯的使用，以强化自我保护意识，尽量减少光污染。

（3）工业照明光污染防治。要加强施工现场管理，处理好各方面的矛盾，对有红外线和紫外线污染的场所采取必要的安全防护措施，以保护眼部和裸露皮肤勿受光辐射的影响。

（4）建筑装饰光污染防治。建筑装饰光污染主要来源于玻璃幕墙和建筑物装修材料。

玻璃幕墙反射引起的光污染，可通过控制玻璃幕墙的安装地区，限制安装位置和安装面积，并且玻璃幕墙的颜色要与周围环境相协调。选择建筑物装饰材料时也要服从环境保护要求，尽量选择反射系数低的材料，而不要用玻璃、大理石、铝合金等反射系数高的材料。

（5）彩光污染防治。彩光污染主要来源于商业街的夜间照明，因此夜间照明不能太多，要关闭夜间广场和广告板等设备的照明。因此如能对各娱乐场所实行申报登记制度和排污收费制度，将光污染列为收费项目，就能达到对彩光污染的有效控制。

（6）其他防治措施。通过提高市民素质，加强城市绿化，尽量使用"生态颜色"以减轻噪光这种都市新污染的危害。

5.4 眩光的产生、危害、防治

根据光波波长的不同，光污染可分为可见光污染、红外线污染和紫外线污染。而可见光污染中的眩光污染是城市中光污染的最主要形式，因此本小节对眩光的产生、危害及防治进行叙述。

5.4.1 眩光的概念

眩光是指"一种由于视野中的亮度分布或亮度范围的不适宜，或存在极端的对比，以致引起不舒适感，或降低观察细部与目标能力的视觉现象"。从上述定义中可知，眩光是一种视觉条件，是与物理、生理、心理都有关系的研究对象。而这种视觉条件的形成是由于亮度分布不适当，或亮度变化的幅度太大，或空间、时间上存在着极端的对比，以致引起不舒适或降低观察重要物体的能力，或同时产生上述两种现象。在建设环境设计中，为了满足人们生活、工作、休息、娱乐等方面的要求，要很好地处理影响环境的各项因素，这些因素主要是所观察物体与周围环境的亮度对比、光源表面或灯具反射面的亮度绝对值以及光源大小。为避免日光的直射或过量光源引起的炫目现象，就要采取限制或防止眩光的措施。

5.4.2 眩光的几种分类

5.4.2.1 按眩光的形成机理分类

眩光按形成机理可分为以下四类：

（1）直接眩光。直接眩光是人眼视场内呈现过亮的光源引起的，也就是说在视线上或视线附近有高亮度的光源，这样产生的眩光称为直接眩光。在生活或工作时，直接眩光会严重地妨碍人的视觉功效，因此在进行光环境设计时要尽量设法限制或防止直接眩光。例如，有些施工工地夜晚用投光灯照射，由于灯的位置较低，光投射得较平，对迎面过来的人就会产生眩光，容易发生事故。

（2）间接眩光。间接眩光又称"干扰眩光"，当不在观看物体的方向存在着发光体时，由该发光体引起的眩光为间接眩光。例如，在视野中存在着高亮度的光源，而该光源却不在观察物体的方向，这时它引起的眩光就是间接眩光。

（3）反射眩光。反射眩光是高亮度光源被光泽的镜面材料或半光泽表面反射，而这种反射在作业范围以外的视野中出现时就是反射眩光，也就是说是反射眩光由光滑表面内光源的影像所引起的。反射眩光能降低物体细微部位的分辨能力，因此在进行光环境设计时，必须注意所用材料的表面特性与其产生的反射眩光的关系，并在此基础上慎重选择材料的种类，通过精心设计，防治在室内的各个表面上出现反射眩光。

（4）光幕眩光。光幕反射是指在光环境中由于减少了亮度对比，以致本来呈现扩散反射的表面上，又附加了定向反射，于是遮蔽了要观看的物体细部的一部分或整个部分。

5.4.2.2　按眩光对人的心理和生理的影响分类

按眩光对人的心理和生理的影响可划分为两类：

（1）失能眩光。失能眩光是在视野内使人们的视觉功能有所降低的眩光，出现的原因是由于眼内光的散射，从而使成像的对比度下降，因此也称为生理眩光。在我国习惯上描述这种眩光为失能眩光，而国外，也有人建议称它为减视眩光或减能眩光。人眼的晶状体相当于反射面，从眩光源发出的光线进入眼球，尽管大部分能量是按照入射方向对眩光进行成像，但不可避免地会在眼球内引起散射，这部分光经散射后分布在视网膜上，就像在视场内蒙上了一层不均匀的光幕，如果眩光在眼睛表面形成的照度比目标物体要大得多，那么这种影响还是相当大的。在出现失能眩光时，光分散在眼睛的视网膜内，致使眼睛的视觉受到妨碍。

当人的眼睛遇到一种非常强烈的眩光以后，在一定的时间内完全看不到物体。这种使人的视觉功效显著降低的眩光就是失明眩光，也称闪光盲，很明显失明眩光是失能眩光达到极端的情况。核爆炸后的强烈闪光可使未加防护的飞行人员在短期内无法看清眼前的物体，这是眩光失明的一个典型例子。

在建筑环境中常会遇到失能眩光。比如视野中有过亮的窗、灯光或其他光源时，眼睛必须经过一番努力才会看清楚物体，这是失能眩光正在起着作用。例如，幻灯机在墙上的投影受到旁边强光的干扰而导致成像质量下降的表现，也属于失能眩光的范畴。

等效光幕亮度理论：失能眩光可由眼睛内的散光引起的，因此可用等效光幕亮度来表示。这种等效光幕亮度在视网膜上和影像一起被重叠起来，减少了对象和背景的亮度对比，以致造成失能眩光效应。等效光幕亮度可由式（5－16）表示：

$$L_r = KE\theta^{-n} \qquad\qquad (5-16)$$

式中，L_r 为等效光幕亮度，cd/m^2；E 为眩光光源在眼睛瞳孔平面上产生的垂直照度；θ 为眩光光源的中心和视觉线所成的角度；K、n 为常数，一般情况下，$K = 10\pi$，$n = 2$。该理论将光度和视觉功效合理地连续起来，解释了眩光效应对于生理的关系。

（2）不舒适眩光。不舒适眩光是指在视野内使人们的眼睛感觉不舒适的眩光。这种眩光影响人的注意力，会增加视觉疲劳，但不一定妨碍视觉，可是会在心理上造成不舒适的效果，因此也称为心理眩光。眩光对于心理的影响作用因人而异，即使在相同的条件下，眩光引起的不舒适度也可能是不同的。但一般来说舒适和不舒适之间是有一个界限的，称为 BCD（borderline between comfort and discomfort）。BCD 的判断是一个主观问题，为了将其客观化，有人提出了一个评价方法，称为背景变亮和背景变暗现象感觉法。此方法在试验开始时，使眩光源的亮度与背景亮度相同，然后逐渐增加眩光源的亮度，当亮度增加到一定的程度时，观察者发现背景有些变亮，再继续增加眩光源的亮度达到一定的程度，观察者发现背影变暗，这时的眩光程度就达到了 BCD 的水平。BCD 的确定，可以确定眩光的分级及眩光常数。眩光常数 G 的数学表达式：

$$G = \frac{L_s^a \omega^b}{L_f^c P^d} \tag{5-17}$$

式中，L_s 为眩光亮度；L_f 背景亮度；ω 为眩光源的张角；P 为位置函数；a，b，c，d 为常数，根据不同的人群有不同的取值。G 越大，观察者受眩光的影响越大。

眼睛的不舒适感觉是因为当眩光使眼睛受到过亮的光刺激，在视网膜上呈现出一种感电状态。例如坐在强太阳光下看书或在一间漆黑的房子里看高亮度的电视，当人眼的视野必须在亮度相差很大的环境中相互转换时，就会感到不适。这种不舒适的情况会引起眼的一种逃避动作而使视力下降。在建筑环境中存在着反射眩光，就容易形成不舒适眩光，直接眩光也会形成不舒适眩光。在进行光环境设计时，不舒适眩光出现的概率要比失能眩光多。比如，室内装修或家具的材料本身是光泽的表面，以致形成镜面反射；外墙窗或灯具过亮；灯具设计不良、没有设置遮光角、过亮的大面积光源等，很多情况都可以产生不舒适眩光。因此不舒适眩光比失能眩光更是有待解决的实际问题，在设计时应该随时注意采取限制或防止不舒适眩光的措施。

为了评价眩光对视觉的影响程度，通常对眩光的主观视觉感进行分级。但目前国际上还没有统一的标准，我国结合自己的具体情况提出了以下意见：

1）在制定我国眩光的限制标准时，应得出各种照明条件下眩光源亮度对人们主观感觉的影响，并将这一感觉分级作为制定眩光限制标准的依据；

2）分级的原则应使被测者较容易区别各种主观感觉，以便使各种感觉程度与眩光常数值有准确的对应关系。

5.4.3 眩光及光污染的危害

将眩光的感觉量化，国际上有很多评价指标，总的说来与眩光的感觉和光源的面积、亮度、光线与视线的夹角（仰角）距离及周围背景的亮度有关系：

对眩光的感觉 ∝ 面积 × 亮度² / （仰角² × 距离² × 周围环境亮度$^{0.6}$）。

眩光的出现严重影响视力，轻者降低工作效率、重者则完全丧失视力。

在工业上，车间、实验室、控制室等里面设置了大量机械和设备，需要良好的光环境。在这些工作场所的眩光，一方面会降低视觉功效，导致眼睛疲劳、注意力涣散，不利于识别细微复杂的物体；另一方面使眼睛感到不舒适，造成心绪烦躁、反应迟钝，影响工作效率，甚至造成工伤事故。

在学校教室里，眩光会使上课时不容易看清楚黑板上的内容，影响学生的注意力，降低了学习效率。在住宅、宿舍也应降低眩光，提高工作和生活质量。

一些大型公共建筑，如展览馆、美术馆、体育馆、大型百货公司，为了获得赏心悦目的效果，需要限制或防止眩光。如果这些场所出现眩光，参观者观看很费力，且不容易观察清楚，降低了建筑物的使用价值。

在娱乐场所、舞台、舞厅中，刺眼耀目、令人眼花缭乱的眩光，对人体大脑中枢神经有影响：一些人可在短时间内出现头晕目眩，站立不稳，有相当一部分人易引起头痛、失眠、注意力不集中、食欲下降等神经衰弱症状。舞厅中的黑光灯等灯具，含有相当强度的紫外线，而过强的紫外线对人体皮肤是有害的，还容易引起鼻出血、牙齿脱落、白内障，诱发白血病和皮肤癌。我们在夜晚有这样的感觉，迎面而来的汽车车前灯产生的强光使人睁不开眼睛，一段时间内丧失视力，尤其是骑自行车的人，这段时间内凭感觉骑行，极易造成交通事故。

科学家经过长期的研究和探索，认为人造光源——灯光，对人体健康有一定的影响，以物理学光谱角度，人工灯光显然与自然光不同，故有些电灯光缺乏阳光中的紫外线，有些灯光则紫外线过量。长期在灯光下工作的人，其体内生物钟会受到影响，导致神经衰弱等疾病。现在大部分城市可称不夜城，充斥着路灯、霓虹灯，增加了夜间天空的亮度。它们会影响天文观察，一些低亮度星体的光线被夜间天空的散射光线淹没，从而使能被观察到的星体数剧减。据称即便是 30km 以外的霓虹灯光的闪烁，也足以影响和干扰天文观察的精确度。这一情况，给许多业余天文爱好者带来了困难。

5.4.4 眩光对心理与生理的影响

5.4.4.1 眩光对心理的影响

（1）眩光对舒适度的影响。由于人们的心理状态和所处光环境的不同，眩光对人舒适度的影响是不一样的，其中起主要作用的是人们的心理状态（人们对于这种视觉条件的反映或情绪）。在相同的眩光效果下，由于人们的反应、情绪等原因会有舒适或不舒适的感觉。例如，当人们看到篝火、海水的折射光，甚至钻石的光辉，在心理上会感到舒适，但对妨碍工作的亮光，比如人们在夜晚开车时，突然眼睛被对面开远光灯的车照射，就会感到不舒适。

此外所处的光环境（光源的亮度、大小和其在视野中的位置以及环境亮度等）是眩光对舒适度影响的客观因素。若环境亮度和光源亮度之差越大，眩光效应也就越大，其差越小，眩光效应越不容易发生。因此，在视野中亮度不均匀，就会感到不舒适，如果环境亮度变暗或变亮，就会引起眼睛的适应性问题和相应的心理问题。

（2）眩光对人情绪的影响。人们受到不舒适的眩光后，会感到刺激和压迫，长时间在这种条件下工作或生活，会产生心绪厌烦、急躁不安等情绪，进而使人的精神状态发生变化。例如夜间睡觉时，把灯打开，眼前就会一片白茫茫，严重影响睡眠质量。

5.4.4.2 眩光对生理的影响

眩光中对人的健康影响最大的就是失能眩光。

（1）失能眩光对视觉功效的影响。失能眩光对人眼睛的影响主要是可见度降低，而眼睛的适应度、眩光光源的位置以光幕亮度都是影响可见度降低的因素。当眼睛在适应状态下直接看到高亮度光源时，光刺激使眼睛留有后像，会使可见度减退。在暗适应的情况下，视野内的亮度和高亮度光源的亮度之差越大，可见度降低也就越大。

当要观看的物体接近于视野中心，而且距离很近，这时如果在视野的范围内存在着眩光光源，则被观察物体的亮度与眩光的亮度差大，会降低可见度。

眼睛在有失能眩光的环境中进行视觉工作时，在视野内会产生光幕。光幕是由眩光光源发射的光在眼睛里发生散乱而掩盖视网膜的现象。

（2）失能眩光与年龄的关系。年龄的不同对失能眩光的敏感度也不同，一般随着人的年龄增长，对失能眩光的敏感也越强。年老时眼睛的水晶体减少，会引起光散射，随着年龄的增长光散射会急剧地增加。60 岁的老人体验到的失能眩光为 20 岁的年轻人的 2~3 倍。

（3）失能眩光与健康的关系。人的健康情况不同，所以对失能眩光的敏感度也不相同。有眼疾病的人对于失能眩光的感光性能与正常人是不一样的。尤其是患白内障的人对于失能眩光很敏感。

5.4.5　眩光的防治

为了能采用科学的方法消除眩光污染，就需要了解眩光的性质以及它的评价方法。

5.4.5.1　影响眩光的因素

当直接或通过反射看到灯具、窗户等亮度极高的光源，或者在视野中出现强烈的亮度对比时（先后对比或同时对比），人就会感到眩光。失能眩光、不舒适眩光两种眩光效应多半是同时存在着。但相比较而言，不舒适眩光对人的影响更大，因此不舒适眩光是室内照明设计的一个主要质量评价标准。

对不舒适眩光研究的历史已超过 50 年了，结果产生了预测不同照明条件下是否会产生不舒适眩光的许多方法，这些方法除亮度限制曲线外都采用一个基本相似的公式计算一组照明设施所产生的不舒适感觉，公式虽不同，但对单个光源来讲都具有下列形式，见式（5-18）。该式也体现了不舒适眩光感觉与外界物理因素的关系，而影响眩光的因素如图 5-9 和图 5-10 所示。

$$G = \frac{L_s^a \omega_s^b}{L_f^c f(\theta)} \tag{5-18}$$

式中，G 为表达眩光主观感觉的量值；L_s 为眩光源在观测者眼睛方向的亮度，cd/m^2；ω_s 为眩光源在观测者眼睛形成的立体角；L_f 为观测者视野内的背景亮度，cd/m^2；$f(\theta)$ 为光源对视线形成偏角的一个复合函数，要分别考虑水平偏角与垂直偏角两个分量；a，b，c 为适当的加权指数，每一项的指数在不同公式中是不同的，我国科学工作者研究报告的数字为 $a=1$、$b=0.63$、$c=0.28$。

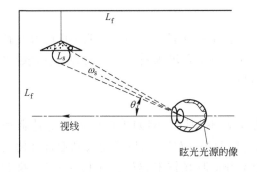

图 5-9　影响眩光的因素

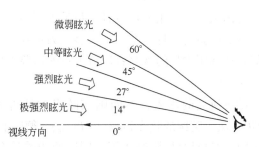

图 5-10　光源位置对眩光的影响

由式（5-18）可知，眩光感觉与光源的亮度、面积成正比，与周围环境亮度成反比，我们可以通过控制上述因子，将眩光降低到允许限度之类。

多个光源产生的总眩光感觉为单个光源的眩光感觉之和，即：

$$G = G_1 + G_2 + G_3 + \cdots + G_n \tag{5-19}$$

5.4.5.2　不舒适眩光的试验研究和评价方法

由式（5-18）可知，不舒适眩光的产生主要由四个因素决定：眩光的亮度 L_s、眩光

源的表现立体角 ω_s、眩光源离开视线的仰角 θ 和眩光源所处的背景亮度 L_f。公式中的常数 a、b、c 用试验的方法来确定。

由于常数的测定带有主观性，因此试验方案也有所不同，但各国的试验方案归纳起来主要有三类：第一类是在实验室内进行单光源和多光源的眩光试验；第二类是规模缩小的模拟试验；第三类是现场实际照明条件下的试验。

第一类单光源眩光试验的具体实验过程如下：在一个长×宽×高为 6.8m×5m×3.2m 的房间内，安装一个均匀的反射白屏，反射白屏高×宽的尺寸为 3.2m×4.66m。屏中心设有视标，屏上方刻出了不同大小和高度的眩光孔，孔的后面设有与屏的漫反射率相同的漫射板。用 1000W 的碘钨灯来对漫反射进行照射，以此在板上形成高亮度反射产生眩光。通过滑轮装置漫射板可以上下移动和水平滑行。全部的照明灯可以通过调压器来改变亮度，还可以通过分路开关来调节背景亮度。

A　试验条件

a　背景亮度

亮度均匀的背景在观察者的视场角中上下各为 51°，左右为 60°~80°。背景的亮度不均匀度上下浮动为 20%。国外的试验背景亮度范围最小为 1cd/m²，最大为 243cd/m²。我国的工厂车间的背景亮度一般在 10cd/m² 以下，试验中可以在此基础上进行适当的选取。

b　眩光源的立体角

国际上研究的眩光源的立体角一般在 1.1×10^{-3} ~ 2.5×10^{-2} sr 之间。我国根据照明条件的实际情况一般选取在 1×10^{-3} ~ 10×10^{-3} sr 之间。

c　眩光源的亮度

国际上眩光源的亮度最高可达 3×10^4 cd/m²，可根据实际情况适当选取。

d　眩光源的位置

国际上研究眩光源与视线之间的夹角一般在 0°~30°范围内。

e　试验中的观察者

各国试验时采用的观察者人数是不同的，大致在 4~50 名范围内。一般选用的都是视力正常的试验者，且男女各半，多数为年轻人。从试验的角度来看，选用的观察者是越多越好，或选用少量的观察者进行大量的试验也可以。

B　眩光的评价方法

随着研究的深入，不同国家眩光的评价方法各不相同。例如美国的视觉舒适概率（VCP）法、英国的眩光指数（GI）法、德国的亮度曲线（LC）法以及澳大利亚标准协会（SAA）的灯具亮度限制法等。国际照明委员会不舒适眩光技术委员会（TC-3.4）推荐的国际通用眩光指数 CGI，作为评价不舒适眩光的尺度，与英国的不舒适眩光指数 GI 是等价的。该指数是国际照明委员会多年的研究成果，这个公式的特点是比较简便，所以得到各个国家的赞同。

a　眩光指数（CGI）法

国际照明委员会以眩光指数（CGI）定量评价不舒适眩光。一个房间内照明装置的眩光指数计算规则是以观察者坐在房间中线上靠后墙位置，平视时作为计算条件。眩光指数可采用下式计算：

$$CGI = 8\lg 2\left(\frac{1 + E_{\mathrm{d}}/500}{E_{\mathrm{i}} + E_{\mathrm{d}}}\sum \frac{L^2 W}{P^2}\right) \qquad (5-20)$$

式中，E_{d} 为全部照明装置在观测者眼睛垂直面上的直射高度，lx；E_{i} 为全部照明装置在观测者眼睛垂直面上的间接高度，lx；W 为观测者眼睛同一个灯具构成的立体角；L 为此灯具在观测者眼睛方向的亮度，cd/m²；P 为考虑灯具在观测者视线相关位置的一个系数。表 5-2 与表 5-3 分别为眩光等级划分以及各种场合允许眩光的最大值。

表 5-2　眩光指数与不舒适感受的关系

眩光等级	眩光效应评价标准	眩光指数	眩光等级	眩光效应评价标准	眩光指数
A	刚好不能忍受	28	C	刚好能够接受	18
B	刚好有不舒适的感觉	22	D	刚刚感觉到	8

表 5-3　室内照明眩光指数极限值

场　所	分　类	眩光指数	场　所	分　类	眩光指数
办公室	一般办公室	19	工厂	粗装配车室	28
	制图室	16		普通加工车间	25
学校	教室	16		精密加工车间	22
医院	病房	13		超精密加工车间	19
	手术室	10			

b　视觉舒适概率（VCP）法

视觉舒适概率（VCP）法是 20 世纪 60 年代 IESNA 根据美国学者 Guth 的研究提出的，是针对不舒适眩光进行评价的方法，此法可用来解决不舒适眩光的限制问题，是一种生理心理指标。对于单独一个眩光源的眩光感觉为：

$$M = \frac{0.5 L_{\mathrm{s}} Q}{P L_{\mathrm{f}}^{0.44}} \qquad (5-21)$$

式中，L_{s} 为眩光源的亮度，cd/m²；L_{f} 为背景亮度，cd/m²；Q 为眩光源立体角的函数；P 为位置函数，即眩光源相对于视线的位置。

该方法有三个基本步骤：首先要考虑单光源下不舒适眩光的感觉指标，即由光源亮度、视野平均亮度、光源表面积及位置指数决定眩光指数 M；其次考虑多光源下不舒适眩光的评价值，也就是将数个灯具的眩光指数集合起来，同时进行眩光的评价；最后用可接受不舒适眩光评价值的观测者数所占的百分率表示视觉舒适程度，即用人数的比率来表示这种照明设备的视觉舒适程度，所以称为视觉舒适概率法。

此外，如果照明装置满足下列三个条件时，一致同意就不存在不舒适眩光问题：

（1）VCP 等于 70 或以上；

（2）灯具的最大亮度与平均亮度之比，无论从横向还是从纵向观看，在与垂直线成 45°、55°、65°、75°和 85°方向上，都不要超过 5∶1；

（3）灯具的最大亮度，无论从横向还是纵向观看时，都不要超过表 5-4 的数值。

视觉舒适概率法可以应用于各种类型的室内照明灯具，也可用于特定的照明布置方式等非标准条件下。它解决了大面积光源不舒适眩光限制的问题，打破了多光源眩光感官指标的叠加概念，是一种独特的评价方法。

表 5-4 观看角度与灯的亮度限值

与下垂线构成的角度/(°)	最大亮度/cd·m⁻²	与下垂线构成的角度/(°)	最大亮度/cd·m⁻²
45	7710	75	2570
55	5500	85	1695
60	3860		

c 亮度限制曲线（LC）法

以上两种方法中多个眩光源的影响，都是将单个眩光源的眩光感觉累计起来的，也就是说考虑整个光环境对于不舒适眩光的影响，而亮度限制曲线法只预测由灯具产生的不舒适眩光。要评价灯具的亮度是否合乎限制眩光的要求，首先要画出灯具的亮度曲线，然后把此曲线放在灯具亮度限制曲线表内进行比较，看是否超出推荐的亮度。眩光感觉程度主要取决于灯具的亮度及其在视野中的位置，但在评价眩光时还应首先了解房间的大小和房间内的照度变化。一般将照度分为 4 级，又按照明质量将眩光分级简化，定为 3 级。根据上述的照度等级和眩光的分级求出亮度的界限，一般使用绘制的图标（见图 5-11）。图中 L 为灯具的亮度，γ 为垂直角，a/h_s 为距高比。

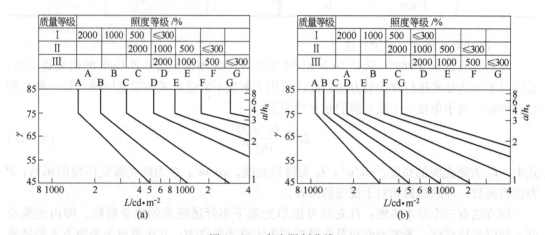

图 5-11 亮度限制曲线
（a）无发光侧边的灯具亮度限制曲线；（b）有发光侧边的灯具亮度限制曲线

d 统一眩光值（UGR）法

原工业和民用照明设计标准规定：室内一般照明的直接眩光是根据亮度限制曲线进行限制的。这种方法只是针对单个灯具的眩光，并不能表征室内所有灯具产生的总的眩光效应。因此，CIE 在综合各国眩光计算公式的基础上提出了一个新的不舒适眩光公式，统一眩光值的计算公式。此式如下：

$$UGR = 8\lg(0.25/L_b) \sum L_s^2 \omega/p^2 \qquad (5-22)$$

式中，UGR 统一眩光值；L_b 为背景亮度；L_s 为眩光源的亮度；ω 为眩光源对观察者眼睛所张的立体角；p 为眩光源的位置函数。

该光源适用于简单的立方体形房间的一般照明设计，在某种意义上说 UGR 系统成功地用数学方法来处理人的感觉。现新标准 GB 50034—2004 中改用了 UGR（统一眩光值）法。

5.4.5.3 消除眩光的措施

在进行室内照明设计时，预防眩光是一个很重要的任务。在环境中眩光主要是直接眩光及反射眩光。反射眩光又分为一次反射眩光及二次反射眩光两种。

A 消除直接眩光的措施

直接眩光就是光源直接将光投入眼帘引起的眩光。消除直接眩光其实就是限制视野内灯或灯具的亮度，要控制光源在 γ 角为 45°~90°范围内的亮度，如图 5-12 所示。

一般通过以下几种方式实现：一是利用材质对光的漫反射和漫透射的特性对光进行重新分配，或靠减小灯光的发光面积来实现；二是减小灯具的功率，或用增加眩光源的背景亮度或作业照度的方法。当周围环境发生较暗时，即使是低亮度的眩光，也会给人明显的感觉。增大背景亮度，眩光作用就会减小。

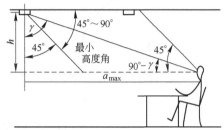

图 5-12 需要限制亮度的照明器发光区域

B 消除反射眩光的措施

a 一次反射眩光

一次反射眩光是指一束强光直接投射到被观看的物体上，如果目标物体的表面光滑，就会产生镜面反射，镜面反射特别容易产生反射眩光。当光源的亮度超过所观看物体的亮度时，所观看物体就被光源的像或者一团光亮所淹没。例如，当电脑显示器在屏幕上映入了照明灯罩和窗户影子的话，影像就会模糊不清。对于这类眩光的防治主要需考虑人的观看位置、光源所在的位置、反射材料所在位置三者之间的角度关系。图 5-13（a）是反射光正好射入观测者眼中引起眩目；图 5-13（b）是通过改变反射面的角度从而改变光线的入射角和反射角，从而使反射光不直接进入人眼；图 5-13（c）通过改变光源的位置使反射光不射入人眼，从而避免眩光的产生。

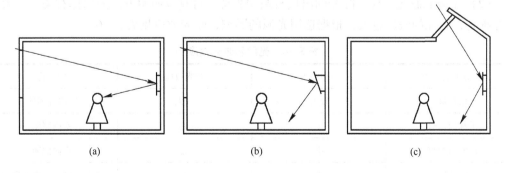

(a) (b) (c)

图 5-13 一次反射眩光的防治情况

b 二次反射眩光

曾遇到过这种情形，当站在一个玻璃的陈列柜前想看陈列品时看见的反而是自己，这种现象称为二次反射眩光。产生这种现象的原因是观察者所处位置的亮度大大超过了陈列品的亮度。因此在设计陈列室时，不要一味追求室内空间的亮度，相反要注意陈列品所在位置的亮度，避免眩光的产生。但是有些场合不便降低观看者所在位置的亮度时，其解决办法一是提高展品的亮度；二是改变橱窗玻璃的倾角和形状以消除眩光，如图 5 - 14 所示。

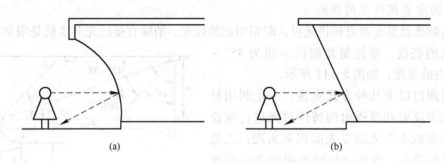

图 5 - 14 改变橱窗玻璃的倾角及形状以消除眩光

C 消除不同场合眩光的具体措施

a 照明眩光的限制

对照明眩光的限制还包括以下几个方面：

（1）眩光限制分级。眩光限制可分为三个等级，见表 5 - 5。

表 5 - 5 眩光限制等级

眩光限度等级	眩光程度	适用场所
高质量	无眩光	阅览室、办公室、计算机房、美工室、化妆室、商业营业厅的重点陈列室、调度室、体育比赛馆
中等质量	有轻微眩光	会议室、接待室、宴会厅、游艺厅、候车室、影剧院进口大厅、商业营业厅、体育训练馆
低质量	有眩光感觉	储藏室、站前广场、厕所、开水房

（2）光源和眩光效应。眩光的出现与照明光源、灯具或照明方式的选择有关。一般是光源越亮，眩光的效应越大，根据选用光源的类型，眩光效应见表 5 - 6。

表 5 - 6 光源和眩光效应

照明用电光源	表面亮度	眩光效应	用 途
白炽灯	较大	较大	室内外照明
柔和白炽灯	小	无	室内照明
镜面白炽灯	小	无	定向照明
卤钨灯	小	大	舞台、电影、电视照明

照明用电光源	表面亮度	眩光效应	用 途
荧光灯	小	极小	室外照明
高压钠灯	较大	小于高压汞灯	室外照明
高压汞灯	较大	较大	室外照明
金属卤化物灯	较大	较大	室内外照明
氙灯	大	大	室外照明

（3）光源的眩光限制。光源主要指照明光源，其限制方法主要通过四种方式来实现：

1）在满足照明要求的前提下，减小灯具的功率，避免高亮度的照明。

2）避免裸露光源的高亮度照明；可以在室内照明中多采用间接照明的手法，利用材质对光的漫反射和漫透射的特性对光进行重新分配，产生柔和自然的扩散光的效果，例如在灯泡外罩上一个乳白色的磨砂玻璃灯罩，就可以得到柔和的漫射光。

3）减小灯光的发光面积。同样的光源，随着光源亮度的增加，光源的发光面积会增大，随之而来的就是更加强烈的眩光。因此在选择使用高亮度裸露光源进行照明的时候，可以把高亮度、大发光面灯光和发光面分割成细小的部分，那么光束也就相对分散，既不容易产生眩光又可以得到良好的照明表现效果。

4）合理安排光源的位置和观看方向。例如当房间尺寸不变时，提高灯具的安装高度可以减小眩光，反之则增加眩光。

根据上述限制措施，举个实际应用的例子。把一块小黑板放在靠近玻璃窗的位置上看，不如把它放在与窗有一定距离的墙壁上看得清楚，这样黑板上的照度可能低于靠近玻璃窗，靠在窗上看不清的现象就是由直接眩光引起的。再比如，纺织厂的纺织车间的一个单侧采光房间如图 5 – 15（a）所示，其中放了两台机器 1 和 2，工人行走的路线如图中箭头所示，虽然机器 1 照度比机器 2 的大，但由于工人接断丝时背景是明亮的窗产生了直接眩光，所以根本找不到断丝，而机器 2 虽然照度较小但无眩光，因此找断丝较为容易。这种情况下要消除眩光，就要改变机器的位置，可以将机器垂直与窗口安放，如图 5 – 15（b）所示。

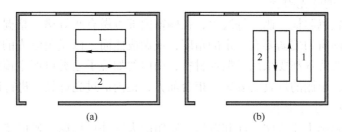

图 5 – 15　某纺织厂有眩光车间及消除眩光布置

b　窗的眩光限制

窗的眩光限制是保证良好的室内天然光环境的重要措施之一。室外良好的环境条件是室内避免出现眩光的重要影响因素，室内的光环境与通过窗的直射日光和天空自然光线密切相关，特别是高层建筑的出现，使得室内出现眩光的几率大大提高。为了限制室内眩光，就要创造良好的室外条件，首先要对建筑物的设计进行精心的安排，特别要注意建筑物的位置和朝向，如南北向的建筑物都可以获得充足的日照，还有利于防止由邻近建筑物产生的反射眩光；其次要注意室外环境的绿化，住宅小区的绿化不但可以美化环境，而且对于眩光也有较好的限制作用，如小区中的树木可以在一定程度上减少直射的阳光。此外窗的设计对限制眩光也有一定的影响。根据当地的气候和室外环境条件的现状、根据建筑物的功能要求来合理地确定窗的朝向、窗的采光部位、相邻间距和数量，将会对抑制眩光起到积极的作用。一般情况下，天然光在室内的分布取决于窗的形状、面积以及制造材料。面积大的窗更容易产生眩光效应，因此还应该重视对窗的面积和形状的确定，在保证正常的室内采光和美观的条件下，尽量避免眩光的出现。窗的制造材料的不同，对眩光出现几率的影响也不一样。目前常见的有色玻璃、热反射玻璃、普通的磨砂玻璃都有较好的限制眩光的作用。

D 各类建筑的眩光限制

a 住宅建筑的眩光限制

进行窗设计时，对于大面积的窗或玻璃墙幕慎用，在窗外要有一定的遮阳措施，窗内可设置窗帘等遮光装置；室内各种装修材料的颜色要求高明度、无光泽，以避免出现眩光；采用间接照明时，使灯光直接照向顶棚，经一次反射后来满足室内的采光要求；采用探照明灯具要求灯具材料具有扩散性；采用悬挂式荧光灯可适当地提高光源的位置。

b 教室的眩光限制

教室不要裸露使用白炽灯和荧光灯。照明的布置方式最好选用纵向布置来减少直接眩光，而且灯具的位置也应该提高。黑板的垂直照度要高，一般做成磨砂玻璃黑板。黑板照明的灯具和教师的视线夹角要大于60°，在学生一侧要有40°的遮光角，与黑板面的中心线夹角在45°左右为宜。

c 办公建筑的眩光限制

考虑窗的布置，适当减小窗的尺寸，采用有色或透色系数低的玻璃；在大面积的玻璃窗上设置窗帘或百叶窗；室内的各种装饰材料应无光泽，宜采用明度大的扩散性材料；在室内不宜采用大面积发光顶棚，在安装局部照明时，要采用上射式或下射式灯具；灯具宜用大面积、低亮度、扩散性材料的灯具，适当的提高灯具的位置，并将灯具做成吸顶式。

d 商店建筑的眩光限制

在橱窗前设置遮光板、遮篷等装置，在橱窗内部可做有暗灯槽、格栅等将过亮的照明光源遮挡起来，橱窗的玻璃要有一定的角度，或做成曲面，以避免眩光的发生；在陈列橱内的顶部、底部及背景都要采用扩散性材料，橱内的如镜子之类可产生镜面反射的物品要适当地倾斜排放，顶棚的灯具要安装在柜台前方，柜内的过亮灯具要进行遮蔽。

e 旅馆建筑的眩光限制

旅馆的眩光限制主要考虑大厅和客房。宾馆的大厅外可根据气候的要求设置遮阳板或做成凹阳台，厅内可设置百叶窗或窗帘，并尽量提高灯具的悬挂位置，如使用吸顶棚等，若采用吊灯则要使用扩散性材料。庭院的绿化时应将地面上的泛光照明设备用灌木加以遮蔽。客房内的大面积玻璃要采取遮光措施，室内要有良好的亮度分布控制，灯具和镜子之间的相对位置要设计好，避免眩光的出现。

f 医院建筑的眩光限制

病房布置要有较好的朝向，既可以保证足够的光照又可以避免眩光的出现；病房内宜采用间接的照明方式，使病人看不到眩光光源，灯具要采用扩散性材料和封闭式构造，防止直接眩光，病房内的色彩要协调，以中等明度为主，材料无光泽；窗外要有遮阳设施，防止日光直射，里面设置遮光窗帘，防止院内汽车灯光的干扰；医疗器械避免有光泽，走廊内的灯具亮度应该加以限制，防止光线进入病房。

g 博览建筑的眩光限制

可通过改变展品的位置和排列方式，改变光的投射角度，改变展品光滑面的位置和角度来消除反射眩光；也可利用照明或自然光的增加来提高场所的照度，缩小展品与橱窗玻璃间的位置，在橱窗玻璃上涂上一层防止眩光的薄膜；改善展品的背景，使其背后没有反光或刺眼的物件，置于玻璃后的展品避免用深暗色；减小陈列厅的亮度对比，采用窗帘、百叶窗等阻止日光直射，利用局部照明来增加暗处展品的亮度。

h 体育馆的眩光限制

体育馆的侧窗布置成南北走向，窗内设置成窗帘、百叶窗等遮光设施，室内不采用有光泽的装饰材料；馆内的光源可采用高强气体放电灯，比赛时光源的显色指数要求大于80；光源与室内的亮度分布要合理，如光源与顶棚的亮度比为20:1、墙面与球类的亮度比为3:1，光源与视线的夹角要尽量大，灯具可采用铝制外壁的敞口混光灯具，若采用顶部采光，则顶部也要设置遮阳设置。

i 工厂厂房的眩光限制

车间的侧窗要选用透光材料、安装扩散性强的玻璃，如磨砂玻璃，窗内要有由半透明或扩散性材料做成的百叶式或隔栅式遮光设施；车间的天窗尽量采用分散式采光罩、采光板，选用半透明材料的玻璃；车间的顶棚、墙面、地面及机械设备的表面的颜色和反射系数要很好地选择，限制眩光的发生；对于具有光泽面的器械，可在其表面采取施加油漆等措施；车间内的灯具宜采用深照型、广照型、密封性以及截光型等，其安装高度应避免靠近视线，为避免眩光可适当地提高环境高度，并且根据视觉工作的要求，要适当限制光源本身的亮度。

5.5 光环境的评价标准

评价光环境质量的好与坏主要是依靠人的视觉反应，但这种反应只是一种感觉，没有具体的物理指标来评定。为了使人的生理和光环境能够和谐统一，各国的研究人员进行了大量的研究，通过大量视觉功效的心理物理实验，找出了评价光环境质量的客观标准，这些研究成果也被列入照明规范、照明标准或者照明设计指南，成为光环境设计和评价的准则。

5.5.1 适当的照度水平

5.5.1.1 视力与照度的关系

对于人的视觉而言，照度过大，会使物体过亮，容易引起视觉疲劳和眼睛灵敏度的下降。照明太低使人感到不舒适，黑暗的光使人看不清周围的环境，不能正确地判断自己所处的位置。缺乏安全的感觉。人的视力 (V) 随着照度的变化而变化，它与辐照度 (R)

的关系如下：

$$V = \frac{2.46R}{(0.412 + R^{\frac{2}{3}})^3} \tag{5-23}$$

式中，当目标为白色，背景为暗色时，R 为目标的辐照值；当目标为黑色，背景为明色时，R 为背景的辐射值。

人们生活的光环境要有一个适当的范围，在这个范围内，人的工作效率达到最高，而且视觉也最舒适。通过对不同工作场所以及各种照度条件下的调查表明，这个照度范围大致处于 50~200lx，最佳点在 100lx 附近。也有研究人员使用一定照度下的实际视力与适宜照明下的最佳视力之比（R_u）来表示照度的适宜照度，即：

$$R_u = \frac{R}{(0.412 + R^{\frac{1}{2}})^3} \tag{5-24}$$

式中，R_u 的建议取值见表 5-7。

表 5-7　建议使用的 R_u 值

视觉要求	实　例	建议使用的 R_u 值
不需要看清细节	廊下、楼梯、粗的机械作业	0.70
短时间看书及其他容易的工作	食堂、会客厅、休息室	0.8
长时间阅读及其他远距离作业	事务室、图书馆、一般工厂作业、办公室	0.85
长时间精细视觉作业	制图室、工具制作和检查工作	0.90

5.5.1.2　照度值的确定

任何照明装置的照度在使用过程中都有一个衰减的过程，产生衰减的原因是由于灯、灯具和房间的表面受到污染使透过系数和反射系数发生变化，进而导致灯的光通量的衰减。所以一般不将初始照度作为设计的标准，而是采用使用照度或者维持照度来制定设计标准。灯的照度衰减曲线和使用照度、维持照度的区别如图 5-16 所示。

使用照度是灯在一个维护周期内照度变化曲线的中间值。西欧国家及 CIE 采取使用照度标准。

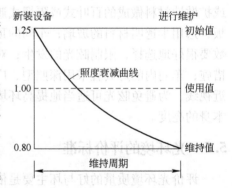

图 5-16　灯的照度衰减曲线和使用照度、维持照度的区别

维持照度是在必须更换光源或者清洗灯具和清理粉刷房间表面，或者同时进行上述维护工作时所应保持的平均照度。从图 5-16 中可以看出，使用中的照度水平不得低于这个数值，通常维持照度不能低于使用标准的 80%。采用维持照度标准的国家有美国、俄罗斯和中国。

5.5.1.3　照度标准

根据韦伯定律，主观感觉的等量变化大体是由光量的等比变化产生的，所以在照度标准中以 1.5 左右的等比级数划分照度等级。例如，CIE 建议的照度等级为 20、30、50、75、100、150、200、300、500、750、1000、1500、2000、3000、5000 等。CIE 为不同作业和活动都推荐了照度标准，并规定了每种作业的照度范围，以便根据具体情况选择适当的数值。

A 住宅建筑照度标准

住宅建筑照度标准见表5-8。

表5-8 住宅建筑照度标准

类 别		参考平面及其高度	照度标准值/lx		
			低	中	高
起居室、卧室	一般活动区	0.75m 水平面	20	30	50
	书写、阅读	0.75m 水平面	150	200	300
	床头阅读	0.75m 水平面	75	100	150
	精细作业	0.75m 水平面	200	300	500
餐厅或门厅、厨房		0.75m 水平面	20	30	50
卫生间		0.75m 水平面	10	15	20
楼梯间		地 面	5	10	15

a 光源的选择

住宅内所选用的光源应满足标准中的要求。目前，根据绿色照明节能要求，光源的发光效率也是人们选择的参数之一。住宅中广泛采用的光源有以下三种：白炽灯、管型荧光灯和紧凑型荧光灯。白炽灯即开即亮，无需附件，很受欢迎，为减少眩光，透明白炽灯将逐步被造型优美的磨砂泡等代替；管型荧光灯由于高效、寿命较长，被大力推广使用作为家庭光源；紧凑型荧光灯因尺寸大小，光效高，灯具配套灵活，配合室内灯光装饰，深受人们喜爱，也在住宅建筑中大量使用。

b 灯具的选择

灯具在住宅中不仅为光环境提供合理的配光，满足人们视功能的要求，而且作为家庭装饰物的组成之一，其作用越来越明显，随着照明技术的发展，现在住宅内的灯具要满足以下要求：

（1）灯具的多样性。灯具的多样性不仅表现在其配光合理，而且也表现在造型的多变上，配光方面为了有效控制眩光，有直接配光、间接配光或半间接配光。而在造型上尽可能与房间的格局相配套，管式荧光灯具和普通白炽灯灯具将逐步被淘汰。

（2）灯具高效节能。从节能的要求出发，使用的反射材料将有较高反射比。体现在光环境设计上室内灯具的效率不宜低于70%，装有格栅的灯具其效率不应低于55%。

（3）灯具易安装维护。由于城市中空气污染和光源质量还有待提高，清尘和换灯泡的次数较多，因此住宅中灯具要求易于清洗和拆卸。

B 工业企业照明设计标准

一般生产车间和作业场所工作面上的照度标准值见表5-9。工业企业辅助建筑照度标准值见表5-10。《工业企业照明设计标准》将生产作业按照识别对象的最小尺寸（假定视距为500mm）分为10等，其中Ⅰ~Ⅳ等级又按亮度对比的大小细分为甲、乙两级，分别规定了不同照明方式下每一视觉工作等级的照度范围。工业企业的光源和灯具选择要依据生产产品对照的要求、厂房的空间布置差异和照明方式的不同而选用相应种类的灯。

表5-9 一般生产车间和作业场所工作面上的照度标准值

车间和作业场所		视觉作业等级	照度范围/lx								
			混合照明			混合照明中的一般照明			一般照明		
金属机械加工车间	粗加工	Ⅲ乙	300	500	750	30	50	75	—	—	—
	精加工	Ⅱ乙	500	750	1000	50	75	100	—	—	—
	精密	Ⅰ乙	1000	1500	2000	100	150	200	—	—	—
机电装配车间	大件装配	Ⅴ	—	—	—	—	—	—	50	75	100
	小件装配、试车台	Ⅱ乙	500	750	1000	75	100	150	—	—	—
	精密装配	Ⅰ乙	1000	1500	2000	100	150	200	—	—	—
焊接车间	手动焊接号、切割号、接触焊、电渣焊	Ⅴ	—	—	—	—	—	—	50	75	100
	自动焊接、一般画线*	Ⅳ乙	—	—	—	—	—	—	75	100	150
	自动焊接、精密画线*	Ⅱ甲	750	1000	1500	75	100	150	—	—	—
	备料（如有冲压、剪切设备则参照冲压剪切车间）	Ⅵ	—	—	—	—	—	—	30	50	75
钣金车间		Ⅴ	—	—	—	—	—	—	50	75	100
冲压剪切车间		Ⅳ乙	200	300	500	30	50	75	—	—	—
锻工车间		Ⅹ	—	—	—	—	—	—	30	50	75
热处理车间		Ⅵ	—	—	—	—	—	—	30	50	75
铸工车间	熔化、浇铸	Ⅹ	—	—	—	—	—	—	30	50	75
	型砂处理、清理、落砂	Ⅵ	—	—	—	—	—	—	20	30	50
	手工造型*	Ⅲ乙	300	500	750	30	50	75	—	—	—
	机器造型	Ⅵ	—	—	—	—	—	—	30	50	75
木工车间	机床区	Ⅲ乙	300	500	750	30	50	75	—	—	—
	锯木区	Ⅴ	—	—	—	—	—	—	50	75	100
	木模区	Ⅳ甲	300	500	750	50	75	100	—	—	—
表面处理车间	电镀槽区、喷漆间	Ⅴ	—	—	—	—	—	—	50	75	100
	酸洗间、发蓝间、喷砂间	Ⅵ	—	—	—	—	—	—	30	50	75
	抛光间	Ⅲ甲	500	750	1000	50	75	100	150	200	300
	电泳涂漆间	Ⅴ	—	—	—	—	—	—	50	75	100
电修车间	一般	Ⅳ甲	300	500	750	30	50	75	—	—	—
	精密	Ⅲ甲	500	750	1000	50	75	100	—	—	—
	拆卸、清洗池场地*	Ⅵ	—	—	—	—	—	—	30	50	75
实验室	理化室	Ⅲ乙	—	—	—	—	—	—	100	150	200
	计量室	Ⅵ	—	—	—	—	—	—	150	200	300
动力站房	压缩机房	Ⅶ	—	—	—	—	—	—	30	50	75
	泵房、风机房、乙炔发生站	Ⅶ	—	—	—	—	—	—	20	30	50
	锅炉房、煤气站的操作层	Ⅶ	—	—	—	—	—	—	20	30	50

车间和作业场所		视觉作业等级	照度范围/lx								
			混合照明			混合照明中的一般照明			一般照明		
配变电所	变压器、高压电容器室	Ⅶ	—	—	—	—	—	—	20	30	50
	高低压配电室、低压电容器室	Ⅵ	—	—	—	—	—	—	30	50	75
	值班室	Ⅳ乙	—	—	—	—	—	—	75	100	150
	电缆间（夹层）	Ⅷ	—	—	—	—	—	—	10	15	20
电源室	电动发电机室、整流间、柴油发电机室	Ⅵ	—	—	—	—	—	—	30	50	75
	蓄电池室	Ⅶ	—	—	—	—	—	—	20	30	50
控制室	一般控制室	Ⅳ乙	—	—	—	—	—	—	75	100	150
	主控制室	Ⅱ乙	—	—	—	—	—	—	150	200	300
	热工仪表控制室	Ⅲ乙	—	—	—	—	—	—	100	150	200
电话站	人工交换台、转接台	Ⅴ	—	—	—	—	—	—	50	75	100
	自动电话交换机室	Ⅵ	—	—	—	—	—	—	100	150	200
	广播室	Ⅳ乙	—	—	—	—	—	—	75	100	150
仓库	大件储存	Ⅸ	—	—	—	—	—	—	5	10	15
	中小件储存	Ⅷ	—	—	—	—	—	—	10	15	20
	精细件储存、工具库		—	—	—	—	—	—	30	50	75
	乙炔瓶库、氧气瓶库、电石库		—	—	—	—	—	—	10	15	20
汽车站	停车间		—	—	—	—	—	—	10	15	20
	充电室		—	—	—	—	—	—	20	30	50
	检修间		—	—	—	—	—	—	30	50	75

注：1. 冲压剪切车间、铸工车间手工造型工段、锅炉房及煤气部操作层为了安全起见，照度应选最高值。

2. 加"*"号者表示被照面的计算高度为零。

表 5 - 10   工业企业辅助建筑照度标准值

类 别	规定照度的作业面	照度范围/lx					
		混合照明			一般照明		
办公室、资料室、会议室、报告厅	距地 0.75m	—	—	—	—	—	—
工艺室、设计室、绘图室	距地 0.75m	300	500	750	100	150	200
打字室	距地 0.75m	500	750	1000	150	200	300
阅览室、陈列室	距地 0.75m	—	—	—	100	150	200
医务室	距地 0.75m	—	—	—	75	100	150
食堂、车间休息室、单身宿舍	距地 0.75m	—	—	—	50	75	100
浴室、更衣室、厕所、楼梯间	地面	—	—	—	10	15	20
洗 室	地面	—	—	—	20	30	50

类　　别		规定照度的作业面	照度范围/lx					
			混合照明			一般照明		
托儿所、幼儿园	卧　室	距地 0.4 ~ 0.5m	—	—	—	20	30	50
	活动室	距地 0.4 ~ 0.5m	—	—	—	75	100	150

5.5.1.4　照度均匀度

通常采用的照明方式是对整个对象空间的均匀照明。为了避免工作面上某些局部照度水平偏低而影响工作效率，在进行设计时提出了照度均匀度的概念。照度均匀度是表示给定平面上照度分布的量，即规定平面上的最小照度和平均照度的比值。规定照度的平面（参考面）往往就是工作面，通常假定工作面是由室内墙面限定的距地面高 0.7 ~ 0.8m 的水平面。照度均匀度值不能小于 0.7，国际 CIE 的建议标准是 0.8。在满足这个要求的同时还需要满足房间总的平均照度不能小于工作平面照度的 1/3。相邻房间的平均照度比不能超过 5。但是在一些特殊的工作中则要求有特殊的照明，如精密车床、钟表工的照明是希望光线集中的，医生外科手术则要求没有阴影。

5.5.2　避免耀目光源的照射

耀目光源是来自工作区附近的强烈光源或者光滑表面的反射光，如许多舞台、舞厅中刺眼耀目、令人眼花缭乱的活动光源就属于"耀目光源"。它不仅对人的视觉有害，且能干扰大脑中枢高级神经的功能，表现为头痛、失眠、注意力不集中等神经衰弱症状，因此耀目光源会影响人的工作效率，严重的情况下可能导致事故的发生。一般情况下当入射到人眼的光强度超过 $0.1cd/cm^2$ 时，就能引起耀目效应。而耀目光的视觉效应是产生对暗光环境的不适应，使工作区的视觉效率降低，分散注意力，比如仰视太阳后，再观察周围的环境就是一片模糊的感觉。

为了提高工作效率，要防止耀目效应，尽量避免在视野中存在强度差过大的光源，调整工作区视线的角度，使耀目光源处于工作区视线的 30°以外，控制耀目光与周围环境的亮度比在 100∶1 以下，也可以通过增大工作区的照明来避免耀目光的影响。

5.5.3　良好的色度空间

光源的颜色常用光源的表观颜色（色表）和显色性来同时表征。颜色可以影响光环境的气氛，比如说暖色光能在室内创造温馨、亲切、轻松的气氛；冷色光能为工作空间创造紧张、活跃、精神振奋的氛围。表 5 - 11 列出了每一类显色性能的使用范围。而显色性是指灯光对被照物体颜色的影响作用。不同房间的功能对显色性的要求是不一样的，如商店和医院要真实的显色，纺织厂的印染车间、美术馆等需要精确辨色的场所要求良好的显色性。在色度要求不高的场所可以和节能结合起来选择光源，比如在办公室用显色性好的灯和用显色性差的灯产生一样的照明效果，照度可以降低 25%，同时做到了节能。

CIE 取一般显色指数 R_a（显色指数是反映各种颜色的光波能量是否均匀的指标）作为指标，对光源的显色性能分为 5 类，并规定了每类的使用范围，供设计参考，见表 5 - 11。虽然高显色性指数的光源是照明的理想选择，但这种类型的光源发光效率不高。与此相反，发光效率高的显色指数低。因此，在工程应用中进行选择时要将显色性和光效各有所长的光源结合使用。

表 5 – 11　灯的显色类别和使用范围

显色类别	显色指数范围	色表	应 用 示 例	
			优先原则	允许采用
ⅠA	$Ra \geq 90$	暖	颜色匹配	
		中间	临床检验	
		冷	绘画美术馆	
ⅠB	$80 \leq Ra \leq 90$	暖	家庭、旅馆	
		中间	餐馆、商店、办公室、学校、医院	
		中间	印刷、油漆和纺织工业，需要的工业操作	
		冷		
Ⅱ	$60 \leq Ra \leq 80$	暖	工业建筑	办公室、学校
		中间		
		冷		
Ⅲ	$40 \leq Ra \leq 60$		显色要求低的工业	工业建筑
Ⅳ	$20 \leq Ra \leq 40$			显色要求低的工业

5.5.4　充足的日照时间

太阳光能促进人体钙的吸收以及某些营养成分的合成，太阳光尤其对儿童的健康十分重要，长期缺少光照的儿童会得软骨病。同时太阳光中的紫外线具有杀毒灭菌的作用。因此在建筑设计中要保证房屋的日照时间。决定居住区住宅建筑日照标准的因素有两个：一是住宅所处地理纬度及其气候特征；二是住宅所处城市的规模大小。表 5 – 12 为住宅建筑日照标准。但是在我国地域辽阔、南北方纬度差较大，因此高纬度的北方地区日照间距要比纬度低的南方地区大得多，达到日照标准的难度也就大得多，所以在房屋的设计上要尽量考虑实际情况，以满足日照标准的要求。

表 5 – 12　住宅建筑日照标准

建筑气候区别	Ⅰ、Ⅱ、Ⅲ、Ⅳ气候区		Ⅳ气候区		Ⅴ、Ⅵ气候区
	大城市	中小城市	大城市	中小城市	
日照标准日	大寒日				冬至日
日照时数/h	≥ 2	≥ 3			≥ 1
有效日照时间带/h	8 ~ 16				9 ~ 15
计算起点	底层窗台面				

光是人类活动最基本的环境要素，没有光，人们的工作、学习、生产、生活就无从谈起，但是当人们不正确的使用光源时，就产生了光污染现象，目前环境光污染日益成为环境污染中的重要组成部分，对人体的危害也日益严重。本章对光环境和光污染的介绍，使

人们了解了光污染的出现形式和危害以及采取的相应防治措施。只有提高全民的环保意识，才能避免光污染，创造良好的光环境。

参考文献

[1] 陈亢利，钱先友，徐浩瀚．物理性污染与防治［M］．北京：化学工业出版社，2006.
[2] 任连海．环境物理性污染控制工程［M］．北京：化学工业出版社，2007.
[3] 赵思毅．室内光环境［M］．上海：东南大学出版社，2003.
[4] 克雷斯塔·范山顿．城市光环境设计［M］．北京：中国建筑工业出版社，2007.
[5] 周律，孙孟青．环境物理学［M］．北京：中国环境科学出版社，2001.
[6] 张宝杰，乔英杰，赵志伟，等．环境物理性污染控制［M］．北京：化学工业出版社，2003.
[7] 陈杰瑢．物理性污染控制［M］．北京：高等教育出版社，2007.
[8] 曹猛．天津市居住区夜间光污染评价体系研究［D］．天津：天津大学，2008.
[9] 刘鸣．城市照明中主要光污染的测量、实验与评价研究［D］．天津：天津大学，2007.
[10] 周倜．城市夜景照明光污染问题及涉及对策［D］．武汉：华中科技大学，2004.
[11] 曲坤．光污染防治立法研究［D］．哈尔滨：东北林业大学，2007.
[12] 杨公侠，杨旭东．不舒适眩光与不舒适眩光评价［J］．照明工程学报，2006，17（2）：11～15.
[13] 杨公侠，杨旭东．不舒适眩光与不舒适眩光评价（续上期）［J］．照明工程学报，2006，17（3）：9～12.
[14] 谢浩．居中空间照明眩光问题分析［J］．中国照明电器，2005（3）：10～12.
[15] 藤野雅史．防眩光灯具基本知识及最新技术［J］．中国照明电器，2007（7）：27～30.
[16] 吴思汉，宋金声．光无源器件在军事中的应用［J］．光纤与电缆及其应用技术，2003，4：34～37.
[17] 于连栋，刘巧云，丁苏红，等．失能眩光形成机理的研究［J］．合肥工业大学学报（自然科学版），2005，28（8）：866～868.
[18] 季卓莺，邵红，林燕丹．暗适应时间、背景亮度和眩光对人眼对比度阈值影响的探讨［J］．照明工程学报，2006，17（4）：1～5.
[19] 项震．照明眩光及眩光后视觉恢复特性［J］．照明工程学报，2002，13（2）：1～4.
[20] 罗家强．光纤通信技术在军事中的应用［J］．光纤光传输技术，2000，2：1～9.

6 电磁辐射污染

6.1 环境电磁学

环境电磁学是环境物理学中新形成的一个分支学科，主要研究各种电磁污染的来源及其对人类生活环境的影响。电磁污染是指天然的和人为的各种电磁波干扰和有害的电磁辐射。

电磁辐射是指能量以电磁波的形式通过空间传播的物理现象，分为广义的电磁辐射和狭义的电磁辐射。广义的电磁辐射又分为电离辐射和非电离辐射两种。凡能引起物质电离的电磁辐射称为电离辐射，包括 X 射线、γ 射线、α 粒子、β 粒子、中子、质子等。不足以导致组织电离的电磁辐射称为非电离辐射，包括极低频（ELF，$3Hz \sim 3kHz$）、甚低频（VLF，$3 \sim 30kHz$）、射频（$100kHz \sim 300GHz$）、红外线、可见光、紫外线及激光等。一般所说的电磁辐射是指非电离辐射。

1969 年国际电磁兼容讨论会上，建议把电磁辐射列为必须控制的环境污染危害物，联合国人类环境会议采纳了上述建议，并将此编入《广泛国际意义污染物的控制与鉴定》一文。1972 年，国际大电网会议召开，科学家首次将工频电磁辐射的污染问题作为学术问题进行讨论。70 年代后期，西德科学家通过对电磁污染的深入研究，发展了环境电磁学。1979 年我国颁布的《中华人民共和国环境保护法》也将电磁辐射列入有害的环境污染物之一。

环境磁学是依赖自然系统内在的秩序认识环境的新方法，所以得到广泛重视。然而，由于地理环境千差万别，磁性矿物对环境变化的敏感性、磁参数解释的多义性等，使得环境磁学仍然存在一些问题，如对于不同粒径和类型磁性矿物的磁参数贡献、磁性矿物在环境中的迁移转化以及磁信息的定量及数据库建设方面的研究，任重而道远。

6.2 电磁辐射污染源及危害

6.2.1 电磁污染源

6.2.1.1 电磁污染源

自然电磁污染源是由某些自然现象引起的。最常见的自然电磁污染源是雷电，它所辐射的频带分布极宽，从几千赫兹到几百赫兹，雷电除了可能对电气设备、飞机、建筑物等直接造成危害外，还会在广大地区产生严重的电磁干扰。此外，火山喷发、地震和太阳黑子活动引起的磁暴等都会产生电磁干扰。通常情况下，天然辐射的强度一般对人类影响不大，即使局部地区雷电在瞬间冲击放电可使人畜伤亡，但发生的概率较小。因此，可以认为天然辐射源对人类并不构成严重的危害。天然电磁辐射对短波电磁干扰特别严重。

人工电磁污染源产生于人工制造的若干系统、电子设备与电气装置。人工电磁污染源主要有以下三种：

（1）脉冲放电，如切断大电流电路时产生的火花放电。由于电流强度的瞬时变化很大，产生很强的电磁干扰。它在本质上与雷电相同，只是影响区域较小。

（2）工频交变电磁场，如大功率电机、变电器及输电线等附近的电磁场。

（3）射频电磁辐射，如广播、电视、微波通讯等。

目前，射频电磁辐射已成为电磁污染环境的主要因素。工频场源和射频场源同属人工电磁污染源但频率范围不同。工频场源中，以大功率输电线路所产生的电磁污染为主，同时也包括若干种放电型的污染源，频率变化范围为数十至数百赫兹。射频场源主要指由于无线电设备或射频设备工作过程中所产生的电磁感应和电磁辐射，频率变化范围为0.1~3000MHz。

6.2.1.2 电磁辐射污染的传播途径

电磁辐射所造成的环境污染大体上可分为空间辐射、导线传播和复合污染三种途径：

（1）空间辐射。当电子设备或电气装置工作时，设备本身就是一个多型发射天线，会不断地向空间辐射电磁能量。以场源为中心，半径为1/6波长的范围之内的电磁能量传播是以电磁感应方式为主，将能量施加于附近的仪器仪表、电子设备和人体上。在半径为1/6波长的范围之外的电磁能量传播，是以空间放射方式将能量施加的。

（2）导线传播。当射频设备与其他设备共用一个电源供电时，或者它们之间有电气连接时，电磁能量（信号）就会通过导线进行传播。此外，信号的输出输入电路和控制电路等也能在强电场之中"拾取"信号，并将所"拾取"的信号再进行传播。

（3）复合污染。同时存在空间辐射与导线传播时所造成的电磁污染称为复合污染。

6.2.2 电磁辐射的影响和危害

一方面大功率的电磁辐射能量可以作为一种能源，适当剂量的电磁辐射能量可以用来治疗某些疾病；但另一方面大功率的电磁辐射具有影响和危害，不仅对于装置、物质和设备有影响和危害，而且对人体有明显的伤害和破坏作用，甚至引起死亡。

6.2.2.1 电磁辐射对装置、物质和设备的影响和危害

（1）射频辐射对通讯、电视的干扰。射频设备和广播发射机振荡回路的电磁泄漏，以及电源线、馈线和天线等向外辐射的电磁能，不仅对周围操作人员的健康造成影响，而且可以干扰位于这个区域范围内的各种电子设备的正常工作，如无线电通讯、无线电计量、雷达导航、电视、电子计算机及电气医疗设备等电子系统。在空间电波的干扰下，可使信号失误，图形失真，控制失灵，以至于无法正常工作。电视机受到射频设备的干扰，将会引起图像上活动波纹或斜线，使图像不清楚，影响收看的效果。

还应指出，电波不仅可以干扰和它同频或邻频的设备，而且还可以干扰比它频率高得多的设备，也可以干扰比它频率低得多的设备。其对无线电设备所造成的干扰危害是相当严重的，必须对此严加限制。

（2）电磁辐射对易爆物质和装置的危害。火药、炸药及雷管等都具有较低的燃烧能点，遇到摩擦、碰撞、冲击等情况，很容易发生爆炸，同样在辐射能作用下，同样可以发生意外的爆炸。此外，许多常规兵器采用电气引爆装置，如遇高电平的电磁感应和辐射，可能造成控制机构的误动，从而使控制失灵，发生意外的爆炸。如高频辐射强场能够使导

弹制导系统控制失灵，电爆管的效应提前或滞后。

（3）电磁辐射对挥发性物质的危害。挥发性液体和气体，如酒精、煤油、液化石油气、瓦斯等易燃物质，在高电平电磁感应和辐射作用下，可发生燃烧现象，特别是在静电危害方面尤为突出。

6.2.2.2 电磁辐射对人体健康的影响

（1）高频辐射对人体危害的影响因素。国内外的研究发现微波辐射对人体健康的危害与下列因素有关：

1）功率密度。功率密度越高，辐射作用越强烈；另外，波长越短，对人体影响越大。

2）波形。脉冲波比连续波影响大。

3）距离远近。随着离辐射源距离的增加，辐射强度迅速减弱。距离与场强成反比例关系。

4）照射时间。接触辐射时间越长，影响越大。

5）周围环境。周围环境温度越高，人体对辐射反应越强烈。

6）生理学状态、性别、年龄。生理学状态、性别、年龄不同，对辐射的敏感程度也不同。对女性和儿童的影响一般要比成年男性大一些。

7）人体个体差异性。不同个体对电磁辐射反应很不一样，有的人"适应"能力较强，而有的人在同样环境下则忍受不了。

8）屏蔽与接地。对高频场或微波辐射的强度大小及其在空间分布不均匀性有直接影响。加强屏蔽与接地，能大幅度地降低电磁辐射场强，是防止电磁泄漏的主要手段。

（2）电磁辐射对人体的作用机理。电磁辐射对人体的危害主要是射频电磁场。当射频电磁场的场强达到足够大时，会对人体产生危害作用。当机体处在射频电磁场的作用下时，能吸收一定的辐射能量，而产生生物学作用，主要是热作用。

为了叙述方便，我们把作用机体比作电介质电容器。电介质中全部分子正负电荷的中心重合的，称为非极性分子，正负电荷的中心不重合的，称为极性分子。在射频电磁场作用下，非极性分子的正负电荷分别朝相反的方向运动，致使分子发生极化作用，被极化了的分子称为偶极子；极性分子发生重新排列，这种作用为偶极子的取向作用。由于射频电磁场方向变化极快，致使偶极子发生迅速的取向作用。在取向过程中，偶极子与周围分子发生碰撞而产生大量的热。所以，当机体处在电磁场中时，人体内的分子发生重新排列。由于分子在排列过程中的相互碰撞摩擦，消耗了场能而转化为热能，引起热作用。此外，体内还有电介质溶液；其中的离子因受到场力作用而发生位置变化。当频率很高时将在其平衡位置附近振动，也能使介质发热。

通过上述关于电磁场对作用机体的机理分析得到，当电磁场强度愈大，分子运动过程中将场能转化为热能的量值愈大，身体热作用就愈明显与剧烈。也就是射频电磁场对人体的作用程度是与场强度成正比的。因此，当射频电磁场的辐射强度在一定量值范围内，它可以使人的身体产生温热作用，而有益于人体健康。这是射频辐射的有益作用。然而，当射频电磁场的强度超过一定限度时，将使人体体温或局部组织温度急剧升高，破坏热平衡而有害于人体健康。随着场强度的不断提高，射频电磁场对人体的不良影响也必然加强。

（3）电磁辐射对人体的危害与不良影响。电磁辐射对人体的危害与波长有关。长波对人体的危害较弱，随着波长的缩短，对人体的危害逐渐加强，而微波的危害最大。一般认为，微波辐射对内分泌和免疫系统的作用，小剂量短时间作用是兴奋效应，大剂量长时间作用是抑制效应。另外，微波辐射可使毛细血管内皮细胞的胞体内小泡增多，使其胞肌作用加强。导致血-脑屏障渗透性增高。一般来讲，这种增高对机体是不利的。

电磁辐射尤其是微波对人体健康有不利影响，主要表现在以下几个方面：

1）电磁辐射的致癌和治癌作用。大部分实验动物经微波作用后，可以使癌的发生率上升。调查表明，在 2mGs（1Gs10^{-4}T）以上电磁波磁场中，人群患白血病的为正常的2.93 倍，肌肉肿瘤的为正常的 3.26 倍。一些微波生物学家的实验表明，电磁辐射会促使人体内的（遗传基因）微粒细胞染色体发生突变和有丝分裂异常，而使某些组织出现病理性增生过程，使正常细胞变为癌细胞。美国洛杉矶地区的研究人员曾经研究了 0 ~ 14 岁儿童血癌的发生原因，研究人员在儿童的房间内以 24h 的监测器来监测电磁波强度，赫然发现当儿童房间中电磁波强度的平均值大于 2.68mGs 时，这些儿童得血癌的机会较一般儿童高出约 48%。

另一方面，微波对人体组织的致热效应，不仅可以用来进行理疗，还可以用来治疗癌症，使癌组织中心温度上升，而破坏了癌细胞的增生。

2）对视觉系统的影响。眼组织含有大量的水分，易吸收电磁辐射功率，而且眼的血流量少，故在电磁辐射作用下，眼球的温度易升高。温度升高是产生白内障的主要条件。温度上升导致眼晶状体蛋白质凝固，较低强度的微波长期作用，可以加速晶状体的衰老和浑浊，并有可能使有色视野缩小和暗适应时间延长，造成某些视觉障碍。长期低强度电磁辐射的作用，可促使视觉疲劳，眼感到不舒适和眼感到干燥等现象。强度在 100mW/cm^2 的微波照射眼睛几分钟，就可以使晶状体出现水肿，严重的则成为白内障。强度更高的微波，则会使视力完全消失。

3）对生殖系统和遗传的影响。长期接触超短波发生器的人，男人可出现性功能下降，阳痿；女人出现月经周期紊乱。由于睾丸的血液循环不良，对电磁辐射非常敏感，精子生成受到抑制而影响生育；电磁辐射也会使卵细胞出现变性，破坏了排卵过程，而使女性失去生育能力。

高强度的电磁辐射可以产生遗传效应，使睾丸染色体出现畸变和有丝分裂异常。妊娠妇女在早期或在妊娠前，接受了短波透热疗法，结果使其子代出现先天性出生缺陷（畸形婴儿）。

4）对血液系统的影响。在电磁辐射的作用下，周围血象可出现白细胞不稳定，主要是下降倾向，红细胞的生成受到抑制，出现网状红血球减少。操纵雷达的人多数出现白细胞降低。此外，当无线电波和放射线同时作用于人体时，对血液系统的作用较单一因素作用可产生更明显的伤害。

5）对机体免疫功能危害。电磁辐射的作用使身体抵抗力下降。动物实验和对人群受辐射作用的研究和调查表明，人体的白细胞吞噬细菌的百分率和吞噬的细菌数均下降。此外受电磁辐射长期作用的人，其抗体形成受到明显抑制。

6）引起心血管疾病。受电磁辐射作用的人，常发生血流动力学失调、血管通透性和张力降低。由于自主神经调节功能受到影响，人们多以心动过缓症状出现，少数呈现心动过速。受害者出现血压波动，开始升高，后又回复至正常，最后出现血压偏低；迷走神经发生过敏反应，房室传导不良。此外，长期受电磁辐射作用的人，其心血管系统的疾病，会更早更易促使其发生和发展。

7）对中枢神经系统的危害。神经系统对电磁辐射的作用很敏感，受其低强度反复作用后，中枢神经系统机能发生改变，出现神经衰弱症候群，主要表现有头痛、头晕、无力、记忆力减退、睡眠障碍（失眠、多梦或嗜睡）、白天打瞌睡、易激动、多汗、心悸、胸闷、脱发等，尤其是入睡困难、无力、多汗和记忆力减退更为突出。这些均说明大脑是抑制过程占优势，所以受害者除有上述症候群外，还表现有短时间记忆力减退、视觉运动反应时值明显延长；手脑协调动作差，表现对数字划记速度减慢，出现错误较多。

瑞典研究发现，只要职场工作环境电磁波强度大于 2mGs，得阿尔茨海默症（阿尔茨海默病）的机会会比一般人高出四倍；美国北卡罗来纳大学的研究人员发现，工程师、广播设备架设人员、电厂联络人员、电线及电话线架设人员以及电厂中的仪器操作员这些职业者，死于老年痴呆症及帕金森病的比率较一般人高出 1.5 ~ 3.8 倍。

（4）电磁辐射可以导致儿童智力残缺。世界卫生组织认为，计算机、电视机、移动电话等产生的电磁辐射对胎儿有不良影响。孕妇在怀孕期的前三个月尤其要避免接触电磁辐射。因为当胚胎胎儿在母体内时，对有害因素的毒性作用比成人敏感，受到电磁辐射后，将产生不良的影响。如果是在胚胎形成期，受到电磁辐射，有可能导致流产；如果是在胎儿的发育期，若受到辐射，也可能损伤中枢神经系统，导致婴儿智力低下。据最新调查显示，我国每年出生的 2000 万儿童中，有 35 万为缺陷儿，其中 25 万为智力残缺，有专家认为电磁辐射也是影响因素之一。

除上述的电磁辐射对健康的危害外，它还对内分泌系统、听觉、物质代谢。组织器官的形态改变，均可产生不良影响。

6.2.2.3 移动电话电磁波电磁污染问题

现代人人手一部移动电话，它的电磁波其实是很强的。在电脑前拨通移动电话，大家往往会发现电脑屏幕闪烁不已；又在打开的收音机前拨通移动电话，收音机也受到很大的干扰。移动电话的影响和危害除体现在对飞机和汽车等交通工具的危害，对人体也有不利的影响。

（1）移动电话对交通工具的影响。飞机上拒绝使用移动电话恐怕已是众所周知了。1997 年初，中国民航总局发出通知，在飞行中，严禁旅客在机舱内使用移动电话等电子设备。它不仅关系到飞机的安全，也直接关系到机上数十人乃至数百人的生命财产安全。

移动电话是高频无线通信，其发射频率多在 800MHz 以上，而飞机上的导航系统又最怕高频干扰，飞行中若有人用移动电话，就极有可能导致飞机的电子控制系统出现误动，使飞机失控，发生重大事故。这样的惨痛教训已很多。

1991 年，英国劳达航空公司的那次触目惊心的空难有 223 人死亡。据有关部门分析，这次空难极有可能是机上有人使用笔记本电脑、移动电话等便携式电子设备，它释放的频率信号启动了飞机的反向推动器，致使机毁人亡。

1996 年 10 月，巴西 TAM 航空公司的一架"霍克 - 100"飞机也莫名其妙地坠毁了，机上人员全部遇难，甚至地面上的市民也有数名惨遭不幸，这是巴西历史上第二大空难事件。专家们调查事故原因后认为，机上有乘客使用移动电话极有可能是造成飞机坠毁的元凶。也就是源于这次空难，巴西空军部民航局（IAC）研拟了一项关于严格限制旅客在飞机飞行时使用移动电话的法案。

我国也有类似的事情发生，1998 年初，台湾华航一班机坠毁，参与调查的法国专家怀疑有人在飞机坠毁前打移动电话，导致通信受到干扰，致使飞机与控制塔失去联络，最后坠毁。以及某日由上海飞往广州的 CZ3504 航班的南航 2566 号飞机准备降落时，由于有四五名旅客使用移动电话致使飞机一度偏离正常航迹。也是在这一年，一架南航 2564 号飞机执行 CZ3502 航班从杭州飞回广州时，在着陆前 4min，发现飞机偏离正常航道 6°，当时也是有人使用移动电话。这两起事例虽然没有酿成大祸，但让人后怕。

从对以上几次比较典型的空难事故的分析来看，事故原因都极有可能与使用移动电话等便携电子设备有关。世界各国都相继制定了限制在飞机上使用移动电话的规定。

移动电话所产生的电磁波对汽车上的电动装置也有一定影响，会使行驶中的汽车电动装置"自动跳闸"。所以尽可能不要在汽车内使用移动电话，汽车生产厂家也应提高汽车内部电子设备的抗电磁干扰能力。

（2）移动电话对人体的危害。截止到 2000 年 5 月底，我国的移动电话用户数已达到3209 万。移动电话使用时靠近人体对电磁辐射敏感的大脑和眼睛，对机体的健康效应已引起人们重视。随着移动电话的日益普及，手机能够诱发脑瘤的报道不时见诸报端，引发了公众对电磁辐射污染的关注。

手机无线电波和自然界的可见光、医疗用的 X 射线以及微波炉所产生的微波，都属于电磁波，只是频率各不相同。X 射线的频率可超过百万兆赫兹，至于手机所用的无线电波，则大约只有数百万赫兹。通话时手机的无线电波有两成至八成会被使用者吸收。

那么，吸收了手机无线电波，是否会影响健康呢？从辐射强度来看，通过几种类型不同的移动电话天线近距离（5～10cm）范围内的辐射强度分析，其场强平均超过我国国家标准规定限值（50μW/cm^2）的 4～6 倍。有一种类型手机的天线近场区场强度竟高达5.97mW/cm^2，超过标准近 120 倍，在这么高的辐射场强长期反复作用下，可以肯定会造成危害和影响。

近来有越来越多的证据指向手机，其一是热效应，是指手机所使用的无线电波，被人体吸收后，会使局部组织的温度升高，若一次通话过久，而且姿势保持不变，也会使局部组织温度升高，造成病变。

另外也有研究发现，经常使用手机，会有头痛、记忆力减退等症状，这则是因为手机无线电波所形成的非热效应所造成。研究报告显示，使用手机越频繁，则产生头痛的概率就越增加，每天使用 2～15min 的人，头痛的概率会高于使用少于 2min 人的两倍，而使用15～60min 的人会高于 3 倍，超过 1h 的人则会高出 6 倍。

由于手机的非热效应具有潜在的危险性，所以使用手机每次通话时间不宜过长；此外，一些免持听筒的装置，可避免天线过于贴近身体，可减低无线电波被身体吸收的比例。

研究显示，手机电磁波是有累积效应的，这个实验以 200 只老鼠做实验，100 只有受电磁波照射、另 100 只没有，经过了一年半后，受电磁波照射的老鼠死了，医生解剖发现，其脑瘤 9 个月后即已显现，且逐渐增加。依此推论，人体的累积效应十年后才会显现出来，而得到肿瘤的概率大幅度提高。

不管电磁波照射人体全部或部分都会因为热作用的关系使人体体温上升，通常人体内的血流会引起扩散排除热能的作用，但眼球部分很难由血流来排除热能，所以容易产生白内障。在瑞典，有 4 个人长期使用手机，结果造成与惯用接听耳朵同侧的眼角膜溃烂产生血块，进而造成单眼失明。瑞典、挪威、芬兰等国因长期使用手机而对人体造成的问题陆续显现。

移动电话电磁辐射基本上只对使用者产生电磁辐射危害，属近场电磁辐射污染，影响局限，目前我国没有相关标准和测量方法，在我国制定移动电话电磁辐射卫生标准十分必要。

6.3　电磁辐射的测量及标准

6.3.1　电磁辐射的测量技术

6.3.1.1　污染源调查与分类

为了明确一个地区主要电磁污染源的种类、数量以及设备的使用情况，建议以地区所在地政府或环保部门的名义发出调查表，由各个工厂企业与街道商店逐项填报清楚，在调查基础上，按频率或工作时间进行场源分类。

6.3.1.2　区域划分

根据射频设备的分布情况、污染源类别、设备工作频率的不同，进行区域的划分。区域划分不宜过细，一般可归纳为下述几类：微波设备集中污染区；甚高频设备集中污染区；高频设备集中污染区；一般污染；交通干线火花干扰区；干净区。

6.3.1.3　污染测量布点方法

我国在远区场强或干扰场强的测量上，过去一般多采用梅花瓣法，即以场源为中心，在每间隔45°角的八个方位上进行不同半径距离上的定点测量。然而，对于电磁污染场强的测量，是在全额段内既有近区强场测定，又有远区弱场测定，换句话说，有保护人体健康、防止引燃引爆的安全性监测，也有避免信号干扰的场强监测。电磁污染的测量应当与干扰测量有所区别，干扰测量寓于污染测量之中。

（1）整个区域空间场强分布的测量。将全区划分成若干个小方格子，每个小方格子各代表0.5×0.5或1×1（平方千米）。然后在每个小方格的四角上作为测定点，进行10~16点的监测，测定速率为每个频率一分钟。对于场源较少的城市，可以作大间隔的均匀布点，这时最好以功率最大的射频设备为水平零点，向东西南北划分大方格子，进行定点测量。

（2）各类主要射频设备漏场与辐射强度测量。以设备为零点，作间隔45°八个方位的测定。每个方位上测点选在0.5m、1m、2m、5m、10m、20m、40m…间隔大小的确定应与测量结果的处理方法相一致。

（3）交通干线汽车火花干扰测量。以交通干线为零点，取一个垂直于此干线的方位，作间隔10m的测量。上述三方面的测量，其高度均选为3m与3.5m为基准高度。测量数据取其峰值场强与均值场强。

（4）测量数据处理、综合分析与绘制辐射图。将场强测量数据进行处理，列出方格交叉处的场强值、场强与频率特性表、场强与信号干扰半径特性表、场强与人体作用半径特性表、场强与时间变化关系特性表（或曲线）。

在上述工作基础上绘制污染图与分类图，提出治理规划。

6.3.1.4　近场仪与远场仪配合使用

基于上述测量方法，要求有两类仪器配合使用，即近场仪与远场仪。

6.3.2 电磁辐射防护标准

电磁辐射防护标准参见电磁辐射防护规定（GB 8702—1988）。

6.4 电磁辐射污染的控制

6.4.1 高频设备的电磁辐射防护

高频设备的电磁辐射防护的频率范围一般是指 0.1～300MHz，如高频炉、医用理疗机、治疗机等，其防护技术有如下几种。

6.4.1.1 屏蔽技术

屏蔽的目的是采用一定的技术手段，将电磁辐射的作用和影响限制在指定的空间之内。高频设备电磁辐射的屏蔽须采用合适的屏蔽材料，一般认为，铜、铝等金属材料宜用作屏蔽体以隔离磁场和屏蔽电场。

6.4.1.2 接地技术

高频防护接地（也称射频接地）的作用就是将在屏蔽体（或屏蔽部件）内由于感应生成的射频电流迅速导入大地，使屏蔽体（或屏蔽部件）本身不致再成为射频的二次辐射源，从而保证屏蔽作用的高效率。射频接地的技术要求有：射频接地电阻要最小；接地极一般埋设在接地井内；接地线与接地极以用铜材为好；接地极的环境条件要适当。

6.4.1.3 滤波

线路滤波的作用就是保证有用信号通过，并阻截无用信号通过。电源网络的所有引入线，在其进入屏蔽室之外必须装设滤波器。若导线分别引入屏蔽室，则要求对每根导线都必须进行单独滤波。

6.4.1.4 距离防护

适当地加大辐射源与被照体之间的距离可较大幅度地衰减电磁辐射强度，减少被照体受电磁辐射的影响。应用时，可简单地加大辐射体与被照体之间的距离，也可采用机械化或自动化作业，减少作业人员直接进入强电磁辐射区的次数或工作时间。

6.4.1.5 个体防护

个体防护是对被高频电磁辐射人员，如在高频辐射环境内的作业人员进行防护，以保护作业人员的身体健康。常用的防护用品有防护眼镜、防护服和防护头盔等。这些防护用品一般用金属丝布、金属膜布和金属网等制作。

6.4.1.6 其他防护措施

其他防护措施主要有：（1）采用电磁辐射阻波抑制器，通过反作用场在一定程度上抑制无用的电磁散射；（2）在新产品和新设备的设计制造时，尽可能使用低辐射产品；（3）从规划着手，对各种电磁辐射设备进行合理安排和布局，特别是对射频设备集中的地段，要建立有效防护范围。

6.4.2 广播、电视发射台的电磁辐射防护

广播、电视发射台的电磁辐射防护首先应该在项目建设前，进行电磁辐射环境影响评

价，实行预防性卫生监督，提出预防性防护措施，包括防护带要求。如果业已建成的发射台对周围区域造成较强场强，一般可考虑以下防护措施：（1）在条件许可的情况下，改变发射天线的结构和方向角，以减少对人群密集居住方位的辐射强度；（2）在中波发射天线周围场强大约为15V/m、短波场强为6V/m的范围设置一片绿化带；（3）通过用房调整，将在中波发射天线周围场强大约为10V/m、短波场源周围场强为4V/m范围内的住房改作非生活用房；（4）利用对电磁辐射的吸收或反射特性，在辐射频率较高的波段，使用不同的建筑材料，包括钢筋混凝土，甚至金属材料覆盖建筑物，以衰减室内场强。

6.4.3 微波设备的电磁辐射防护

6.4.3.1 减少源的辐射或泄漏

这项措施在进行雷达等大功率发射设备的调整和试验时尤为重要。实际应用中，可利用等效天线或大功率吸收负载的方法来减少从微波天线泄漏的直接辐射，利用功率吸收器可将电磁能转化为热能散掉。

6.4.3.2 实行屏蔽

使用板状、片状和网状的金属组成的屏蔽壁来反射散射的微波，这种方法可以较大地衰减微波辐射作用。使用能吸收微波辐射的材料做成缓冲器，如生胶和羰基铁的混合层等，以降低微波加热设备传递装置出入口的微波泄漏，或覆盖住屏蔽设备的反射器，以防止反射波对设备正常工作的影响。

6.5 静电危害及其防治

6.5.1 静电灾害的类型

静电对工业生产的危害可分为三类：

（1）静电的力学效应引起的吸附或排斥作用给生产带来的影响，以及由静电的放电效应引起的电子元件的击穿损害和放电噪声导致的计算机误动作等。

（2）由于静电放电火花作为点火源所引起的突发性燃爆事件，它带来一次性的巨大损失，使生产设备破坏，并且造成人员伤亡。这类静电危害称为静电灾害，或称为静电事故，大多发生在石油、化工、粉体加工、火炸药及火工品等部门。

（3）对人体的电击是第三类静电危害，电击往往是由于人手与带电体发生放电时，放电电流通过人体内部，对心脏、神经等部位造成伤害。

对于静电引起的灾害，就行业而言，以化工、石油、粉体加工品生产等事故最多。就季节而言，气候干燥的冬季较多。就气温来说，气温高而相对湿度又小容易发生静电灾害。

6.5.2 静电危害的防治

6.5.2.1 控制静电场所的危险程度

在静电放电的场所，必须有可燃物或爆炸性混合物的存在，才能形成静电火灾和爆炸事故。因此控制或排除放电场所的可燃物，就成为预防静电灾害的重要措施之一。

（1）用非可燃物取代易燃物。在石油化工等许多行业的生产工艺过程中，都要大量使用有机溶剂和易燃液体（如煤油、汽油和甲苯等），这样就给静电放电场合带来了很大的火灾危险性。在机件设备的清洗中，如果采用非燃烧性的碳酸钠、磷酸三钠、苛性钾、水玻璃的水溶液等取代煤油或汽油时，就会大大减少机件洗涤过程中的静电危害。

（2）减少氧化剂含量。在有火灾和爆炸危险场所充填氮、二氧化碳或其他不活泼的气体，以减少气体、蒸气或粉尘爆炸性混合物中氧的含量，消除燃烧条件，防止火灾和爆炸。一般情况下，混合物中氧的含量不超过 8% 时即不会引起燃烧。对于镁、铝、锆、钛等粉尘爆炸性混合物，充填氮或二氧化碳是无效的，应采用充填氩、氦等惰性气体，才能防止火灾和爆炸。

6.5.2.2　工艺控制

（1）根据带电序列选用不同材料。不同物体之间相互摩擦，物体上所带电荷的极性与它在带电序列中的位置有关，一般在带电序列中的两种物质摩擦，前者带正电，后者带负电。于是可根据这个特性，在工艺过程中，选择两种不同材料，与前者摩擦带正电，而与后者摩擦带负电，最后使物料上所形成的静电荷互相抵消，从而达到消除静电的效果。

根据带电序列适当选用不同材料而消除静电的方法称为正、负相消法。比如铝粉与不锈钢漏斗摩擦带负电，而与虫胶漏斗摩擦带正电，用这两种材料按比例搭配制成的漏斗，就可避免静电荷积聚的危险。

（2）选择不易起电材料。当物体的电阻率达到 $10^9\Omega\cdot cm$ 以上时，物体间只要相互摩擦或接触分离，就会带上几千伏以上的静电高压。因此在工艺和生产过程中，可选择电阻率在 $10^9\Omega\cdot cm$ 以下的物质材料，以减少摩擦带电。比如煤矿开采中，传输煤皮带的托辊是绝缘塑料制品，应换成金属或导电橡胶，就可避免静电荷的产生和积聚。

（3）降低摩擦速度或流速。降低摩擦速度或流速，可限制静电的产生。在制造电影胶卷时，若底片快速地绕在转轴上，会产生几十千伏的静电高压，与空气放电，使胶片感光而留下斑痕；又如油品在灌装或输送过程中，若流速过快，就会增加油品与管壁的摩擦速度，从而产生较高的静电。因此，降低摩擦速度，限制流速，对减少静电的产生非常重要。

一般输油管径为 1cm、5cm 和 10cm 时，其最大流速分别为 8m/s、3.6m/s 和 2.5m/s。对于非烃类液体，管径不超过 12mm 的乙醚管道和管径不超过 25mm 的二硫化碳管道，最大流速均不应超过 1.5m/s。输送酯类、酮类、醇类液体的管道，如不发生喷射，允许最大流速不超过 10m/s。

6.5.2.3　接地

接地是消除静电危害最常见的方法，主要用来消除导体上的静电。在生产过程中，以下工艺设备应采取接地措施：

（1）加工、储存和运输设备。凡是用来加工、储存、运输各种易燃液体、可燃气体和粉体的设备，如储存池、储气罐、产品输送装置、封闭的运输装置、排注设备、混合器、过滤器、干燥器、升华器、吸附器、反应器等都必须接地。如果袋形过滤器由纺织品或类似物品制成时，建议用金属丝穿缝并予以接地。

（2）辅助设备。注油漏斗、浮动罐顶、工作站台、磅秤、金属检尺等辅助设备均应接地。油壶或油桶装油时，应与注油设备跨接起来，并予以接地。

（3）管道。工厂及车间的氧气、乙炔等管道必须连接成一个整体，并予以接地。其他所有能产生静电的管道和设备，如油料输送设备、空气压缩机、通风装置和空气管道，特别是局部排风的空气管道，都必须连接成一体接地。平行管道相距 10cm 以内时，每隔 20m 应用连接线互相连接起来。

（4）油槽车。油槽车在行驶时，由于汽车轮胎与路面有摩擦，汽车底盘上会产生危险的静电电压。为了导走静电电荷，油槽车应带有金属链条，链条一端和油槽车底盘相连，另一端与大地接触。油槽车在装油之前，应同贮油设备跨接并接地。

（5）工艺设备。在有产生和积累静电的固体和粉体作业中，如压延机，上光机，各种辊轴、磨、筛、混合器等工艺设备均应接地。

静电接地的连接线应保证足够的机械强度和化学稳定性，连接应当可靠，不得有任何中断之处。接地电阻最大不应超过 1000Ω。

6.5.2.4 增湿

有静电危险的场所，在工艺条件许可时，可以安装空调设备、喷雾器或采用挂湿布条的办法，以提高空气相对湿度，消除静电的危险。用增湿法消除静电的效果是很显著的。

为了消除静电，在有静电危害的场所，如果生产条件允许，场所相对湿度应保持在 70% 以上较为适宜。如果相对湿度低于 30% 时，会产生强烈的静电，因此相对湿度不应低于 30%。

6.5.2.5 抗静电剂

抗静电剂是一种表面活性剂。在绝缘材料中如果加入少量的抗静电剂，就会增大材料的导电性和亲水性，使绝缘性能受到破坏，体表电阻率下降，促进绝缘材料上的静电荷被导走。抗静电剂的种类很多，概括起来有以下几种：

（1）无机盐类。这类抗静电剂包括碱金属和碱土金属的盐类，如硝酸钾、氯化钾、氯化钡、醋酸钾等。这类抗静电剂自身不能成膜，一般要求甘油等成膜物质配合使用。

（2）表面活性剂类。这类抗静电剂包括脂肪族磺酸盐、季铵盐、聚乙二醇、多元醇等。其中离子型表面活性剂靠表面离子来增大导电性。

（3）无机半导体类。这类抗静电剂包括无机半导体盐，如亚铜、银、铋、铝等元素的卤化物。这类抗静电剂还包括导电炭黑等。

（4）电解质高分子聚合物类。这类抗静电剂自己能形成低电阻薄膜，是带有不饱和基的高分子聚合物，如苯乙烯季铵化合物等。

在聚酯薄膜行业，采用烷基二苯醚碘酸钾（DPE）作表面涂层，有良好的抗静电作用。实验表明：对于涤纶薄膜（胶片），在相对湿度为 65% 的情况下，使用这种抗静电剂，可将其表面电阻率从 $10^{15}\Omega$ 的数量级降低到 $10^{7}\Omega$ 的数量级；如果相对湿度在 60% 以下，也可将其表面电阻率降低到 $10^{9}\Omega$ 的数量级。

6.5.2.6 静电中和器

静电中和器又称静电消电器，它是利用正、负电荷相中和的方法，达到消除静电的目的。按照工作原理和结构的不同，大体上可分为感应式中和器、高压式中和器、放射线式中和器和离子流式中和器。

（1）感应式中和器。放电尖针端在带电体感应下出现异性电荷，当空间出现场强超过 $25\sim30kV/cm$ 的强电场时，空气被电离，形成电晕放电。异性离子在电场作用下向带电体运动，于是带电体上的电荷得到中和。

例如，从身上急速脱下的化纤衣服带静电后，其纤维是立起的，若拿一只大头针接近，可发现纤维下垂，这就是静电中和现象。还有，武当山天柱峰的金顶是一个全金属的古建筑物，数百年来，周围的人们在雷雨天能看到金顶尖端部位冒"火"，但金顶却安然无恙。这种现象的实质是金顶在带电积云感应下发生的电晕放电中和现象。

感应式中和器不需要外加电源、结构简单、易于制作和安装，可用于石油、化工、橡胶、纺织、造纸等行业。

（2）高压式中和器。这种中和器主要由高压源、放电针、接地极等组成。由于高压源的作用，放电针和接地极之间产生强电场，并发生电晕放电。带电离子在电场作用下定向移动去中和带电体上的电荷，从而消除静电。高压式中和器消电作用强、消电比较彻底，但一般结构的这种中和器有火花放电的危险，故不能用于有爆炸危险的环境。

（3）放射线式中和器。这种中和器主要由微量放射性元素和遮罩框组成。α、β射线能使空气电离，因此，将遮罩框开口对着带电体，并接近到一定距离就可发生消电作用。由于它可能产生放射性污染，应用不多。

（4）离子流式中和器。离子风嘴可产生大量的带有正负电荷的气流，被压缩气高速吹出，可以将物体上所带的电荷中和掉。当物体表面所带电荷为负电荷时，它会吸引气流中的正电荷；当物体表面所带电荷为正电荷时，它会吸引气流中的负电荷，从而使物体表面上的静电被中和，达到消除静电的目的。

参 考 文 献

[1] 陈亢利，钱先友，徐浩瀚. 物理性污染与防治 [M]. 北京：化学工业出版社，2006.

[2] 张宝杰，乔英杰，赵志伟. 环境物理性污染控制 [M]. 北京：化学工业出版社，2003.

[3] 张淑琴，张彭. 电磁辐射的危害与防护 [J]. 工业安全与环保，2008 (4)，26～27.

[4] 郑玉玲，于建军，覃竞亮，黄家运. 电磁污染的危害与防护研究进展 [J]. 职业与健康，2011 (6)，689～691.

[5] 李林，单长吉，党兴菊. 电磁辐射对人体健康的影响分析 [J]. 黑龙江科技信息，2009 (9)：10.

[6] 徐晓萍，许玉昆，高强，那丹彤. 电磁辐射的作用、危害及屏蔽 [J]. 中国新技术新产品，2009 (12)：10.

[7] 罗穆夏，张普选，马晓薇，杨文芬. 电磁辐射与电磁防护 [J]. 中国个体防护装备，2009 (5)：26～30.

[8] 苏镇涛，周红梅，胡向军，杨国山. 电磁辐射防护材料人体防护性能评价研究 [J]. 辐射防护，2009 (4)：232～236.

[9] 查振林，许顺红，卓海华. 电磁辐射对人体的危害与防护 [J]. 北方环境，2004 (3)：26～28.

[10] 李连山，杨建设. 环境物理性污染控制工程 [M]. 武汉：华中科技大学出版社，2009.

[11] 杨红萍. 电磁辐射的危害与防护 [J]. 科技信息（科学教研），2007 (33)：367～407.

[12] 王伟. 浅析电磁辐射的危害与防护 [J]. 科技视界，2013 (9).

[13] 郑燕平，许萍，祝军，吕玉新. 浅谈电磁辐射对人体的危害与防护 [J]. 中国环境管理干部学院学报，2007 (2)：87～89.

[14] 梅子. 电磁辐射对人体的危害与防护 [J]. 家电大视野，2000 (1)：47～48.

[15] 刘玉娟. 电磁污染的危害与防护 [J]. 装备制造，2009 (2)：124.

7 放射性污染防治

7.1 环境中的放射性

7.1.1 放射性

在人类生存的地球上，自古以来就存在着各种辐射源，人类也就不断地受到照射。随着科学技术的发展，人们对各种辐射源的认识逐渐深入。1895 年伦琴发现 X 射线，这是人类首次发现放射性现象；1896 年，法国物理学家贝可勒耳发现放射性，并证实其不因一般物理、化学影响发生变化，由此获得 1903 年的诺贝尔物理学奖。1898 年居里夫人发现放射性镭元素，极大地推动了放射性研究。而爱因斯坦相对论中重要的质能方程（$E = mc^2$）为高能粒子研究提供了理论基础，使人类利用核能成为可能。此后，原子能科学得到了飞速的发展。特别是随着核能事业的发展和不断进行核武器爆炸试验，给人类环境又增添了人工放射性物质，对环境造成了新污染。近几十来，全世界各国的科学家在世界范围内对环境放射性的水平进行了大量的调查研究和系统的监测。对放射性物质的分布、转移规律以及对人体健康的影响有了进一步的认识，并确定了相应的防治方法。

辐射是能量传递的一种方式，辐射依能量的强弱分为三种：

（1）电离辐射。能量最强，可破坏生物细胞分子，如 α、β、γ 射线。

（2）有热效应非电离辐射。如微波、光，能量弱，不会破坏生物细胞分子，但会产生温度。

（3）无热效应非电离辐射。如无线电波、电力电磁场，能量最弱，不破坏生物细胞分子，也不会产生温度。

产生放射性的原子核反应过程主要包括衰变、裂变和聚变，其中衰变和裂变是地球上最常见的放射性源，是指原子核放射出高能射线（粒子），转变或分裂成其他一个或多个新元素原子核的过程。核聚变主要是指在极高温度和压力下，由轻核聚合成重核，同时放射出高能射线（粒子）的过程，它是大多数恒星发光、发热的源泉。原子核的衰变、裂变和聚变过程放射出的射线主要有 α、β、γ 和 X 射线四种。

α 射线是高速运动的 α 粒子。α 粒子实际上是带两个正电荷、质量数为 4 的氦核。α 粒子从原子核发射出来的速度在 $(1.4 \sim 2.0) \times 10^9 \, cm/s$ 之间。虽然由于质量太重而导致自身在室温时，在空气中的行程不超过 10cm，用普通一张纸就能够挡住，但它具有极强的电离作用。

β 射线是高速运动的 β 粒子。β 粒子实际上是带负电的电子，其运动速度是光速的 30% ~ 90%，通常可在空气中飞行上百米，用几毫米的铝片屏蔽就可以挡住 β 射线，其电离能比 α 射线弱得多。

γ 射线实际就是光子，速度与光速相同，它与 X 射线相似，但波长较短，因此其穿透能力较强，需要几厘米厚的铅或 1m 厚的混凝土才能屏蔽，但其电离能力较弱。

X 射线也称"伦琴射线"。其波长介于紫外线和 γ 射线之间的电磁波，具有可见光的一般特性，如光的直线传播、反射、折射、散射和绕射等，速度也与光速相同。它的能量一般为几 MeV（百万电子伏）至几百万 MeV，比几个 MeV 的可见光的光子高得多。X 射线与 γ 射线产生机制不同，X 射线是由核外电子发射的连续能谱辐射；γ 射线则由原子核衰变时的能量发射产生，由核内发射。

7.1.2 核物理学与核技术的发展

核物理学与核技术的发展已经有近百年的历史，发展过程可粗略划分为三个阶段：

（1）第一阶段从 19 世纪末到 20 世纪 40 年代，为核物理基础研究阶段。这一阶段世界各国许多科学工作者取得了一系列基础研究的重大发现和突破，为以后核物理学与核技术的发展奠定了理论基础。例如，放射线的发现、原子核结构模型的建立、同位素概念的提出、人工放射线与核裂变的发现等。

（2）第二阶段从 20 世纪 40 年代至 50 年代，为核军事应用与竞争阶段。在第二次世界大战中美国赶在纳粹德国之前造出原子弹，于 1945 年爆炸了世界上第一颗原子弹。1949 年前苏联第一颗原子弹爆炸成功。1952 年和 1953 年美国和前苏联相继研制成功氢弹。

（3）第三阶段从 20 世纪 50 年代至今，为核军事研究与核能和平利用并举阶段。在这期间，美国和前苏联继续发展核武器，而其他国家为了打破美国和前苏联的核垄断而加速进行核武器的试验。英国、法国、中国、印度等国相继爆炸了自己的原子弹或核装置。

在此期间，核能与核技术已经大规模地应用开创了核能和平利用的新阶段，核物理学与核技术的应用出现了前所未有的高潮。1954 年前，苏联建成第一座核电站各国陆续开展了研究，如核动力客轮下水、原子能破冰船起航、辐射育种、辐射不育技术消灭病虫害、建立放射性免疫测定技术等，同时，人们把目光转向解决紧迫的社会问题和生活中的问题，如环境保护、海水淡化、能源开发、生物工程、癌症的诊断与治疗等。

到了 20 世纪 70 年代，核技术已在许多方面形成了新兴的产业。在西方发达国家，核物理学与核技术的应用已经深入到国民经济的各个领域，技术日趋成熟，并不断取得新进展。

进入 20 世纪 80 年代以后，随着计算机、电子学以及其他新材料、新技术广泛应用，使核物理学出现了新的发展高潮，其应用领域更加广泛，发挥的作用也越来越大。据不完全统计，1960~1985 年应用核物理与核技术的累积经济效益约为 800 亿美元。其社会效益的影响就更大，仅就核医学而言，它已拯救了成千上万人的生命。此外，核能发电、核能取暖、辐射加工、放射性药物、核仪器等核技术对社会、经济和科学的发展已起到了非常重要的作用。

但在核技术的发展过程中，放射性废物的排放量也不断增加，已严重威胁着自然环境和人类生产、生活，如前苏联切尔诺贝利核电站核物质泄漏，对当地的环境和居民的健康造成严重的危害。因此放射性污染的防治也是环境污染控制的重要任务之一。

7.1.3 环境中放射性的来源

放射性污染之所以被人们强烈关注，主要是由于放射性的电离辐射具有以下特征：
（1）绝大多数放射性核素的毒性按致毒物本身质量计算，均远远高于一般的化学毒物。
（2）辐射损伤产生的效应可能影响遗传，给后代带来隐患。（3）放射性剂量的大小只有辐射探测仪器方可探测，非人的感觉器官所能知晓。（4）射线的辐照具有穿透性，特别是 γ 射线可穿过一定厚度的屏障层。（5）放射性核素具有蜕变能力。当形态变化时，可使污染范围扩散。如 ^{226}Ra 的衰变子体 ^{222}Rn 为气态物，可在大气中逸散，而此物的衰变子体 ^{218}Po 则为固态，易在空气中形成气溶胶，进入人体后会在肺器官内沉积。（6）放射性活度只能通过自然衰变而减弱。此外，放射性污染物种类繁多，在形态、射线种类、毒性、比活度以及半衰期、能量等方面存在极大差异，在处理上相当复杂。

环境中的放射性具有天然和人工两个来源：

（1）天然放射性的来源。环境中天然放射性的主要来源是宇宙射线和地球固有元素的放射性。人和生物在其漫长的进化过程中，经受并适应了来自天然存在的各种电离辐射，只要天然辐射剂量不超过这个本底，就不会对人类和生物体构成危害。

（2）人工放射性污染源。放射污染的人工污染源主要来自以下几个方面：

1）核爆炸的沉淀物。在大气层进行核试验时，爆炸高温体使得放射性核素变为气态物质，伴随着爆炸时产生的大量炽热气体，蒸气携带着弹壳碎片、地面物升上天空。在上升过程中，随着与空气的不断混合、温度的逐渐降低，气态物即凝聚成粒或附着在其他尘粒上，并随着蘑菇状烟云扩散，最后这些颗粒都要回落到地面。沉降下来的颗粒带有放射性，称为放射性沉淀物（或沉降灰）。这些放射性沉降物除落到爆炸区附近外，还可随风扩散到广泛的地区，对地表、海洋、人体及动植物造成污染。细小的放射性颗粒甚至可到达平流层并随大气环流流动，经很长时间（甚至几年）才回落到对流层，造成全球性污染。即使是地下核试验，由于"冒顶"或其他事故，仍可造成上述污染。另外，由于放射性核素都有半衰期，因此这些污染在其未完全衰变之前，污染作用不会消失。其中，核试验时产生的危害较大的物质有 ^{90}Sr、^{137}Cs、^{131}I 和 ^{14}C。核试验造成的全球性污染比其他原因造成的污染重得多，因此是地球上放射性污染的主要来源。随着在大气层进行核试验次数的减少，由此引起的放射性污染也将逐渐减少。

2）核工业过程的排放物。核能应用于动力工业，构成了核工业的主体。核工业的废水、废气、废渣的排放是造成环境放射性污染的一个重要原因。核燃料的生产、使用及回收形成了核燃料的循环，在这个循环过程中的每一个环节都会排放种类、数量不同的放射性污染物，对环境造成程度不同的污染。

① 核燃料生产过程，包括铀矿的开采、冶炼、精制与加工过程。在这个过程中，排放的污染物主要有开采过程中产生的含有氡及氡的子体及放射性粉尘的废气；含有铀、镭、氡等放射性物质的废水；在冶炼过程中产生的低水平放射性废液及含镭、钍等多种放射性物质的固体废物；在加工、精制过程中产生的含镭、铀等的废液及含有化学烟雾和铀粒的废气等。

② 核反应堆运行过程。核反应堆包括生产性反应堆及核电站反应堆等。在这个过程中产生了大量裂变产物，一般情况下裂变产物被封闭在燃料元件盒内。因此，正常运转

时，反应堆排放的废水中主要污染物是被中子活化后所生成的放射性物质，排放的废气中主要污染物是裂变产物及中子活化产物。

③ 核燃料后处理过程。核燃料经使用后运到核燃料后处理厂，经化学处理后提取铀和钚循环使用。在此过程排出的废气中含有裂变产物，而排出的废水既有放射强度较低的废水，也有放射强度较高的废水，其中包含有半衰期长、毒性大的核素。因此燃料后处理过程是燃料循环中最重要的污染源。

对整个核工业来讲，在放射性废物的处理设施不断完善的情况下，处理设施正常运行时，对环境不会造成严重污染。严重的污染往往是由事故造成的，如1986年前苏联的切尔诺贝利核电站的爆炸泄漏事故。因此减少事故排放对减少环境的放射性污染十分重要。

3）其他方面的放射性污染。

① 医疗照射引起的放射性污染。使用医用射线源对癌症进行诊断和医治过程中，患者所受的局部剂量差别较大，大约比通过天然源所受的年平均剂量高出几十倍，甚至上千倍。例如，进行一次肺部 X 射线透视，约接受 $(4\sim20)\times0.0001Sv$ 的剂量（$1Sv$ 相当于每克物质吸收 $0.001J$ 的能量），进行一次胃部透视，约接受 $0.015\sim0.03Sv$ 的剂量。

② 一般居民消费用品，包括含有天然或人工放射性核素的产品，如放射性发光表盘、夜光表及彩电产生的照射等。

③ 科研放射性。科研工作中广泛地应用放射性物质，除了原子能利用的研究单位外，金属冶炼、自动控制、生物工程等研究部门，几乎都有涉及放射性方面的课题和试验。在这些研究工作中都有可能造成放射性污染。

7.1.4　放射性污染在自然环境中的动态

核工业和核试验所产生的放射性物质通过各种途径释放到自然环境中。因此，环境中放射性物质的种类和数量取决于核爆炸和核设施的规模和性质。放射性物质在大气和水体中的迁移以扩散为主，由大气圈和水圈进入土壤以后将参加更复杂的迁移和变化过程。进入环境中的放射性物质不能用化学、物理和生物方法使之减少或消除，只能使它们从一种环境介质转移到另一种环境介质中。所以，放射性物质从环境中的消除只能随着时间的推移自行衰变而消失。

7.1.4.1　放射性污染在大气中的动态

核试验和核设施的生产过程中向大气释放了大量的放射性气体及放射性气溶胶，造成了地球大气圈的局部或全球性污染。根据联合国原子辐射效应委员会1982年提交联合国大会的报告指出，从1945年到1980年底全世界共进行了800多次核试验，对全球所有居民造成的总的集体有效剂量当量约 $3\times10^7Sv/$人，其中外照射为 $2.5\times10^6Sv/$人、内照射为 $2.7\times10^7Sv/$人。放射性核素在大气中的动态与相应的稳定同位素相同，只是前者具有衰变特性，随着时间的推移，从环境中逐渐消失。一些放射性核素半衰期虽短，但它的子体寿命很长，其危险性不可低估，如 ^{90}Kr 的半衰期只有 ^{33}S，但它的第二代子体 ^{90}Kr 却具有较大的危害。

放射性污染在大气中的稀释与扩散和许多气象因素有关，如风向、风速、温度和温度梯度等。特别是温度梯度对局部地区的大气污染有直接的关系。

放射性气体或气溶胶除了随空气流动扩散稀释外，放射性气溶胶的沉降也能使其浓度降低。例如，一些大颗粒的气溶胶粒子能在较短的时间内沉降到地球表面。

大气对氩、氙等惰性气体几乎没有净化作用，它们主要靠自行衰变而减少。^{14}C 和^{3}H可以通过生物循环进入人体，参与生物的基础代谢过程。

7.1.4.2 放射性污染在水中的动态

放射性物质可以通过各种途径污染江、河、湖、海等地面水。其主要来源有核设施排放的放射性废水、大气中的放射性粒子的沉降、地面上的放射性物质被冲洗到地面水源等。而地下水的污染主要是由被污染的地面水向地下的渗透造成的。

放射性物质在水中以两种形式存在：溶解状态（离子形式）和悬浮状态。两者在水中的动态有各自的规律。水中的放射性污染物，一部分吸附在悬浮物中而下沉至水底，形成被污染的淤泥，另一部分则在水中逐渐的扩散。

排入河流中的污染液与整个水体混合需要一定的时间，而且取决于完全混合前所经流程的具体条件。研究表明，进入地面水的放射性物质，大部分沉降在距排放口几公里的范围内，并保持在沉渣中，当水系中有湖泊或水库时，这种现象更为明显。

沉积在水底的放射性物质，在洪水期间被波浪急流搅动有再悬浮和溶解的可能，或当水介质酸碱度变化时它们再被溶解，形成对水源的再污染。

当放射性污水排入海洋时，同时向水平和垂直两个方向扩散，一般水平方向扩散较快，排出物随海流向广阔的水域扩展并得到稀释。在河流入海时，因咸淡水的混合界面处有悬浮物的凝聚和沉淀，故河口附近的海底沉积物中放射性物质浓度较大。

溶解和悬浮状态的放射性物质，还可以被微生物吸收和吸附，然后作为食物转移到比较高级的生物体中。这些生物死亡后，又携带着放射性物质沉积在水底。

放射性物质在地下水的迁移和扩散主要受到下列因素的影响：放射性同位素的半衰期、地下水流动方向和流速、地下水中的放射性核素向含水岩层间的渗透。从放射性卫生学的观点来看，长寿命放射性核素污染地下水是相当危险的。

在地下水流动过程中，水中含有的化学元素（包括放射性元素）与岩层发生化学作用，地下水溶解岩层中的无机盐，而岩层又吸附地下水中的某些元素。被岩层吸附的某些放射性核素仍有解除吸附再污染的可能。

放射性物质不仅在水体内转移扩散，还可以转移到水体以外的环境中去。如用污染水灌溉农田时会造成土壤和农作物的污染。用取水设备汲取居民生活用水或工业用水，也会造成放射性污染的转移和扩散。

7.1.4.3 放射性污染在土壤中的动态

大气中放射性尘埃的沉降、放射性废水的排放和放射性固体废物的地下埋藏，都会使土壤遭到污染。存在于岩石和土壤中的放射性物质，由于地下水的浸滤作用而受损失，地下水中的天然放射性核素主要来源于此途径。此外，黏附于地表土壤颗粒上的放射性核素，在风力的作用下，可转变成尘埃或气溶胶，进而转入到大气圈，并进一步迁移到植物或动物体内。土壤中的某些可溶性放射性核素被植物根部吸收后，继而输送到可食部分，接着再被食草动物采食，然后转移到食肉动物，最终成为食品和人体中放射性核素的重要来源之一。土壤中放射性水平增高会使外照射剂量提高。因此土壤的污染给人类带来了多方面的危害。

放射性物质在土壤中以三种状态存在：（1）固定型。比较牢固地吸附在黏土矿物质表面或包藏在晶格内层，既不能被植物根部吸收，又不能在土壤中迁移。（2）离子代换型。以离子形态被吸附在带有阴性电荷的土壤胶体表面上，在一定条件下，可被其他阳离子取代解吸下来。（3）溶解型。以游离状态溶解在土壤溶液里，它最活泼也容易被植物吸收，在雨水的冲淋下或农田灌溉水冲刷下渗入土壤下层，或向水平方向扩散。

沉降并保留在土壤中的放射性污染物绝大部分集中在6cm深的表土层内。土壤主要由岩石的侵蚀和风化作用而产生，其中的放射性污染物是从岩石转移而来的。由于岩石的种类很多，受到自然条件的作用程度也不尽一致，因此土壤中天然放射性核素的浓度变化范围是很大的。土壤的地理位置、地质来源、水文条件、气候以及农业历史等都是影响土壤中天然放射性核素含量的重要因素。

放射性核素在不同植被层覆盖的土壤中分布有很大不同。农业耕作措施可以改变放射性物质在土壤中的分布。降雨量的多少和降雨强度的大小影响到放射性核素从土壤中流失和转移。土壤中的生物能够分解有机物，改变土壤的机械结构功能，对其中放射性物质的动态有一定的影响。

关于土壤中放射性物质水平迁移目前研究得较少。据报道，有适当离子交换能力和地下水渗入的土壤里，^{90}Sr 每天以 1.1 ~ 1.3cm 的速度向水平方向移动，估计一年中水平迁移的距离不超过5m。

7.1.5 我国核辐射环境现状

各地陆地的 γ 辐射空气吸收剂量率仍为当地天然辐射本底水平，环境介质中的放射性核素含量保持在天然本底涨落范围。我国整体环境未受到放射性污染，辐射环境质量仍保持在原有水平。

在辐射污染源周围地区，环境 γ 辐射空气吸收剂量率、气溶胶或沉降物总 β 放射性比活度、水和动植物样品的放射性核素浓度均在天然本底涨落范围。广东大亚湾核电站和浙江秦山核电厂周围地区放射监测结果表明，辐射水平无变化，饮水中总 α、总 β 放射性水平符合国家生活饮用水水质标准。

自 1992 年，浙江省辐射环境监测站对秦山核电基地外围环境辐射水平进行了连续的监督性监测，结果如下：

（1）1992 ~ 2005 年，秦山核电基地外围环境 20km 范围内 γ 辐射空气吸收剂量率，大气气溶胶总 α、总 β 放射性比活度，^{3}H、^{14}CO$_2$ 浓度，沉降物总 β 水平，陆地淡水（饮用水、湖塘水、井水）放射性水平，各种土壤介质和生物（指示植物茶叶和松针中^{3}H 除外）放射性核素比活度等各项指标的监测结果均与对照点处同一水平，在本底涨落范围内。

（2）秦山核电基地外围环境中指示植物茶叶和松针样品中^{3}H 的活度高于对照点。

（3）自秦山三期重水堆运行后，在秦山核电基地气载流出物排放的主导风向方位上监测到空气中^{3}H 含量和雨水中^{3}H 含量高于运行前该地区的本底值和对照点（杭州）测量值，而且有逐年升高的趋势，但年排放量仍低于国家管理目标值。在 2005 年的个别时段，三期核电厂排放口海水样品中^{3}H 浓度远高于取水口。

7.2　辐射剂量学

7.2.1　放射性环境保护有关的量和概念

7.2.1.1　集体剂量当量

一定群体的集体剂量当量 S 是以各组内人均所接受的剂量当量 H_i（全身的有效剂量当量或任一器官的剂量当量）与该组人数相乘，然后相加即得总的剂量当量数，即：

$$S = \sum H_i N_i \qquad (7-1)$$

式中，H_i 为受照射群体中第 i 组内人均剂量当量；N_i 为该组的成员数。

7.2.1.2　剂量当量负担和集体剂量当量负担

在某种情况下，群体由于某种辐射源受到长时间的持续照射。为了评价现时的辐射实践在未来造成的照射，故引入剂量当量负担 H_c。群体所受的剂量当量率是随时间变化的，对某一指定的群体受某一实践的剂量当量负担，是按平均每人的某个器官或组织所受的剂量当量率 $H(t)$ 在无限长的时间内的积分，即：

$$H_c = \int_0^8 H(t)\,\mathrm{d}t \qquad (7-2)$$

受照射的人群数不一定保持恒定，其中也包括实行这种实践以后所生的人。

同样，对于特定的群体，只要将集体剂量当量率进行积分，可以定义出一个集体剂量当量负担。

7.2.1.3　关键居民组

关键居民组是从群体中选出的具有某些特征的组，他们从某一辐射实践中受到的照射水平高于受照群体中其他成员。因此，在放射性环境保护中以关键居民组的照射剂量衡量该实践对群体产生的照射水平。

7.2.1.4　关键照射途径

关键照射途径指某种辐射实践对人产生照射剂量的各种途径（如食入、吸入和外照射等），其中某一种照射途径比其他途径有更为重要的意义。

7.2.1.5　关键核素

某种辐射实践可能向环境中释放几种放射性核素，对受照人体或人体若干个器官或组织而言，其中一种核素比其他核素有更为重要的意义时，称该核素为关键核素。

7.2.2　辐射效应的有关概念

7.2.2.1　随机效应和非随机效应

辐射对人的有害效应分为随机效应和非随机效应。

（1）随机效应。随机效应是指辐射引起有害效应的概率（不是指效应的严重程度）与所受剂量大小成比例的效应。这种效应没有阈值，所以剂量和效应呈线性无阈的关系。躯体的随机效应主要是辐射诱发的各种恶性肿瘤（癌症）。辐射所致遗传效应也是随机效应。

（2）非随机效应。非随机效应是指效应严重程度与所受剂量大小的关系，而且存在着阈值剂量。某些非随机效应是特殊的器官或组织所独有的，如眼晶体的白内障、皮肤的良性损伤以及性细胞的损伤引起生育能力的损害等。

7.2.2.2 危险度和危害

A 危险度

危险度 r_i 是指某个组织或器官接受单位剂量照射后引起第 i 种有害效应的概率。ICRP规定全身均匀受照时的危险度为 10^{-2}Sv^{-1}。表 7 – 1 给出了几种辐射敏感度较高的组织诱发致死性癌症的危险度。

表 7 – 1　几种对辐射敏感器官的危险度

器官或组织	危险度/Sv^{-1}	器官或组织	危险度/Sv^{-1}
性腺	40×10^{-4}	甲状腺	5×10^{-4}
乳腺	25×10^{-4}	骨	5×10^{-4}
红骨髓	20×10^{-4}	其余五个组织的总和	50×10^{-4}
肺	20×10^{-4}	总　计	165×10^{-4}

B 危害

危害是指有害效应的发生频数与效应的严重程度的乘积，即：

$$G = \sum_i h_i r_i g_i \tag{7 – 3}$$

式中，G 为危害；h_i 为第 i 组人群接受的平均剂量当量，Sv；r_i 为该组发生有害效应的频数；g_i 为严重程度，对可治愈的癌症，$g_i = 0$，对致死癌症，$g_i = 1$。

7.2.3 剂量限制体系

为了防止发生非随机效应，并将随机效应的发生率降低到可以接受的水平，ICRP 提出了下述剂量限制体系（辐射防护三原则）对正常照射加以限制：

（1）辐射实践正当性。在施行伴有辐射照射的任何实践之前，必须经过正当性判断，确认这种实践具有正当的理由，获得的利益大于代价（包括健康损害和非健康损害的代价）。

（2）辐射防护最优化。应该避免一切不必要的照射，在考虑到经济和社会因素的条件下，所有辐照都应保持在可合理达到的尽量低的水平。

（3）个人剂量的限值。用剂量限值对个人所受的照射加以限制。

7.3 辐射的生物效应及对人体的危害

无论是来自体外的辐射照射还是来自体内的放射性核素的污染，电离辐射对人体的作用都会导致不同程度的生物损伤，并在以后作为临床症状表现出来。这些症状的性质和严重程度，以及它们出现的早晚取决于人体吸收的辐射剂量和剂量的分次给予。按照生物效应发生的个体的不同来划分，可以将它分为躯体效应和遗传效应：发生在被照射个体本身的生物效应称为躯体效应；由于生殖细胞受到损伤而体现在其后代活体上的生物效应称为遗传效应。按照辐射引起的生物效应发生的可能性来划分，又可以分为随机效应和确定性效应。

7.3.1 辐射的生物效应

7.3.1.1 细胞生物学基础

人体是由不同器官或组织构成的有机整体，构成人体的基本单元是细胞，细胞由细胞膜、细胞质和细胞核组成。细胞核含有23对（46个）染色体，它是由基因构成的细小线状物。基因由脱氧核糖核酸（DNA）和蛋白质分子组成，带有决定子体细胞特性的遗传密码。细胞质分解食物并将它转化为能量和小分子，随后又转化为供细胞维持生存和繁衍所要求的复杂分子。

7.3.1.2 辐射与细胞的相互作用

核辐射与物质的相互作用的主要效应是使其原子发生电离和激发。细胞主要是由水组成的。辐射作用于人体细胞将使水分子产生电离，形成一种对染色体有害的物质，产生染色体畸变。这种损伤使细胞的结构和功能发生变化，使人体呈现出放射病、眼晶体白内障或晚发性癌等临床症状。

产生辐射损伤的过程极其复杂（见图7-1），大致可分为四个阶段：

（1）最初物理阶段。该阶段只持续很短时间（约 10^{-16} s），此时能量在细胞内积聚并引起电离，在水中的作用过程为：

$$H_2O \longrightarrow H_2O^+ + e^-$$

（2）物理－化学阶段。该阶段大约持续 10^{-6} s。离子和其他水分子作用形成新的产物。正离子分解或负离子附着在水分子上，然后分解。

$$H_2O^+ \longrightarrow H^+ + OH^-$$
$$H_2O + e^- \longrightarrow H_2O^-$$
$$H_2O^- \longrightarrow H\cdot + OH\cdot$$

这里的 H·和 OH·称为自由基，它们有不成对的电子，化学活性很大。OH·和 OH·可生成强氧化剂过氧化氢 H_2O_2。H^+、OH^- 不参加以后的反应。

（3）化学阶段。该阶段往往持续几秒钟，在此间内，反应产物和细胞的重要有机分子相互作用。自由基和强氧化剂破坏构成染色体的复杂分子。

（4）生物阶段。这个阶段时间从几十分钟到几十年，以特定的症状而定，生物阶段可能导致细胞的早期死亡，阻止细胞分裂或延迟细胞分裂，细胞永久变态，一直可持续到子代细胞。辐射对人体的效应是由于单位细胞受到损伤所致。辐射的躯体效应是由于人体普通细胞受到损伤引起的，并且只影响到受照者个人本身。遗传效应是由于性腺中的细胞受到损伤引起的，这种损伤能影响到受照人员的子孙。

7.3.1.3 躯体效应

A 早期效应

早期效应指在大剂量或大剂量率的照射后，受照人员在短期内（几小时或几周）就可能出现的效应。在人体的器官或组织内，由于辐射致细胞死亡或阻碍细胞分裂等原因，使细胞群严重减少，就会发生这种效应。骨髓、胃肠道和神经系统辐射损伤程度取决于所接受剂量的大小，引起的躯体症状称为急性放射病。急剧接受 1Gy 以上的剂量会引起恶心和呕吐，2Gy 的全身照射可致急性胃肠型放射病，当剂量大于 3Gy 时，被照射个体的死亡概

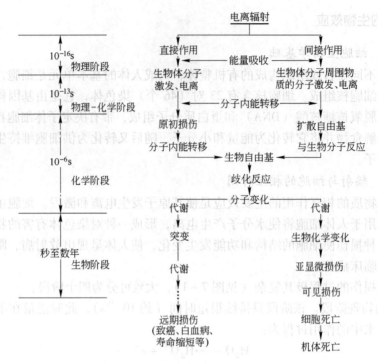

图 7-1 产生辐射损伤的过程

率是很大的。在 3~10Gy 的剂量范围称为感染死亡区。

急性照射的另一种效应是皮肤产生红斑或溃疡。因为皮肤最容易受到 β 和 γ 射线的照射，接受较大的剂量，如单次接受 3Gy 射线或低能 γ 射线的照射，皮肤将产生红斑，剂量更大时将出现水泡、皮肤溃疡等病变。

由于核设施辐射防护工作的进步和发展，职业照射和广大公众所接受的照射远低于早期效应的阈剂量水平。在事故条件下，才有可能接受到上述高水平的剂量。

B 晚期效应

20 世纪初，人们已经发现受到高剂量照射的人患某种癌症的概率较正常人高的事实。通过对广岛、长崎原子弹爆炸幸存者、接受辐射治疗的病人以及职业受照人群（如铀矿工人的肺癌发病率高）的详细调查和分析，证明辐射有诱发癌的能力。受到放射照射到出现癌症通常有 5~30 年潜伏期。

晚期效应也可能导致寿命的非特异性缩短，即由于受照射致人机体的过早衰老或提前死亡。

7.3.1.4 遗传效应

辐射的遗传效应是由于生殖细胞受损伤，而生殖细胞是具有遗传性的细胞。染色体是生物遗传变异的物质基础，由蛋白质和 DNA 组成。DNA 有修复损伤和复制自己的能力，许多决定遗传信息的基因定位在 DNA 分子的不同区段上。电离辐射的作用使 DNA 分子损伤，如果是生殖细胞中 DNA 受到损伤，并把这种损伤传给子孙后代，后代身上就可能出现某种程度的遗传疾病。

7.3.2 放射性污染对人体的危害

放射性元素产生的电离辐射能杀死生物体的细胞,妨碍正常的细胞分裂和再生,并且引起细胞内遗传信息的突变。受辐射的人在数年或数十年后,可能出现白血病、恶性肿瘤、白内障、生长发育迟缓、生育力降低等远期躯体效应;还可能出现胎儿性别比例变化、先天性畸形、流产、死产等遗传效应。人体受到射线过量照射所引起的疾病,称为放射性病,它可以分为急性和慢性两种。急性放射性病是由大剂量的急性辐射所引起,只有由于意外放射性事故或核爆炸时才可能发生,如1945年,在日本长崎和广岛的原子弹爆炸中,就曾多次观察到,病者在原子弹爆炸后1h内就出现恶心、呕吐、精神萎靡、头晕、全身衰弱等症状;经过一个潜伏期后,再次出现上述症状,同时伴有出血、毛发脱落和血液成分严重改变等现象;严重的造成死亡。急性放射性病还有潜在的危险,会留下后遗症,而且有的患者会把生理病变遗传给子孙后代。表7-2示出急性放射性病的主要临床症状及病程经过。慢性放射病是由于多次照射、长期累积的结果。全身的慢性放射病通常与血液病变相联系,如白细胞减少、白血病等。局部的慢性放射病,如当手受到多次照射损伤时,指甲周围的皮肤呈红色,并且发亮,同时,指甲变脆、变形、手指皮肤光滑、失去指纹、手指无感觉,随后发生溃烂。

表7-2 急性放射性病主要临床症状及病程经过

受辐射照射后经过的时间	不能存活(700R以上)	可能存活(500~300R)	存活(250~300R)
第一周	最初数小时有恶心、呕吐、腹泻	最初数小时有恶心、呕吐、腹泻	第一天发生恶心、呕吐、腹泻
第二周	潜伏期(无明显症状)		
第三周	腹泻、内脏出血、紫斑、口腔或咽喉炎、发热、急性衰弱、死亡(不经治疗死亡率100%)	潜伏期(无明显症状)	潜伏期(无明显症状)
第四周		脱毛、食欲不振、全身不适、内脏出血、紫斑、皮下出血、鼻血、苍白、口腔或咽喉炎、腹泻、衰弱、消瘦。更严重者死亡(不经治疗时50%死亡率为450R)	脱毛、食欲不振、不安、喉炎、内出血、紫斑、皮下出血、苍白、腹泻、轻度衰弱。如无并发症,三个月后恢复。

放射性照射对人体危害的最大特点之一是远期的影响,如因受放射性照射而诱发的骨骼肿瘤、白血病、肺癌、卵巢癌等恶性肿瘤,在人体内的潜伏期可长达10~20年之久,因此把放射线称为致癌射线。此外,人体受到反射线照射还会出现不育症、遗传疾病、寿命缩短现象。

放射性对机体的损伤作用,在很大程度上是由于放射性射线在机体组织中所引起的电离作用,电离作用使组织内的重要组成成分(如蛋白质分子等)遭到破坏。在α射线、β射线和γ射线三种常见的射线中,由于α射线的电离能力强,对人体的伤害最大,β射线和γ射线对人体的伤害次之。

核辐射对人体的危害取决于受辐射的时间以及辐射量。表7-3示出不同辐射量照射后的后果及不同场合所受的辐射量。

表 7 – 3　不同辐射量照射后的后果及不同场合所受的辐射量

辐射量/Sv	不同辐射量照射后的后果及不同场合所受的辐射量
4.5 ~ 8.0	30d 内将进入垂死状态
2.0 ~ 4.5	掉头发，血液发生严重病变，一些人在 2 ~ 6 周内死亡
0.6 ~ 1.0	出现各种辐射疾病
0.1	患癌症的可能性为 1/130
5×10^{-2}	每年的工作所遭受的核辐射量
7×10^{-3}	大脑扫描的核辐射量
6×10^{-4}	人体内的辐射量
1×10^{-4}	乘飞机时遭受的辐射量
8×10^{-5}	建筑材料每年所产生的辐射量
1×10^{-5}	腿部或者手臂进行 X 射线检查时的辐射量

7.4　辐射对人体的总剂量及环境放射性标准

7.4.1　辐射防护标准及其对人体的总剂量

　　辐射防护标准制定是有一段比较漫长而深刻的教训过程。在核技术应用的当初，由于人们对放射性危害的知识较少，在使用中不应该照射的和过量照射的情况经常发生。直到人们认识到 X 射线使用不当会对人体产生危害，才使得一些国家开始制定有关辐射防护的法规。

　　第二次世界大战之后，由于十几万人在日本广岛、长崎遭受原子弹的袭击而遇难，辐射的巨大破坏力，使人惊骇。加之核工业及和平利用原子能的迅速发展，电磁辐射的潜在危害正受到世界各国的普遍重视。20 世纪 50 年代，许多国家就颁布了原子能法，随后还制定了各种各样的辐射防护、法规标准。正是由于有了现代先进技术的保证和完善的辐射防护法规标准的制定、执行，才能够使辐射性事故的发生率降至极低。

　　我国的核能事业和放射性应用工作起步较晚，差不多与核能和放射性应用工作发展同步，适时的制定了相应的辐射性防护法规、标准。1960 年 2 月，发布了我国第一个放射卫生法规《放射性工作卫生防护暂行规定》。依据这个法规同时发布了《电离辐射的最大容许标准》、《放射性同位素工作的卫生防护细则》和《放射工作人员的健康检查须知》三个执行细则。1964 年 1 月，发布了《放射性同位素工作卫生防护管理办法》，明确规定了卫生公安劳动部门和国家科委根据《放射性工作卫生防护暂行规定》，有责任对《放射性同位素工作卫生防护管理办法》执行情况进行检查和监督，在这个《防护管理办法》中规定了放射性同位素实验室基建工程的预防监督、放射性同位素工作的申请及许可和登记、放射工作单位的卫生防护组织和计量监督、放射性事故的处理等办法。1974 年 5 月，颁布了《放射防护规定》（GBJ 8—1974）。《放射防护规定》集管理法规和标准为一体，其中包括 7 章共 48 条和 5 个附录。在《放射防护规定》中，有关人体器官分类和剂量当量限值主要采用了当时国际放射防护委员会的建议，但对眼晶体采取了较为严格的限制。1984 年 9 月 5 日颁发了《核电站基本建设环境保护管理办法》，办法中规定建设单位及其主管部门必须负责做好核电站基本建设过程中的环境保护工作，认真执行防治污染和生态破坏的设施与主体工程同时设计、同时施工、同时投产的规定，严格遵守国家和地方环境保护法规、标准。将电离辐射的防护工作从建设开始做起。1988 年 3 月 11 日，国家环境保护局批准《辐射防护规定》（GB 8703—1988），其中规定了有关剂量的当量限值，见表 7-4，其中的环境限值仅仅是一个约束条件，不能认为达到了上述限值就是合法的。

表 7-4 个人年剂量当量限值[①]

人 员	有效剂量当量 /mSv·a^{-1}	眼球 /mSv·a^{-1}	其他单个器官或组织 /mSv·a^{-1}	一次/mSv	一生/mSv	孕妇 /mSv·a^{-1}	16~18 岁青年 /mSv·a^{-1}
职业人员	50	150	500	100	250	15	15[②]
公众成员	1[③]	50	50	—	—	—	—

① 表内所列数值均指内、外照射的总剂量当量，但不包括天然本底照射和医疗照射。

② 16 岁以下人员按公众成员处理。

③ 如果按终生剂量平均的年有效剂量当量不超过 1mSv，则有些年份允许以每年 5mSv 作为剂量限值；ICRP 规定为 5mSv/a。

在 GB 8703—1988 中指出，公众成员的年有效剂量当量不超过 1mSv，如果按终生剂量平均的年有效剂量当量不超过 1mSv，则在某些年份里允许以每年 5mSv，作为剂量阻值。这是对随机效应的限值。对非随机效应，公众成员的皮肤和眼晶体的年剂量当量的限值是 50mSv。在内照射控制的情况下，其内照射的次级限值取年摄入量限值（ALI）的 1/50；如果按终生平均不超过 ALI 值的 1/50，则在某些年份允许取 ALI 的 1/10。当关键组包括婴儿和儿童时，原则上应根据器官大小和代谓方面与成年人的差异估计应取的 ALI 值的份额，在缺乏有关资料时可取 ALI 值的 1%。

1989 年 10 月 24 日起，施行《放射性同位素与射线装置放射防护条例》。包括总则、许可登记、放射防护管理、放射事故管理、放射防护监督、处罚和附则等 7 章内容。

近些年来我国对辐射防护标准进行了修订并出台了一些新的符合我国国情的标准，我国强制性执行的关于辐射防护国家标准及规定，主要见表 7-5。

表 7-5 我国辐射防护国家标准及规定

放射性废物的分类（GB 9133—1995 代替 GB 9133—1988）	低、中水平放射性废物近地表处置设施的选址（HJ/T 23—1998）
铀矿地质辐射防护和环境保护规定（GB 15848—1995）	低中水平放射性固体废物的岩洞处置规定（GB 13600—1992）
核辐射环境质量评价的一般规定（GB 11215—1989）	核电厂低、中水平放射性固体废物暂时贮存技术规定（GB 14589—1993）
核设施流出物和环境放射性监测质量保证计划的一般要求（GB 11216—1989）	低中水平放射性固体废物的浅地层处置规定（GB 9132—1988）
铀、钍矿冶放射性废物安全管理技术规定（GB 14585—1993）	拟开放场址土壤中剩余放射性可接受水平规定（暂行）（HJ 53—2000）
铀矿冶设施退役环境管理技术规定（GB 14586—1993）	核燃料循环放射性流出物归一化排放量管理限值（GB 13695—1992）

放射性废物管理规定（GB 14500—1993）	核热电厂辐射防护规定（GB 14317—1993）
轻水堆核电厂放射性废水排放系统技术规定（GB 14587—1993）	轻水堆核电厂放射性固体废物处理系统技术规定（GB 9134—1988）
反应堆退役环境管理技术规定（GB 14588—1993）	轻水堆核电厂放射性废液处理系统技术规定（GB 9135—1988）
建筑材料用工业废渣放射性物质限制标准（GB 6763—1986）	轻水堆核电厂放射性废气处理系统技术规定（GB 9136—1988）
核电厂环境辐射防护规定（GB 6249—1986）	环境核辐射监测规定（GB 12379—1990）
辐射防护规定（GB 8703—1988）	

7.4.2　环境放射性标准

辐射防护的目的是防止有害的非随机效应发生，并限制随机效应的发生率，使之合理地达到尽可能低的水平。目前国际上公认的一次性全身辐射对人体产生的生物效应见表 7-6。

表 7-6　国际上公认的一次性全身辐射对人体产生的生物效应

剂量当量率 /$S_V \cdot$次$^{-1}$	生 物 效 应	剂量当量率 /$S_V \cdot$次$^{-1}$	生 物 效 应
<0.1	无影响	1~2	有损伤，可能感到全身无力
0.1~0.25	未观察到临床效应	2~4	有损伤，全身无力，体弱的人可能因此死亡
0.25~0.5	可引起血液变化，但无严重伤害	4~6	50% 受害者 30 天内死亡，其余 50% 能恢复，但有永久性损伤
0.5~1	血液发生变化且有一定损伤，但无倦怠感	>6	可能因此死亡

国际放射防护委员会（ICRP）在总结了大量的科研成果和防护工作经验后提出了辐射防护的基本原则，即前述的剂量限制体系。

7.5　放射性污染的防治

7.5.1　辐射防护技术

根据国际原子能机构估计，1995 年全球核废物总量已达 447000t 重金属（即在核反应堆产生的乏燃料中存在的钚和铀同位素的质量）。放射性废物种类繁多，并且污染物的形态在半衰期、射线、能量、毒性等方面有很大的差异，这就增加了放射性污染治理的难度。所以，对放射性污染不能仅仅依靠治理，更应强调减少放射性废物的产生量，把废物消灭在生产工艺中。

高放废物在处置前要储存一段时间，以便废物产生的热降到易于控制的水平。高放废液的主要来源是乏燃料后处理过程中产生的酸性废液，含有半衰期长、毒性大的放射性核素，需经历很长时间才能衰变至无害水平，如^{90}Sr、^{137}Cs需要几百年。要在如此长的时间内确保高放废液同生物圈隔绝十分困难的。

将高放废液储存在地下钢罐中只能作为暂时措施，必须将废液转化为固体后包装储存。目前比较成熟的固化方法是将高放废液与化学添加物一起烧结成玻璃固化体，然后长期储存于合适的设施中。迄今考虑过的高放废物的处置方案有许多种：地质处置、太空处置、深海海床下的处置、岩熔处置（置于地下深孔利用废物自热使之与周围岩石熔化成一体）、核"焚烧"（置于反应堆中子流中使长寿命核素变成短寿命核素）等方式。

当今公认为比较现实并正在一些发达国家中实行或准备实行的多为地质处置方案，其内容是将高放废物深藏在一个专门建造的，或由现成矿山改建的经过周密选址和水文地质调查的洞穴中或者一个由地表钻下去的深洞中。矿山式库通常建在 300~1500m 深处，而深部钻孔原则上建在几千米深处。处置库的设施通常有地面封装和控制建筑物、地下运输竖井或隧道、通风道、地下储存室等。库的结构包括天然屏障和工程屏障，以防止或控制废物中的放射性核素泄漏出来向生物圈迁移。

低放废物是放射性废物中体积最大的一类，占总体积的95%，其活度仅占总活度的0.05%。适用于低放废物的处置方式有浅地层处置、岩洞处置、深地层处置等。浅地层通常指地表面以下几十米处，我国规定为50m 以内的地层。浅地层可用在没有回取意图的情况下处置低中水平的短寿命放射性废物，但其中长寿命核素的数量必须严格控制，使得经过一定时期（如几百到一千年）之后，场地可以向公众开放。

国际原子能机构（IAEA）制定了一些安全准则，即放射性废物管理原则，主要的管理原则性如下：

（1）为了保护人类健康，对废物的管理应保证放射性低于可接受的水平；

（2）为了保护环境，对废物的管理应保证放射性低于可接受的水平；

（3）对废物的管理要考虑到境外居民的健康和环境；

（4）对后代健康预计到的影响不应大于现在可接受的水平；

（5）不应将不合理的负担加给后代；

（6）国家制定适当的法律，使各有关部门和单位分担责任和提供管理职能；

（7）控制放射性废物的产生量；

（8）产生和管理放射性废物的所有阶段中的相互依存关系应得到适当的考虑；

（9）管理放射性废物的设施在使用寿命期中的安全要有保证。

目前主要依据废物的形态，即废水、废气、固体废物，分别进行放射性污染的治理。放射性废物处理系统全流程包括废物的收集，废液、废气的净化浓集和固体废物的减容、储存、固化、包装及运输处置等。放射性废物处理流程如图 7-2所示。放射性废物的处置是废物处理的最后工序，所有的处理过程均应为废物的处置创造

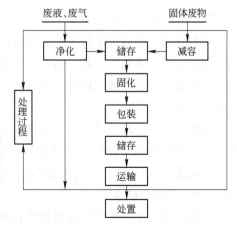

图 7-2　放射性废物处理流程

条件。

7.5.2　放射性废物的治理

7.5.2.1　浓缩处理

A　放射性废气的处理

放射性污染物在废气中存在的形态包括放射性气体、放射性气溶胶和放射性粉尘。对挥发性放射性气体可以用吸附或者稀释的方法进行治理。对于放射性气溶胶，可用除尘技术进行净化。通常，放射性污染物用高效过滤器过滤、吸附等方法处理后使空气净化后经高烟囱排放，如果放射性活度在允许限值范围，可直接由烟囱排放。

a　放射性粉尘的处理

对于产生放射性粉尘工作场所排出的气体，可用干式或湿式除尘器捕集粉尘。常用的干式除尘器有旋风分离器、泡沫除尘器和喷射式洗涤器等。例如，生产浓缩铀的气体扩散工厂产生的放射性气体在经过高烟囱排入大气前，先使废气经过旋风分离器、玻璃丝过滤器除掉含铀粉尘，然后排入高烟囱。

b　放射性气溶胶的处理

放射性气溶胶的处理是采用各种高效过滤器捕集气溶胶粒子。为了提高捕集效率，过滤器的填充材料多采用各种高效滤材，如玻璃纤维、石棉、聚氯乙烯纤维、陶瓷纤维和高效滤布等。

c　放射性气体的处理

由于放射性气体的来源和性质不同，处理方法也不相同。常用的方法是吸附，即选用对某种放射性气体有吸附能力的材料做成吸附塔。经过吸附处理的气体再排入烟囱。吸附材料吸附饱和后需再生后才可继续用于放射性气体的处理。

d　高烟囱排放

高烟囱排放是借助大气稀释作用处理放射性气体常用的方法，用于处理放射性气体浓度低的场合，烟囱的高度对废气的扩散有很大的影响，必须根据实际情况（排放方式、排放量、地形及气象条件）来设计，并选择有利的气象条件排放。

B　放射性废液的处理

放射性废液的处理非常重要。现在已经发展起来很多有效的废液处理技术，如化学处理、离子交换、吸附法、膜分离法、生物处理、蒸发浓缩等。根据放射性比活度的高低、废水量的大小及水质和不同的处置方式，可选择上述一种方法或几种方法联合使用，达到理想的处理效果。

放射性废液处理应遵循以下原则：处理目标技术可行、经济合理和法规许可，废液应在产生场地就地分类收集，处理方法应与处理方案相适应，尽可能实现闭路循环，尽量减少向环境排放放射性物质，在处理运行和设备维修期间应使工作人员受到的照射降低到"可合理达到的最低水平"。

目前应用于实践的中低放射性废液处理方法很多，常用化学沉淀、离子交换、吸附、蒸发的方法进行处理。

a 化学沉淀法

化学沉淀法是向废水中投放一定量的化学凝聚剂，如硫酸锰、硫酸钾铝、硫酸钠、硫酸铁、氯化铁、碳酸钠等。助凝剂有活性二氧化硅、黏土、方解石和聚合电解质等，使废水中胶体物质失去稳定而凝聚成细小的可沉淀的颗粒，并能与水中原有的悬浮物结合为疏松绒粒。该绒粒对水中放射性核素具有很强的吸附能力，从而净化了水中的放射性物质。

化学沉淀法的特点是：方法简便，对设备要求不高，在去除放射性物质的同时，还可去除悬浮物、胶体、常量盐、有机物和微生物等。一般与其他方法联用时作为预处理方法。它去除放射性的效率为 50% ~ 70%。

b 离子交换法

离子交换树脂有阳离子交换树脂、阴离子交换树脂和两性交换树脂。离子交换法处理放射性废液的原理是：当废液通过离子交换树脂时，放射性粒子交换到树脂上，使废液得到净化。离子交换法已广泛地应用于核工业生产工艺及废水处理工艺。一些放射性试验室的废水处理也采用了这种方法，使废水得到了净化。值得注意的是，待处理废液中的放射性核素必须呈离子状态，而且是可以交换的，呈胶体状态是不能交换的。

c 吸附法

吸附法是用多孔性的固体吸附剂处理放射性废液，使其中所含的一种或数种核素吸附在它的表面上，从而达到去除有害元素的目的。

吸附剂有三大类：天然无机材料，如蒙脱石和天然沸石等；人工无机材料，如金属的水合氢氧化物和氧化物、多价金属难溶盐基吸附剂、杂多酸盐基吸附剂、硅酸、合成沸石和一些金属粉末；天然有机吸附剂，如磺化煤及药用炭等。

7.5.2.2 浓缩产物固化处理

化学沉淀污泥、离子交换树脂再生废液、失效的废离子交换、吸附剂和蒸发浓缩残液等放射性浓缩产物，需要固化处理。对固化产物要求是：放射性核素的浸出率小、耐久和耐撞击，在辐射以及温度、湿度等变化的情况下不变质。通常有水泥和沥青两种固化法。水泥固化法的优点是工艺和设备简单、费用低廉，其固化体耐压、耐热，比重为 1.2 ~ 2.2，可以投入海洋；缺点是固化体的体积比原物大，放射性浸出率较高。沥青固化法的优点是放射性浸出率比水泥固化体积小 2 ~ 3 个数量级，而且其固化后的体积比原来的小；缺点是工艺和设备复杂，固化体易于起火和爆炸，固化体在大剂量辐射下会变质等。

7.5.2.3 高水平放射性废液处理

高水平放射性废液大都储存于地下池中。最初是用碳钢池外加钢筋混凝土池储存碱性废液，后来用不锈钢池外加钢筋混凝土池储存酸性废液。储存池中设有冷却盘管或冷凝装置以导出废液释出的衰变热，另外还装有液温、液位、渗漏等监测装置以及废液循环、通气装置率。

目前对高放射性废液处理的技术方案有四种：

（1）把现存的和将来产生的高放废液全都利用玻璃、水泥、陶瓷或沥青固化起来，进行最终处置而不考虑综合利用。

（2）从高放废液中分离出在国民经济中很有用的锕系元素，然后将高放废液固化起来进行处置。提取的锕系元素有 ^{241}Am、^{287}Np、^{238}Pu 等。

（3）从高放废液中提取有用的核素，如 ^{90}Sr、^{137}Cs、^{155}Eu、^{147}Pm，其他废液做固化处理。

（4）把所有的放射性核素全部提出来。对高放废液的处理目前各国都处在研究试验阶段。

7.5.2.4 放射性废物的最后处置

极高浓度的放射性废物的最终处置，目前还没有成熟的办法，但在没有办法的情况下也想出了一些对付方案来尽量避免其危害。

（1）地下储藏。如前所述，放射性物质只能依靠它自身的衰变来自我消除。因此，把高放射性废物禁锢起来并深深地埋在地下，以确保它们不会散布到环境中去。为了解决废物衰变的自身放热，常常要通风或循环水冷却散热。随着储藏时间的增加，放射性因衰变而减弱，但这并不令人乐观。虽然有的放射性物质的寿命不长，少则几天多则几年其放射性就大大减弱了。但是有的寿命却长得惊人，如寿命最长的放射性同位素钚 – 239，其半衰期（原有量的一半变成其他元素的时间）超过两万四千年，因此，它的储藏时间必须持续 20 万年。故有人说，使用核裂变电厂，就意味着承诺永久储藏废物的义务。

（2）深海投放。有的国家将放射性固体废物，如用过的过滤器、离子交换树脂、滤料污泥等用水泥或沥青固结，然后投到深于 2000m 的深海中去，作为一种永久性处置办法，人们称之为"海葬"。这种深海处置办法仍有造成放射性污染的危险。

（3）抛向太空。用火箭将固化密封好的废物送到远离"人间"的外层空间去，可称之为"天葬"。这可认为是一种与世隔绝的"永久的"储藏办法。然而，把废物运到这么远的地方去会使核电厂的电费上涨约 30%，万一火箭发射失败带来公害问题也不能不考虑。

7.5.2.5 铀矿渣处置

对废铀矿渣目前采用的是土地堆放或回填矿井的处理方法。这种方法不能从根本上解决污染问题，但目前尚无其他更有效可行的办法。

7.5.2.6 受放射性沾污器物的处置

（1）去污。对于被放射性物质沾污的仪器、设备、器材及金属制品，用适当的清洗剂进行擦拭、清洗，可将大部分放射性物质清洗下来。清洗后的器物可以重新使用，同时减小了处理的体积。对于大表面的金属部件还可以用喷镀方法去除污染。

（2）压缩。对松散物品采用压力机压缩的办法减小其体积，便于运输、储存及焚烧。

（3）焚烧。对于可燃的固体废物，通过焚烧可使其体积减小到 1/10～1/100，质量减轻到 1/13～1/15，同时使放射性物质聚集在灰烬中。焚烧后的灰可在密闭的金属容器中封存，也可进行固化处理。采用焚烧方式处理需要良好的废气净化系统，因而费用较大。

7.5.2.7 放射性废液转化成的固体废物的处置

放射性废液浓缩产物经过固化处理而转化成的放射性固体废物，一些国家倾向于采取埋藏的办法处置，认为这样能保证安全。依照所含放射性强度的自发热情况，低水平废物可直接埋在地沟内。中等水平的则埋藏在地下垂直的混凝土管或钢管内。高水平固体废物每立方米的自发热量可达 $430 \times 4.18J/$（天·时）以上，必须用多重屏障体系：第一层屏障是把废物转变成为一种惰性的、不溶的固化体；第二层屏障是将固化体放在稳定的、不渗透的容器中；第三层屏障是选择在有利的地质条件下埋藏。

但以上都不是永久性的最终处置方法，长寿命的放射性核素的半衰期长达几十年甚至上万年，必须将它们与人类永久隔离。因此，应当用永久性的安全处置方法，以免危害人体健康。永久性的最终处置放射性废物的方法还处于研究阶段。对重要的放射性核素，如^{137}Cs、^{90}Sr、^{36}Kr、^{129}I 等放在反应堆中照射，使之转化成尽快衰变的短寿命核素或稳定核素，然后埋在适当的地下，如埋入岩盐矿坑或人造储藏库中。

7.5.2.8　放射性固体废物的回收利用

在核动力装置和人工燃料的高能级裂变产物中，有 10 多种寿命较长的裂变同位素，它们裂变产额较高，大多是自然界中不存在的，若能合理加以利用，可以减少废物排放量。目前人类已能从核反应堆和人工核燃料^{239}Pu、^{233}U 生产过程的裂变产物中回收有用的同位素。

回收利用最多的是^{90}Sr，用它制成核能电池广泛用于宇宙飞船、人造卫星、海上灯塔与航标等。利用核反应产物^{237}Np 经反应堆照射制成^{238}Pu，再将^{238}Pu 制成核电池，美国阿波罗登月舱就曾使用过这种核电池。回收放射性同位素^{137}Cs 作为辐射源，广泛用于工业、农业、医疗和科学研究，如医疗、消毒、杀虫、改良品种等。此外，还可回收自发光物质如^{85}Kr、^{90}Sr、^{247}Pm，可用它们作发光粉等。

放射性固体废物的回收利用对于铀矿石和废矿渣，主要是提高铀、镭等资源的回收率和回收提炼过程中所使用的化学药品等。至于大量裂变产物和一些超铀元素的回收必须先把它们从废液或灰烬的浸出液中分离，然后根据核素的性质和丰度分别或统一纯化，作为能源、辐照源或其他热源、光源等使用，也可考虑把高水平的放射性固体废物制成固体辐射源，用于工业、农业及卫生方面。

参 考 文 献

[1] 高书霞，王德义. 物理性污染的危害及防治方法 [J]. 物理通报，2004 (3)：46~48.

[2] 宗和. 《放射性污染防治法》要点解读 [J]. 环境，2003 (11)：6~7.

[3] 刘芳. 加强放射性污染控制 [C] //保护辐射环境安全，2005.

[4] 郑洁，杨洁. 放射源管理体制的改革 [J]. 干旱环境监测，2008，22 (1)：49~53.

[5] 吴录平. 放射性污染防治标准探讨 [C] // "21 世纪初辐射防护论坛"第四次会议暨低中放废物管理和放射性物质运输学术研讨会论文集，2005.

[6] 吴明红，包伯荣. 辐射技术在环境保护中的应用 [M]. 北京：化学工业出版社，2002.

[7] 李连山，杨建设. 环境物理性污染控制工程 [M]. 武汉：华中科技大学出版社，2009.

[8] 杨丽芬，李友虎. 环保工作者使用手册 [M]. 北京：冶金工业出版社，2001.

[9] 王宏康. 水体污染及防治概论 [M]. 北京：北京农业大学出版社，1991.

[10] 李惕川. 工业污染源控制 [M]. 北京：化学工业出版社，1987.

[11] 薛叙明. 环境工程技术 [M]. 北京：化学工业出版社，2002.

[12] 曲向荣. 环境保护与可持续发展［M］. 北京：清华大学出版社，2010.
[13] 张振家，张虹. 环境工程学基础［M］. 北京：化学工业出版社，2006.
[14] 杨铭枢，卢宝文. 环境保护概论［M］. 北京：石油工业出版社，2009.
[15] 陈杰瑢. 物理性污染控制［M］. 北京：高等教育出版社，2007.
[16] 张宝杰，乔英杰. 环境物理性污染控制［M］. 北京：化学工业出版社，2003.
[17] 王翊亭，张光华. 工业环境管理［M］. 北京：石油工业出版社，1987.
[18] 杨国清. 固体废物管理工程［M］. 北京：科学出版社，2000.

8 物理性因素的利用和环境的改善

8.1 噪声的利用

噪声已被世人公认为仅次于大气污染和水污染的第三大公害。在大城市中，人们深受噪声之苦。噪声是令人讨厌的东西，不仅是"废物"，而且还搅得人寝食不安。既然许多废物都可以利用，噪声能否被利用呢？世界上的事情总是千变万化，没有任何事情是绝对的。噪声也和其他事物一样，既有有害的一面，又有可以被人类利用、造福于人类的一面。许多科学家在噪声利用方面做了大量研究工作，获得许多新的突破。不久的将来，恼人的噪声将会变成优美的新曲，造福于人类。

8.1.1 有源消声

通常所采用的 3 种降噪措施，即在声源处降噪、在传播过程中降噪及在人耳处降噪，都是消极被动的。为了积极主动地消除噪声，人们发明了"有源消声"这一技术。它的原理是：所有的声音都由一定的频谱组成，如果可以找到一种声音，其频谱与所要消除的噪声完全一样，只是相位刚好相反，两者叠加后就可以将这噪声完全抵消掉。为得到那抵消噪声的声音，实际采用的办法是：从噪声源本身着手，设法通过电子线路将原噪声的相位倒过来，将两相位相反的噪声叠加，成为"以噪制噪"。

8.1.2 噪声与音乐

美妙动人的音乐能让人心旷神怡。为此，各国科学家已开展了将噪声变为优美的音乐的研究。

日本科学家采用现代高科技，将令人烦恼的噪声变成美妙悦耳的音乐。他们研究出一种新型"音响设备"，将家庭生活中的各种流水声如洗手、淘米、洗澡、洁具、水龙头等产生的噪声变成悦耳的协奏曲。这些嘈杂的水声既可以转变成悠扬的乐曲，也可以转变成潺潺的溪流声、树叶的沙沙声、虫鸟的鸣叫声和海浪潮涌声等大自然音响。

美国也研制出一种吸收大城市噪声并将其转变为大自然"乐声"的合成器，它能将街市的嘈杂喧闹噪声变为大自然声响的"协奏曲"。

英国科学家还研制出一种像电吹风声响的"白噪声"，具有均匀覆盖其他外界噪声的效果，并由此生产出一种称为"宝宝催眠器"的产品，能使婴幼儿自然酣睡。

8.1.3 噪声能量的利用

噪声是声波，所以它也是一种能量。如鼓风机的噪声达 140dB 时，其噪声具有 1000W 的声功率。

广泛存在的噪声为科学家们开发噪声能源提供了广阔的前景。英国剑桥大学的专家们开始尝试利用噪声发电。他们设计了一种鼓膜式声波接收器，这种接收器与一个共鸣器连接在一起，放在噪声污染区，接收器接到声能传到电转换器上时，就能将声能转变为电能。美国研究人员发现，高能量的噪声可以使尘粒相聚成一体，尘粒体积增大，质量增加，加速沉降，产生较好的除尘效果。根据这个原理，科学家们研制出一种 2000W 功率的除尘器，可发出声强 160dB、频率 2000Hz 的噪声，将它装在一个厚壁容器里，获得了较好的除尘效果。

另外，有科学家研究利用噪声作机器的动力。1997 年 12 月，美国研究者宣布，可以用噪声作动力驱动大功率的机器。他们说，声波的行为就像海浪一样，其中蕴藏着能量。当海浪中的能量很大时，波浪就会变得很高，并具有破坏性。声波也有类似的行为，即形成冲击波。在冲击波中，能量分布在很宽的频率区内，并以放热的形式损失掉。声波的某些能量在较高频率区损失时，这种声波称为谐波或泛音。冲击波是这些波聚集在同一地方时形成的，以致产生压力的突然变化。他们可以利用一种空腔室吸收这种谐波，防止压力的突然变化。空腔室像一个细长形的梨，用这种形状可以控制波的相位，并取得极大的成功。当空腔受到来自谐波的振动时，空腔壁以约 100μm 的振幅来回振动，这是在一种平稳无冲击波的巨大能量下产生的共振。这意味着噪声通过共振腔后变成了腔壁的机械运动，因此在实践中完全有可能利用噪声作动力驱动机器。

8.1.4 噪声的利用

8.1.4.1 利用噪声透视海底

在科学研究领域更为有意义的是利用噪声透视海底的方法。早在 20 世纪初，人类才发明声音接收器——声呐。那是在第一次世界大战时，为了防范潜水艇的袭击，使用了这种在水下的声波定位系统。现在声呐的应用已远远超出了军事目的。最近科学家利用海洋里的噪声，如破碎的浪花、鱼类的游动、下雨、过往船只的扰动声等进行摄影，用声音作为摄影的"光源"。为利用声音拍照，美国斯克利普海洋研究所的专家们研制出一种"声音－日光"环境噪声成像系统，简称 ADONIS，这个系统就有这种奇妙的摄影功能。虽然 ADONIS 所获得的图像分辨率较低，不能与光学照片相比，但在海水中，电磁辐射（包括可见光）十分容易被吸收，相比之下，声波要好得多，这样，声音就成为取得深部海洋信息的有效方法。

1991 年，美国科学家首先在太平洋海域做了实验。他们在海底布置了一个直径为 1.2m 的抛物面状声波接收器，这个抛物面对声音具有反射、聚焦的作用，在其焦点处设置一水下听音器。他们又把一块贴有声音反射材料的长方形合成板作为摄像的目标，放在声音接收器的声束位置上，此时，接收器收到的噪声增加 1 倍。这一效果与他们事先的设计思想吻合，达到了预期的效果。然后他们又把目标放置在离接收器 7~12m 的地方，结果是一样的。他们发现，摄像目标对某些频率的声波反射强烈，而对另一些反射较弱，有些甚至被吸收。这些不同频率声波的反射差异，正好对应为声音的"颜色"。据此，他们可以把反射的声波信号"翻译"成光学上的颜色，并用各种色彩表示。

8.1.4.2 利用噪声除草

科学家发现，不同的植物对不同的噪声敏感程度不一样。根据这个道理，人们制造出噪声除草器。这种噪声除草器发出的噪声能使杂草的种子提前萌发，这样就可以在作物生长之前用药物除掉杂草，用"欲擒故纵"的妙策保证作物的顺利生长。

8.1.4.3 利用噪声促进农作物生长

噪声应用于农作物同样获得了令人惊讶的成果。科学家们发现，植物在受到声音的刺激后，气孔会张到最大，能吸收更多的二氧化碳和氧分，加快光合作用，从而提高增长速度和产量。

有人曾经对生长中的番茄进行试验，在经过30次100dB的噪声刺激后，番茄的产量提高近2倍，而且果实的个头也成倍增大，增产效果明显。通过实验发现，水稻、大豆、黄瓜等农作物在噪声的作用下，都有不同程度的增产。

8.1.4.4 利用噪声诊病

美妙、悦耳的音乐能治病，这已为大家所熟知。最近，科学家制成一种激光听力诊断装置，它由光源、噪声发生器和电脑测试器三部分组成。使用时，它先由微型噪声发生器产生微弱短促的噪声，振动耳膜，然后微型电脑就会根据回声，把耳膜功能的数据显示出来，供医生诊断。它测试迅速，不会损伤耳膜，没有痛感，特别适合儿童使用。此外，还可以用噪声测温法来探测人体的病灶。

当我们在嘈杂声中迈进21世纪的时候，期待着未来是一个宁静的世界。随着环保科技的新发展，各种先进的消除噪声、变噪声为福音的新技术一定会不断涌现出来，现在正在试验中的各种先进技术，21世纪时将普及和发展，人类生活的声环境将日益得到改善，人类生活将越来越美好。

8.2 余热利用与环境改善

余热属于二次能源。煤炭、石油、各种可燃气体等一次能源用于冶炼、加热、热量转换等工艺过程后都会产生各种形式的余热；矿物的焙烧、化工流程中的放热反应也会产生大量的余热。这些余热寄存于气体、液体和固体等三种物态形式之中，其中绝大部分的余热都是以物质的物理显热形式出现的，以气体和液体形式包含的余热有时也含有一部分可燃物质。余热利用对于环境改善、节约能源具有重要意义。

8.2.1 工业炉窑高温排烟余热的利用

工业上用的各种炉窑、化工设备、动力机械，由于燃料和生产过程不同，它们的排烟温度以及排烟的性质也有所不同。从烟气的性质来讲，以重油、天然气或煤气等作为燃料，从上述设备排出的烟气是比较干净的；但是冶炼炉、玻璃熔炉、水泥窑、电极熔化炉等由于炉料的因素，烟气中含有大量的粉尘，还伴有各种有害的气体，它们属于比较不易处理的一类高温烟气。

工业炉窑高温排烟气态余热的利用，对于固态和液态余热利用来说是比较容易实现的。其主要的余热利用设备为预热空气的换热设备和加热热水或产生蒸汽的余热锅炉。安装余热利用设备后，不仅可以使设备热效率提高，同时可以提高系统的燃料利用率。

有些工业炉窑，如纯氧炼钢炉、硫铁矿焙烧炉、电极加热炉、炼油厂裂解炉、制氢设备等，都产生高温烟气，都可利用余热锅炉回收排烟余热，以提高整个系统的燃料利用率。即使是已经利用余热预热空气的炉窑，也往往还需要通过余热锅炉进一步回收排烟余热。对于需要用能用热的部门来讲，余热锅炉更是提高经济效益的有效办法。余热锅炉的工作介质是水和蒸汽，水的热容量大，设备的体积相对来说比较小，用材（主要是碳钢）不受高温烟气的限制。

工业炉窑余热锅炉有烟道式和管壳式两大类。烟道式的余热锅炉烟气侧处于负压或微压状态。管壳式余热锅炉的受热面均在内外受压的状况下运行，烟道式余热锅炉要保证主要生产过程在停用锅炉的情况下仍能正常运行，为此，在系统布置上要注意在工业炉窑和余热锅炉之间设置旁通烟道（也有特例）。余热锅炉的特点是单台设计、单台审批，主要是由于与之配套的工业炉窑不同所致。

8.2.2 冶金烟气的余热利用

8.2.2.1 有色冶金余热利用现状

煤是我国目前的主要动力资源，它与人民生活密切相连，在国民经济中占有重要的地位。冶金工业为耗煤大户，约占全国燃料分配总量的1/3（不含炼焦用煤）。冶金余热资源相当丰富（如有色冶炼中各种炉窑产出烟气的热值占总热值的30%～50%，有的甚至更高），主要来自高温烟气余热、汽化冷却和水冷却余热、高温产品和高温炉渣的余热、可燃气体余热等。充分利用这些余热资源，可直接加热物料、蒸汽发电或直接作燃料、化工原料，以及生活取暖用气等。所以，搞好余热利用，对节约燃料，减轻运输量，节省运输费用，减少大气污染，改善劳动条件，以致减少占地面积，增加产量，提高质量，提高冶金炉的热效率，促进企业内部热力平衡，降低生产成本等都有着十分重要的意义。

有色金属冶炼厂的余热利用虽取得一定成效，但利用余热的巨大潜力仍有待于进一步挖掘。目前余热利用主要是在有色冶金炉及烟道上装设汽化冷却器或余热锅炉来生产蒸汽，供生产和生活应用，有的厂还将余热用于发电。

8.2.2.2 有色冶金余热锅炉

对大多数火法冶炼厂而言，在生产过程中都会产生大量有害的高温烟气。这些烟气对操作人员的身体健康、周围环境以及农作物等都有不同程度的影响，而高温烟气中的有价金属粉尘，必须经过冷却措施冷却方能净化回收。过去，大多数烟气都采用水冷却，既浪费了热能和消耗了大量的冷却水，又消耗了相当多的电能，在水质不良的情况下，因耗水大、水处理费用高等原因，对水不做处理就使用，致使设备损坏比较严重，检修周期短，维护频繁，消耗钢材多，给生产带来不利影响。由于有色冶金炉所排出的高温烟气的烟气量、烟气温及烟气性质等，随冶金炉结构，冶炼精矿（渣）成分、产量，使用的燃料种类等变化，且其腐蚀性大，烟尘黏结性也较强，故在利用时也有一定的难度。经过不断的生产实践和技术的发展，余热锅炉的设计日趋完善，在各工业部门的余热利用中应用也越来越多。

有色冶金余热锅炉是以工业生产过程中产生的余热（除去已设计的高温烟气余热外，还有化学余热、可燃废气余热、高温产品余热等）为热源，吸收其热量后产生一定压力和温度的蒸汽和热水的装置。余热锅炉结构与一般锅炉相似，但由于余热载体成分、特性等与燃料燃烧所产生的烟气有显著的差异，并且各种余热载体也千差万别，因而所设计的余热锅炉在不同的应用场所也各具特色，结构上也有一定差异。

根据有色冶炼烟气特性，余热锅炉有多通道和单通道之分。多通道采用强制循环或混合循环，翅片管受热面，轻型炉墙，采用伸缩清灰或振打清灰；单通道多属卧式，有强制或自然循环，全膜式冷壁敷管炉墙，全振打清灰。

近年来，余热锅炉在钢铁、石油、化工、建材、有色、纺织、轻工、煤炭、机械等工业部门的应用日趋广泛。但技术上的难度，设备费用的昂贵，遏制了余热锅炉在冶金烟气余热利用中的应用。因此，应尽快研制生产出适应冶金烟气特性，价格适宜的余热锅炉去开拓余热利用的广阔天地。随着余热锅炉技术的发展和生产工艺的完善，冶金烟气余热利用大有可为，余热锅炉在余热利用中大显身手。

8.2.3 城市固体废弃物的焚烧处理与废热利用

随着社会经济发展，城市垃圾的处理日显重要，随着垃圾的逐年增长，如日本采用焚烧处理所占比例也在逐年增长。

经过焚烧处理，固体废物及下水污泥达到了稳定化、减容化、无害化，焚烧时产生的热量利用问题一直为世界各国环保工作者瞩目。

8.2.3.1 焚烧处理城市垃圾的设施及利用的特点

城市生活垃圾焚烧炉根据燃烧方法不同可分为：沸腾床焚烧炉、流化床焚烧炉、回转窑焚烧炉及机械炉排式焚烧炉。

沸腾床焚烧炉是将破碎成 50mm 左右的垃圾，经风力撒料器由炉膛前面抛入炉内，燃烧所需的空气由炉排底下的风室向上垂直吹送，垃圾在这种高度气流中呈上下翻腾状燃烧。所以这种炉型具有较优越的着火条件，并且垃圾能与空气进行充分的接触混合。这种焚烧炉有以下特点：燃烧速度快，热效率高；炉排面积小；所需空气过剩系数小，废气处理设备规模也较小；能处理热值较低的垃圾；这种焚烧炉最大缺点是在垃圾入炉前需进行前置处理，这种前置处理系统较复杂。另外，这种炉形炉膛出口含尘浓度较高，需进行多级除尘处理，仅适合小型焚烧炉。

流化床焚烧炉是将破碎的垃圾由起重机从流化床焚烧炉上部送入炉内，炉膛下部装有砂子。当焚烧炉启动时，首先用热烟发生炉加热炉内砂子，至一定温度时投入垃圾，灼热的砂子引燃垃圾，使其在炉内燃烧，垃圾燃烧时，炉内砂子处于流化状态，垃圾中的不可燃物质和砂子从床底排出，经分选后砂子从炉膛上部投入炉内循环使用。流化床焚烧炉在日本得到了广泛的应用。这种焚烧炉有以下特点：锅炉负荷调节范围宽；有较强燃烧适应性，能燃烧热值较低的垃圾；锅炉热效率较高；具有较好的脱硫效果；各类废气排放浓度低；这种炉型也需较为复杂的前置处理。

回转窑焚烧炉是将垃圾放入圆形炉窑内，垃圾在炉窑内沿长度方向缓慢地旋转，一边翻动、一边向前滚动，经干燥至燃烧，炉窑的助燃空气由进料端鼓入，废气从窑尾排出。由于难以使滚动垃圾块在炉内有足够空气燃烧，致使这种焚烧炉的燃烧效率较差。

机械炉排式焚烧炉又可分为顺向摇动倾斜式、逆向摇动倾斜式、滚动回转式等三种。顺向摇动式炉排是将垃圾设置在炉排上，被搅动和移动，经干燥、燃烧、燃尽三阶段，使垃圾烧成灰渣，并排入出灰系统，每阶段之间有垂直位差 600 ~ 1000mm，最大 1200 ~ 1300mm，这样使得垃圾能较均匀地翻动和搅动，以利垃圾燃尽。逆向摇动倾斜式炉排的活动与固定前后交错排列，活动炉排做逆向运动，同垃圾运行方向相反，使得垃圾在炉排上能充分有效地翻动和搅动，有利垃圾的燃尽。滚动回转式炉排呈圆筒形，与焚烧物流向垂直放置，圆筒直径为1500mm，按30°的倾角连续设置6~7个圆筒，利用圆筒回转力移送垃圾，圆筒顶部对垃圾进行搅动，根部则可使垃圾反复翻动，使垃圾逐步进行干燥、燃烧和燃尽。所以总的来讲，机械炉排式焚烧炉有以下特点：垃圾能在炉排上进行充分翻动、搅拌和移动，以利于垃圾的燃尽；垃圾处理量可通过调节炉排行程和速度来得到控制；需较多的助燃空气。

8.2.3.2 焚烧设施的热回收利用影响因素

焚烧设施的热回收利用方面除考虑热利用方式的选择、发热量与回收热量的变化、设施的运转条件及设备容量外，还应考虑提高回收热利用率。此外，还应考虑以下几个方面：

（1）应在以焚烧处理为第一目的，即可燃性垃圾达到减容化、稳定化的目的，且无二次污染发生。

（2）在降温过程中强化热回收利用。降温过程（从850~950℃降至300℃）产生的大量热量除部分用于预热燃烧空气、加温热水外，主要通过废热锅炉尽可能回收利用废热蒸汽。

（3）要防止排放空气带来的影响。如排放空气中含水率高造成对金属的腐蚀，以及烟尘的堆积堵塞通风管道等。

8.2.3.3 焚烧处理垃圾的热利用及技术发展方向

将垃圾焚烧产生的烟气余热转化为蒸汽、热水和热空气是典型的热能直接利用形式。通过布置在垃圾焚烧炉之后的余热锅炉或其他热交换器，将烟气热量转化为一定压力和温度的热水、蒸汽以及一定温度的助燃空气，直接提供给外界。热能直接利用的方式受垃圾焚烧厂自身的生产需要和与副产品受纳点距离等因素的限制，采用这种方式有效利用余热的前提是焚烧厂建设规划合理，否则余热可能会因为无法实现良好的供求关系而白白浪费。

为了克服余热利用受建厂规划的限制不能充分利用的缺点，将热能转化为电力是一种相对有效的方式。因为转化为电力长途运输受限较少，还可以整合小型分散的焚烧厂，实现规模效应，当然将余热转化为电力需要增加一定的固定资产，使得焚烧厂的规定资产增加，运行费用有所增加，但余热转化为电力后带来的稳定收入，具有比较明显的经济效益。所以焚烧垃圾用于发电的设施也逐年增长，如日本到1991年，有焚烧垃圾发电的设施就达102处，发电总计达32.3×10⁴kW。以中国为例，到2010年底，全国建成垃圾焚烧发电厂共119座（其中设计城市104座，县城15座），日处理能力为89265t。到2012年11月，我国已建成投产160多座垃圾焚烧发电厂。垃圾焚烧处理的余热利用要适应社会经济发展，既通过各种形式利用余热，同时要提高利用率，也将是今后的发展方向。

在热能转化为电能的过程中，热能的损失很大，热能损失率大小取决于垃圾的发热量、余热锅炉热效率以及汽轮发电机组的热效率。采用热电联供方式，将供热和发电结合在一起，可提高热能的利用效率。在采用单纯热能转化为电能的情况下，焚烧厂的热能有效利用率仅为13%~22.5%，而通过合理组合热电联供的方式，焚烧厂的热能利用效率可达到50%左右，甚至达到70%。

8.3 光的认识与应用

8.3.1 声光技术在雷达上的主要应用

在过去 20 多年中，国防发展前沿之一的光电子技术陆续进入武器装备的许多领域。声光技术作为光电子技术中的一枝奇葩在雷达上发挥着独特的作用。采用声光互作用原理制成的声光器件具有以下特点：体积小、重量轻、驱动功率小、衍射效率高、调制度深、长期稳定性好、时间带宽积大、易于与计算机兼容和自动化控制，因此是一种理想的军用光电子器件。

8.3.1.1 声光器件结构与工作原理

声光器件的结构如图 8-1 所示，其主要由三个部分组成，即声光介质、压电换能器和驱动源。其工作原理简述为：驱动源将 RF 信号输入到换能器，换能器将它转换成超声信号并沿 x 方向在声光介质中传播。此时介质因受机械应力波作用引起弹光效应而改变折射率，形成超声光栅，当有激光束入射到超声光栅内时，将与声波发生相互作用而改变传输方向，产生衍射。

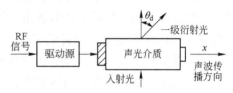

图 8-1 声光器件结构及工作原理

此时的衍射光包含了原电信号的振幅、频率和相位等的全部信息。当信号随时间变化时，光载波的强度受到调制；当信号随相位或频率变化时，光载波产生频移而偏转、选频、分光。

8.3.1.2 声光器件在雷达上的主要应用

A 雷达预警系统和侦察系统的实时频谱分析

在电子对抗战中，为了实现有效干扰和准确预警必须掌握敌方全部雷达站所用信号频

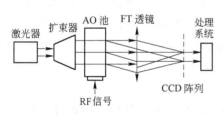

图 8-2 声光频谱分析仪

率。声光频谱分析仪的基本装置如图 8-2 所示。由接收天线来的 RF 信号先经射频放大再经变频进声光器件的工作频段。在通过声光互作用后产生的衍射光经 FT 透镜变换，由后置光电检测器阵列进行光电转换，最后由计算机进行频谱分析，确定接收信号的方位、频谱、脉宽、功率等。

这些声光分析仪与其他分析仪相比优点在于：截获率高（约 100%），灵敏度高，抗电磁干扰，能实时处理多种形式的信号，信号处理简单，容易高斯加权，制造成本低。目前它主要应用在声光侦察接收系统和声光雷达预警系统。在 1990 年发生的海湾战争中，用声光器件改装和装备的 ALR-67、ALR-69 和 ALR-74 雷达警戒接收机，在野外情报收集和电子战中发挥了奇效。

B 雷达信号延迟时间控制

先进的高分辨率雷达要求低损耗、大时间带宽积的延迟器件进行处理，同轴电缆线和波导延迟线已不能满足要求。声表面波电荷耦合器件的性能虽有所提高，但仍然不够。而光纤式声光延迟线的性能可达 1~10GHz，每微秒损耗 011~014dB，时间带宽积 10^4~10^6，非常适合雷达信号处理。它的基本工作原理依然是利用声光 Bragg 衍射，并且可做成光纤

声光抽头延迟线。1985 年，美国 Ginston 实验室报道了这项研究，中心频率 315GHz，带宽大于 110GHz，但衍射效率不高。经过两年的努力，1987 年该实验室又研制了中心频率 313GHz、带宽为 920MHz 的结构，衍射效率达到了 24dB/W。

8.3.2 光子学在农业和食品工业中的应用

民以食为天，国以粮为本。全世界的科技人员继续在寻找方法，使光子学能为发展农业和食品工业提供更快和更有效的技术。在许多情形中，光子技术补充了更传统的技术，后者仍用于检验光子技术的有效性。然而，随着光子技术的发展，机器视觉、光谱和显微术、生物传感和光学遥控传感将越来越多地帮助农业和食品工业节省时间和金钱。

8.3.2.1 光子学在农业上的应用

美国 Dicky – John 公司制造了基于发光二极管的传感器，能让农民知道他们播下多少种子。装在播种机上的种子计数器由一排管子组成，每个管子用光生伏打电池记录一粒种子落下时挡住红外发光二极管的光路，并记下一粒种子，记数速率可达每秒 40~50 粒。传感器与计算机相连，根据播种机的速率算出播下种子的密度。

各种光子技术用于分析植物的生长，如评估玉米是否有足够的肥料，或农药的使用是否危害庄稼。美国农业部的研究人员把传感器安装在喷洒器上，测量从叶子返回的光指示，探测植物含有多少氮，并根据植物含氮量控制喷洒适量的氮肥，可减少过量氮肥的污染。光子学方法还用于清除杂草，美国 Patchen 公司的杂草搜索器可安装在标准的拖拉机喷洒器上，器件的近红外发光二极管照亮作物之间的空行，硅探测器由返回的绿光记录叶绿素，并触发线圈喷洒除莠剂。该器件在玉米地中能比普通喷洒方法少用 25%~30% 的除莠剂，在大豆地中可少用 70%~75%，从而减少对地下水的污染。对于大的畜牧场，牲畜的粪便是化肥的潜在取代品。与化肥相比，动物粪便中的营养含量较低和变化较大（依赖于动物的饲料），所以用粪便作为肥料必须知道它的营养含量。美国伊阿华州的研究人员用近红外技术来测量猪粪中的营养含量，把传感器安装在粪池的导管系统上作为控制器，用扫描单色仪透射光谱法测量，近红外光谱学对于硝酸铵、湿度、碳和氮的效果很好，但对钾和磷的效果很差。

8.3.2.2 光子学在食品工业上的应用

丹麦食用肉研究所开发了第二代牛肉分等机器视觉系统，它包括彩色照相机，若干光源和投射系统，把条光纹投射到挂在传送器上的牲畜躯体上，这种角照相技术为系统的软件提供空间信息来计算肉的厚度，当每个躯体在照明和未照明条件下成像后，将图像相减保证反映躯体组分和脂肪含量的每个图像的统计分析不受室内杂散光的影响，神经网络软件提供肉的分等，等级实时地印在标签上并贴在躯体上。两年的实践表明，该系统的分等与人工的分等一致，系统提供的躯体成分可以帮助农民确定他们牲畜的质量。

美国 VETech 公司开发的机器视觉系统和软件用于鱼片的自动质量保证检查，鱼片与其他的食用肉在形貌上有很大的不同，常规的机器视觉技术不能区分瑕疵与正常组织形状和颜色上的差别，但人会受到疲劳和其他因素的影响，机器视觉能鉴别产品的缺陷，同时又能提供一致性和提高鉴别效率。该系统的包装能在食品加工厂可靠地工作，能经受高压软管、蒸汽和腐蚀性化学物质的食品生产环境。

8.3.3 光力学方法在机械设计上的应用

机械设计的一个重要内容是对构件进行强度和刚度分析。最传统的设计方法是应用材料力学理论,但是由于材料力学假设大多又只对杆类构件有一定计算精度,因此,应用的局限性大,对一般机械零件计算精度较低。尽管这样,实验力学分析方法至今还是一个不能被取代而且充满活力的机械设计方法。特别是属于实验力学的一个重要分支——近代光力学方法,由于激光和计算机图像处理技术的引入,使光力学方法的优点得以充分体现,使其在机械设计上的应用和发展显得十发活跃,成为解决工程实际问题有效手段之一。

8.3.3.1 光力学方法的基本内容

A 光测弹性力学方法

有一种类似塑料的光学材料,它具有暂时双折射现象,这种材料当不受载时,光通过此材料产生双折射现象,而当材料受载后,光通过此材料会产生双折射效应,且双折射后的两束平面偏振光恰好沿着照射点所在位置上的两个主应力方向,折射率同主应力大小成正比,这个现象是在 1816 年由 Brewster 发现的,并由他奠定了应力 - 光学定律,这就是光弹性的基础。到 20 世纪中叶,光弹性法已经大量应用于水利和土木设计中。20 世纪60、70 年代在世界范围内光弹性法在航天、航海、冶金等领域开始被十分活跃地应用。光弹性法主要应用于解决结构强度问题。

B 激光全息干涉法

激光是 20 世纪 60 年代的产物,它具有高的光强,纯的波长和光束的不扩散性优点,因此,有很高的光学相干特性。激光用在力学研究上,应当归功于 1962 年由 Leith 和 Uptuicks 两位物理学家建立的物光与参考光干涉的成像理论。

一束激光通过分光器成两束光,其中一束通过被测物后反射进入摄像平面,另一束直接照射到摄像平面,此时光会干涉和产生一个全息图像,在二次曝光中如果物体有载荷的相对变化,则相干光场会记录物体的变形量。这样在线弹性问题中,载荷与变形的关系可以得到定量计算。由于激光波长很小,因此全息干涉法计量位移精度是非常高的。根据 Leith 和 Uptuicks 理论,激光干涉理论通常在光力学上的应用有:

(1)测取研究物的等厚度变化。它为光弹性力学的强度分析提供了一个具有独立解的等和线条纹。这组条纹信息与光弹性的等色线条纹信息相结合,可以分离构件内的两个主应力。

(2)测取研究物的离面位移。可以判断结构受载与物体表面的变形关系。

(3)测取研究物的振动形态。可以获得结构在 n 阶主频率下的各种主振形形态。

C 激光散斑计量法

散斑本质上是一种光学噪声,在光学研究中是设法要克服的光学干涉现象。1970 年由 Leendertz 建立了散斑干涉原理。它可以用来分析解决构件变形问题,而且相比全息干涉法在测试条件上放松很多。首先它可以用单光束曝光,光路简单;其次隔震要求低,甚至在白光下也可以进行摄取散斑图,不一定要局限于暗室中进行,并可以在现场进行工作。近几年一种称作 ESPI 的电子散斑技术,将 CCD 摄像头作为成像系统,将信息直接转入电脑,再采用数学编码和解码技术直接可以获得一个物体的变形量,将传统的所谓电湿润显示屏技术推进到计算机电子显示的高新技术，基本上解决了激光光学力测试分析中的所有限制条件。应用散斑法可以解决面内的变形、离面的变形和离面的变形梯度（斜率）。散斑法最佳的工程应用是无损检测。

D　云纹法

云纹法又称 Moire 法，它是由两个带有网线的透明平面叠合在一起形成干涉的结果，它的本质是一种光的几何干涉。在工程应用中将一个带有均匀平直的栅贴在被测物件上，再用一个同样的透明栅（称为参考栅）复而不固结在变形物前，当物件变形后，两个叠合在一起的栅就有干涉条纹，工程人员只要测量干涉条纹的距离就可以方便地算出构件变形（位移、转角）。1982 年由 Andrews 发明了影像云纹法，把云纹方法推广到测量物体的曲面几何形状上。云纹法和散斑法所能解决的工程问题相同，但是云纹法更简便、更直接，不足的是云纹是几何光学干涉，精度比通过物理光学干涉的全息法或散斑法要低一些。

8.3.3.2　光力学方法的应用实例

A　直筒式液压剪机架的三维光弹性应力分析

直筒式液压剪机架是一个复杂的三维结构，如图 8-3 所示。为了解决该结构在剪切力作用下的结构设计合理性，采用普通三维光弹性方法进行了分析。

首先用环氧树脂材料按 1B10 制作光弹性模型，再模拟加载后进行了应力冻结，最后进行 15 个关键部位的切片，在光弹仪上进行应力分析，图 8-3 中编号为切片位置。图 8-4 展示了其中的一个主要切片和它的应力分布曲线图。可以直观地获得该结构的危险区域和计算出最大应力 R_{max}。通过分析，找出了原设计上的一个薄弱环节。经过改进，目前该装置仍安全地应用在生产线上。

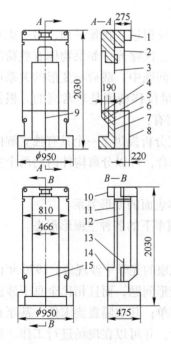

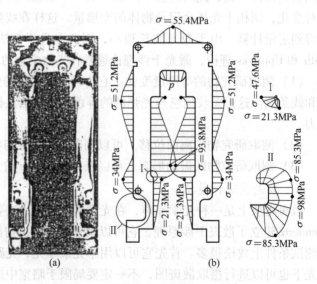

图 8-3　直筒式液压剪机架　　　图 8-4　模型切片及其应力分布曲线
1~15—关键部位切片　　　　　　（a）等色线条纹；（b）应力分布

B　用激光全息干涉法测连杆应力的等厚线法

某平板剪切机的一个连杆是一根粗短杆，在具体的工程问题中需要知道杆内应力，而在工作中杆处在两向应力状态下。通常普通光弹只能获取一个如图 8-5（b）所示的等色线条纹信息，由于它只表示了两个第 1 期主应力的等差关系，要分离两个主应力值很繁琐。应用激光全息干涉法，可以获取另一组等厚线条纹信息，如图 8-5（c）所示，它是一组反映主应力和的关系表达式。应用这两组条纹，就很容易获得杆内任一点的主应力值了。

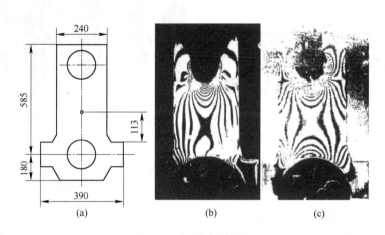

(a)　　　　　　(b)　　　　　　(c)

图 8-5　剪切机连杆

（a）连杆尺寸；（b）等色线条纹；（c）等厚线条纹

C　用激光全息法建立轧辊可变凸度

为了改变轧钢过程中的板形，有一种轧辊设计成辊中心可以充注高压油的空心腔，当轧制时注入高压油使辊面凸出，让其表面正凸度曲线与轧制时的辊弯负曲线叠加恰成一直线，这样就保证了钢板的平整。这类轧辊出厂前要设定充油压力与辊孔的凸度关系，而凸度是极小的变形，用其他方法很难计量，应用激光干涉是最好的方法。图 8-6 所示为轧辊变形全息图。图 8-7 所示为载荷与表面变形的曲线图。

图 8-6　轧辊变形全息图

D　用时间平均法获取机架主振频率下的主振形

测结构物振形是全息干涉法的一种应用，振动本质上是一个呈周期性变化的连续变形，如果在一个时间段内，应用图 8-7 的光路连续地对某个主频率下的振动物曝光，经过冲影后，在激光光场中可以看到一个物件的振形条纹。

图8－8（a）是对宝钢2050轧机用全息法测取的某一阶主频下的振形全息图。在文献中，给出了该轧机机座的前三阶振形，绘成的振形如图8－8（b）所示。

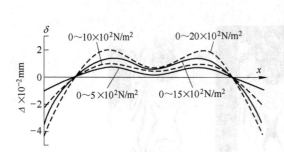

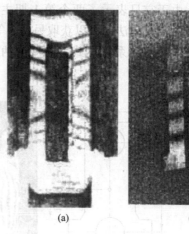

图8－7 载荷与表面变形的曲线图

图8－8 宝钢2050轧机机座振形全息图

（a）振形全息图；（b）振形图

E 应用散斑法获取机架的变形

轧钢机机架的刚度与轧钢的质量控制有极大的关系，所以机架除了强度要求外，还要研究刚度问题，而研究刚度首先要获取机架在某轧制力下的变形。图8－9所示为某机架牌坊下横梁的散斑图像。它已经是经过光学傅里叶变换处理后所获得的全场等位移线条纹，每根条纹表示一个等位移量，数出条纹级数就可以知道机架上每点的位移量。图8－9（a）表示垂直方向的变形，图8－9（b）表示水平方向的变形。一般情况下对平面变形所获得的散斑法，还有另一种读取位移的方法，称为逐点法，它只要将一束激光射在散斑图上，可获一个带条纹的"晕"，如图8－10所示，量出条纹的间距 d，应用杨氏计算公式就可得位移。

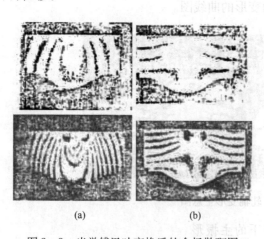

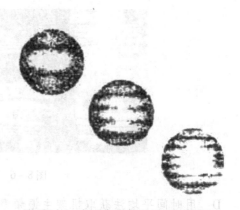

图8－9 光学傅里叶变换后的全场散斑图

（a）垂直方向的变形；（b）水平方向的变形

图8－10 激光束照射下的杨氏散斑图

8.3.4 光子学在环境保护中的应用

当人类不停地耗尽地球的资源，把无限的污染物充满天空和用有害的物质污染水源的同时，也在寻求解决这些问题的方法。全世界的企业和政府每年花费巨资来监测、控制和消除人类对大气、土壤和水的实时和潜在的危害，在这场战斗中，光子学无疑已成为主力。基于光的显微镜和分光计、纤维光学传感器、超光谱成像器和各种各样的遥控传感器正在为人类营造一个更适宜居住的环境。

8.3.4.1 遥控传感技术

监测和控制空气质量直接关系到全世界生活在工业化国家中的每个人，现代社会和经济活动形成了许多影响空气质量的发射源，这些发射源以气体和微粒的形式出现，当它们的浓度过高时，会对人类、动物和植物造成不良的后果。空气质量是一个分布问题，污染发射源很多，尤其是当涉及汽车的时候。作为自然大气循环的一部分，污染物是在移动的，经常还会发生化学变化。因此，污染源及其产生的后果之间的关系是不易探知的。在污染源处发射的定点测量不足以全面反映特定地区的空气质量，因为这些测量不提供有关输运或大气化学的任何信息，它们不能预测给定源对空气质量的实际影响。在克服这些限制中，各种各样的遥控传感技术起了重要的作用，它们能在广泛的空间和时间范围内测绘大气，从而在控制空气质量的重要决策中，在价格和效益之间做出更好的权衡。被动的分光光度技术可以测绘大面积的大气，这些技术提供了很广泛，甚至全球范围的覆盖，但是空间分辨率相当差，特别是在高度上，来自气悬体和云的吸收和散射，还限制了它们只能探测近地球表面的大气。这些技术对于基础大气科学很有用，在如平流层臭氧的耗尽等的环境问题中起重要作用。然而，它们在城市规模和几个小时而不是几天或几个月时间规模内的空气质量问题中的应用很有限。于是，较小空间和时间范围的、基于激光的主动遥感应运而生，采用高功率脉冲激光器的光雷达系统能测量大于 10km 的范围，空间分辨率达 100m 左右，时间分辨率为几秒或几分钟。激光很高的光谱分辨率还能准确地鉴别各种分子。

空气质量受微粒和气悬体的影响很大。在低空，微粒直接影响人的健康；在高空，它们影响辐射转移、云的形成和降雨量。微粒和气悬体是光雷达测量的极佳对象，利用固定频率的激光的后向散射，可以获得大量的信息。随着激光技术的迅速发展，现在已有可能部署完全自动化的气悬体光雷达。

用光雷达探测化学物质比气悬体监测更具有挑战性，最常用的技术是微分吸收光雷达，它发射波长略为不同的两个光脉冲，一个脉冲心，另一个调谐至被测气体吸收很弱的波长附近，比较返回的两个波长，就可以算出被测气体沿途的吸收。微分吸收光雷达已成功地在 UV/VIS 波段测量如 NO_3、SO_2 和 O_3 等气体。

可调谐激光器对于大多数微分吸收光雷达是绝对需要的，系统中的激光器必须调谐至一对特定的波长，除了极少数例外，固定频率激光器极少具有选择波长的灵活性。可调谐光学参量振荡器（OPO）的进展为微分吸收光雷达系统提供了重要的机遇，可调谐 OPO 与各种倍频和混频级的组合导致可获得从中紫外至中红外的几乎任何波长的全固态可调谐辐射源。美国 HamPton 大学的双波长 OPO 发射系统是用单个闪光灯抽运 Nd：YAG 激光器，输出与同一抽运的激光器的三倍频输出混频产生紫外激光，做成廉价和紧凑的全固态激光器，作为城市范围的臭氧光雷达的心脏。

8.3.4.2 二极管激光气体传感技术

因为污染物在二极管激光器（DL）的波长处的吸收很弱，它对环境监测作用是很有限的。虽然二极管激光器是有毒气体的最快和最灵敏的探测器之一，但是使用者常把光学遥感看成是要求特殊训练才会操作的先进技术。然而，若干进展可以改变这种状况。采用延伸腔设计和非线性材料可使单个器件能探测多种物质，自动化和新型的二极管激光器降低了对专门技术训练的要求。同时，应变半导体材料和量子级联二极管激光器结构正在把波长推进到中红外——有毒污染物光谱的关键波段。把激光波长扫过原子、分子或化合物的吸收线可以鉴别它们。因此，激光的线宽必须比吸收线的线宽更窄，激光线宽与物质吸收线宽之比越大，鉴别的机会越大。此外，激光的频率变化必须控制在 $10^{-6}s$ 以内。很少商品化的二极管激光器系统满足这些严格的要求，空中的污染物在可见波段的吸收很小，而在红外和紫外波段的吸收很大。很少半导体技术是在紫外波段工作的，然而，大多数电话网络是基于红外二极管激光器之上。因此，大多数基于商品化二极管激光器的气体传感系统采用电信级二极管激光器作为辐射源。

分布反馈电信激光器可以对于开路和流动池气体探测，这是重要的特性，大于 $100mW$ 的室温单模连续运转，这样的功率水平对于气体传感是绰绰有余的。虽然开路系统由于大气散射要损失相当数量的功率，典型的光探测器、光电倍增管和其他的接收器能容易地探测纳瓦和皮瓦的光信号。美国 Englewood 公司推出它的第一个二极管激光气体传感系统，用 1550nm InGaAsP 激光器探测氨，把特制的多次反射吸收盒放入烟囱内，发射物通过一系列过滤器进入盒，氨在盒中吸收激光，PIN 光二极管探测剩余的光，并根据吸收定律计算氨的数量。美国 Unistarch Assoeiates 公司用光纤传送/收集装置避免烟囱或燃烧室内的恶劣环境，用 $600nm \sim 2\mu m$ 之间的二极管激光的模块系统鉴别许多种分子，包括甲烷、乙烷、乙烯、乙炔、氢、氟化物、氯化物、溴化物、氨，甚至水等。用 100mm 的 Cassegrain 望远镜聚焦和收集由隔角立方反射器返回的光，把反射器置于工厂四周，可以测量 1km 远的环境气体。

8.3.4.3 光纤传感技术

光纤传感器是唯一可以现场和实时测量污染的技术，它的主要优点是价廉，由于它可以在微芯片平台上大批量生产，从而降低了成本。光纤传感器的基本原理是用某种聚合物涂层取代光纤包层的一部分，涂层选择地把碳氢分子吸附在其表面，引起涂层发生如折射率或体积等的变化，引起光纤中光传播的变化。

应用光纤传感器探测甲烷和其他碳氢化合物得益最大的是石油化学工业。石化污染不仅危害人呼吸的空气，也危害植物赖以生长的土壤。目前所用的土壤取样方法涉及采集样品，再把样品送到实验室去进行气相层析或其他传统的检测，这种方法操作人员可能接触有害物质、样品被污染，而且周转时间长和价格高。美国 Tufts 大学的研究人员开发了 10 通道地下激光感生荧光激发—发射阵列探头来探测表层土壤和地下水的污染。系统用 Nd：YAG 四次谐波 266nm 抽运的拉曼移位器在 $257 \sim 400nm$ 之间的 10 个荧光波长，光束通过光缆到达埋在土中的探头，来自污染的荧光被收集并送至表面，波长被分光计分开，并由电荷耦合器件探测，样品能在约 1s 内被收集和分析。

8.3.4.4 光学显微和成像技术

美国生物技术研究部的研究人员用下列光子仪器研究生物过程：各种透射和荧光显微镜、电荷耦合器件（CCD）照相机、激光器和其他光源。他们研究在纯化水的聚合物分离膜表面形成的生物薄膜，分离膜在水处理过程中除去污染物质，包括细菌。

生物薄膜是由一个或多个天微生物体与细胞外的细菌多糖类结合在一起组成的复合结构，有时可能含有能加强抵制有害的水运污染的有机体，但是这些有机体在大多数情形中阻碍了反向渗透膜的效率，实际上可能使膜退化。这些有机体反映了水运细菌的广谱，探测它们需要用各种成像方法。研究人员把一个特别设计的流动池安装在倒置的或直立的显微镜上，流动池把液体片流导向玻璃膜窗的表面，窗内涂以特定的水处理膜聚合物，引入池流通道中的细菌黏附在涂层表面，通过显微镜物镜研究这些细菌。池的另一端上另一个较厚的玻璃窗进光，可以进行透射显微术，改变池的设计，允许研究人员考察实际的水处理膜层的表面。把实验室的显微镜设施组成模块，可以根据具体的成像任务以各种方式组合起来。

亮场显微术和微分干涉对比是研究细菌淀积和生长或由清洁剂去除细菌的、侵害性最小的技术。明亮的照明会阻碍细菌的生长，所以为了成像生长着的生物薄膜，典型的方法用很弱的、滤去红外成分的白光照明，并用强化图像的 CCD 照相机记录图像。较亮的光源对于研究由清洁剂除去预先形成的生物薄膜是好的，为此，典型的方法是用微分干涉对比和单个 CCD 照相机。为了在生物薄膜内定位特定的对象，研究人员依靠二维或三维的荧光技术，各种荧色物可以在生物薄膜内定位个别的细胞，或评估细胞生理学的特性。荧光强度的定量分析和强度测绘能显示更具有代谢作用的活性有机体的分布，他们还想用光现场复合方法定位含有特定基因的细菌。其他有潜力的荧光技术可用于研究特定生物薄膜的特性，如图像比荧光技术可以测绘生物薄膜内的 pH 梯度，偏振荧光可以显示黏滞度的差别，笼状荧色物的研究和光漂白后的荧光复原可以在生物薄膜阵列内跟踪液体流。

8.3.4.5 超光谱成像技术

滥用森林和旷野资源已从过度放牧、土壤流失和污染等扩展到土生物种的消失和外来杂草的侵入，如果人类准备改进对旷野资源的管理，就需要能保持和改善它们的现状的方法，为此，需要新的监测工具。

超光谱成像在可见和反射红外光谱波段的连续测量所提供的信息能改进资源监测，该技术的开发已有 20 多年历史，它的进展导致资源管理的若干应用。美国将在未来的 2 年内发射 4 个超光谱遥感卫星，而若干商品化的机载传感器已经在工作。美国 NASA 的机载可见红外图像分光计（Aviris）能采集 2 万多亩地面的数据，超光谱传感器测量 400 – 25（X）nm 波段中的 224 个 10nm 宽的相邻带中的辐射光谱，在 20km 高度处采集图像，在 11km 长而宽的地带上像素空间分辨率为 20m×20m，地带可以延伸到 100km 长，以提供整个地区的俯瞰。在这样的规模和分辨率下，可以清楚地测绘植物生长的情况和野火发生的地点。来自 Aviris 像素的光谱分析可获得大量的信息，包括火的温度、在火附近的植物类型和植被的水含量等。超光谱数据可以由测绘燃料的积累、具有高的可燃性的植物类型的植被的水含量，鉴别野火发生的高风险地区，从而及早采取预防措施。美国加州的 Santa-Moniea 山经常发生野火灾害，研究人员日常分析 Aviris 的数据，获得整个约 400 平方英里地区的水含量分布图。降低超光谱传感器的飞行高度能提高空间分辨率，Aviris 曾在美国斯坦福大学的 JasperRidge 生物苑上空 4.15km 的高度飞行，空间分辨率约为 3.7m，甚至能看清个别的灌木和树。

8.3.5 其他的应用

光学是研究光的产生和传播、光的本性、光与物质相互作用的科学。光学作为一门诞生 340 余年的古老科学，经历了漫长的发展过程，它的发展也表征着人类社会的文明进程。20 世纪以前的光学，以经典光学为标志，为光学的发展奠定了良好的基础；20 世纪的光学，以近代光学为标志，取得了重要进展，推动了激光、全息、光纤、光记录、光存储、光显示等技术的出现，走过辉煌的百年历程；展望 21 世纪的现代光学，将迈进光子时代，光子学已不仅仅是物理学学术上的突破，它的理论及其光子技术正在或已经成为现代应用技术的主角，光子学的发展和光子技术的广泛应用将对人类生活产生巨大影响。

8.3.5.1 光子学与生物学相结合

生物的基本单元是细胞，细胞里的 DNA（脱氧核糖核酸）呈双重螺旋结构，由 A、G、C、T 4 种碱基组成，碱基有吸收光谱，其荧光寿命小于 10ps（皮秒），因此需要亚皮秒或飞秒级的脉冲来准确测量这些碱基的光谱和荧光寿命，这样就能准确地认识分子。生命是取决于遗传因子这一物质的作用的，科学家希望能用光来控制遗传因子，继而控制生命和物质。人的大脑里有大约 1 千亿个神经细胞，信号从一个细胞传到另一个细胞时，经过一个叫做突触的接点。这个接点是不连续的，其间的信息由神经物质来传递，也就是说大脑或心灵的活动也是由这种神经传递物质所控制的，既然心灵活动是基于物质的作用，那么就可以用光来控制。这方面的研究还有待于光学专家与生命科学家共同取得突破性进展。

8.3.5.2 光子学与飞秒化学相结合

20 世纪 30 年代人们提出了化学反应的过渡态理论，把化学动力学的研究深入到微观过程。过渡态只是一个理论假设，反应物越过这个过渡态就形成了产物。飞越过渡态的时间尺度是分子振动周期的量级，当时被认为是不可能通过实验来研究的，因此在化学反应路径上，过渡态成了未解之谜。到 20 世纪 80 年代飞秒激光器研制成功，飞秒激光器的脉冲宽度正是化学反应经历过渡态的时间尺度。飞秒激光脉冲如同一个飞秒尺寸的探针，可以跟踪化学反应中原子或分子的运动和变化。美国加州理工学院的泽维尔教授率先应用飞秒光谱研究化学反应过渡态的探测，并取得了世人瞩目的成就，因此获得 1999 年诺贝尔化学奖，从而形成了飞秒化学这一物理化学的新学科。目前飞秒化学已经广泛应用到化学和生命科学各领域。

8.3.5.3 光子学与医学相结合

老年痴呆症是一种大脑退化病，由于它的不确定性使人们感到痛苦、忧伤。为了研究这种病，医学上寻求一种对大脑无损伤的诊断方法。因为皮肤、骨头和血液对波长在 600~1300nm 之间的光透过很好，已经有一种红光探针用于诊断脑部疾病。科技人员用 647nm 波长的探针透过头盖骨进入大脑，在那里使脑组织发出近红外的荧光，这个荧光光谱返回并透过头盖骨被收集分析，带回健康组织和疾病组织的一些特征。这种技术称为近红外荧光光谱技术，它是完全无损伤的。用这种技术还可以测出服药与不服药的病人之间疾病变化速率的差异。可以预见，这种光谱技术有朝一日会成为治疗脑部疾病的有力武器。

8.4 电磁波技术及其应用

8.4.1 电磁轴承技术及其应用开发

电磁轴承是新一代非接触支承部件，由于其独特的性能而受到国内外专家学者和许多企业界人士的关注。电磁轴承及其支承的转子本质上是一个多自由度运动体的位置控制系统。由于采用了电子控制器和位移传感器而使其设计过程涉及很多领域，如系统控制理论、电子电路、信号的监测与分析、计算机的应用技术和电磁场理论等，使这种部件的研究和应用增加了难度，原理如图 8 – 11 所示。电磁轴承目前在国外已经开始进入工业应用阶段。在国内，有关研究在不断升温但距工业应用仍有较大的差距。国内对电磁轴承的研究始于 20 世纪 70 年代。由于电磁轴承实现了非接触支承，因此具有许多与传统轴承不同的特性，其中主要有：可以有效地防止转子与轴承间的擦伤和磨损引起的零部件损坏，减少维修，使用寿命长；噪声低，可靠性高；取消了润滑油系统，避免对环境的污染；无需密封（指轴承本身）；可节约工程时间、工程材料和安装、维修费用；摩擦阻力小于机械轴承；温升小、极限工作温高（可达 59℃ 以上）；允许的转子圆周速度极大；具有灵活的刚度和阻尼特性调整能力；承载能力高；但制造费用高。

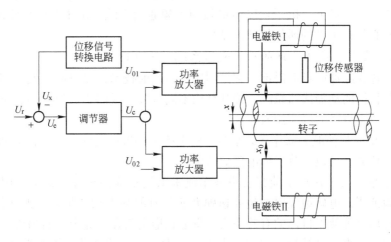

图 8 – 11 电磁轴承系统示意图

随着科学技术的不断发展、电磁轴承性能的改善和成本的降低，电磁轴承应用的范围已扩展到多数旋转机械，如机床工业、透平机械、航空工业等。

8.4.2 电磁流量计在工程中的应用

电磁流量计是 20 世纪 60 年代随着电子技术发展而迅速开发的新型流量测量仪表。它根据法拉第电磁感应定律制成，用来测量导电流体的体积流量，其原理如图 8 – 12 所示。由于其独特的优点，目前已广泛应用于工业上各种导电液体的测量。

从 1995 年开始，电磁流量计大量用于工业水及污水的计量，使用情况良好，深受现场使用人员、维护人员好评。电磁流量计主要由电磁流量传感器和转换器网部分组成，具有结构简单、测量精度高、工作可靠、量程比大、反应灵敏等特点。

8.4.3 电磁发射技术的发展及其军事应用

8.4.3.1 电磁导弹的研究与应用

国外从 1981 年开始研究慢衰减电磁波，并在 1985 年提出了电磁导弹理论。我国从 1988 年开始系统地研究电磁导弹理论。电磁导弹这种慢衰减的电磁波理论的提出，是 200 年来电磁科学研究的最新成果。它开辟了时域电磁学研究的新领域，具有极深刻的理论意义和重大的应用价值。它阐述的这种慢空间衰减的电磁波，只

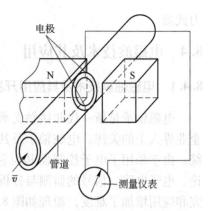

图 8-12 电磁流量计原理示意图

要电磁波的参数选取适当，就有可能使电磁波在空间的传递衰减任意小。它极大地发展了电磁理论，使我们拥有了更丰富的电磁资源，开发了瞬态电磁波频谱资源。电磁导弹的研究和推广应用对自然科学的其他领域具有广阔的应用前景，并将在未来的战争中成为争夺电磁波控制权的有力工具。传闻在北约对南联盟发动的战争中，南联盟军方使用装备有该技术的先进雷达，给了北约空军以沉重打击。电磁技术在通讯领域也大有可为，通信系统的发展首先是点频通信系统，后来是较其抗干扰能力强的跳频通信系统，近来又出现了比跳频通信系统信道容量大、抗干扰能力更强的扩频通信系统。由于电磁导弹的优异性能，电磁导弹技术必将在未来的通信领域大显身手。

8.4.3.2 发射超高速炮弹的动能武器系统——电磁炮

电磁炮也称为脉冲能量电磁炮，它是利用电磁发射技术，以电磁力发射超高速炮弹并以其动能毁伤目标的动能武器系统。按其结构不同可分为线圈炮、轨道炮、重接炮三种形式。目前正在以下方面开展应用研究：

（1）以卫星或其他航天器作运载平台，将电磁炮部署在空间，逐行拦截洲际弹道导弹和摧毁卫星的任务，可以充分发挥电磁炮的优点。

（2）电磁炮可安装在战术侦察装甲战车或未来侦察骑兵车等车辆上，用于反装甲作战。打靶试验证明，电磁炮发射的超高速弹丸所具有的强大动能足以摧毁任何装甲目标，电磁炮是对付坦克等装甲目标的有效手段。将电磁炮安装在坦克上还有另外一个突出的优点，就是电磁炮坦克一旦被敌方击中，由于车上没有火药或炸药，被引爆的可能性极小，从而可大大提高坦克的生存能力。此外，电磁炮还应用于反舰系统中，在普通火炮的炮口部加装电磁加速器，可大大提高火炮的射程。

（3）由于电磁炮具有初速高、加速快、飞行时间短、火力猛、抗电子干扰能力强、毁伤效果好的优点，因此它在防空系统中获得广泛应用。电磁炮可代替高射武器和防空导弹遂行防空任务。

8.4.4 环境污染调查中磁与电磁测量新技术的应用

探查和监测废弃埋藏物的污染状况是环境灾害调查的重要内容，而采用地球物理探测方法进行调查通常是最为经济、快速和有效的。电磁探测技术是工程和环境地球物理勘查中最有效的技术之一，近年来频率域和时间域电磁探测仪器不断发展，涌现出适用于地下

管线探测、地下水污染监测、堤坝质量检测、土壤特性探测与评价的新型电磁探测仪器。西方发达国家近年来应用物探新方法技术在环境灾害监测、废弃埋藏物调查方面取得了很好的效果，为环境保护部门提供了可靠的资料。如美国最近几年采用高精度磁测和电磁测量进行浅层（埋深小于4m）废弃金属埋藏物、战争遗留物（如炸弹）及化学污染物的调查新方法与新技术进行研究，结果表明，采用下列方法将有效地增强环境污染源的异常信号，提高物探方法在环境灾害调查中的探测能力：高分辨率的测量仪器，进行数据采集并辅以 GPS 定位；降低飞行高度、加密测网布置精细网格；采用校正和滤波等手段消除噪声干扰，并通过物理模拟和数值反演作出定量解释；航空磁测、电磁测量与地面磁梯度、地质雷达等不同方法配合等。

我国采用瞬变电磁法在民乐斑岩铜矿区找矿中应用效果很好。

8.4.5 电磁水处理器的研究与应用

由电磁场理论可知，随时间变化的电流，将产生随时间变化的磁场，反之亦然。电磁场是相互依存而不可分。静电水处理和电子水处理等就是利用恒定的高、低压电流电磁场或高频电磁场的水处理方法。

目前，国内电磁水处理器主要有内磁水处理器、静电水处理器、电子水处理器和高频电子水处理器等几类。目前电磁应用于水处理主要包括磁处理防垢及防腐、电磁杀菌等。

8.4.5.1 磁处理防垢及防腐

物质的分子可分为极性和非极性两种，对称分子如 H_2 和 O_2 是非极性的，而 H_2O、N_2O 则是极性的。极性分子在无磁场作用时，以任意方式排列，但当磁场作用于极性分子时，会使偶极朝向磁场方向做定向排列。非极性分子在磁场作用下，极化而诱导成极性分子，从而带有偶极矩，产生相互吸引作用，形成定向排列。两种极性分子在产生异极吸引同极相斥作用时，会使分子产生某些变形，极性增大，水中盐类的阴阳离子将分别被水偶极子包围使之不易运动，抑制了钙、镁等盐垢析出。运动的电子在磁场作用下，就产生一个与其运动方向垂直的力（洛伦兹力），这样就会使电子偏离正常晶格，从而抑制固体正常结晶的生成。同时可以减少水垢附着在金属表面。由于经电磁场处理的水分子极性增强，对水垢的渗透性增强，它破坏水垢与管道壁之间的结合力，从而使水垢脱落，这就是磁处理防垢机理之一。

水中正负离子在磁场作用下，分别向相反方向运动，形成微弱电流，水中 O_2 形成 O^{2-}，使水中的 O_2 减少。同时由于因管道自身的电位差腐蚀而产生的 $Fe_2O_3 \cdot nH_2O$（俗称铁锈）和微弱电子流发生反应，生成 Fe_3O_4 在常温下很稳定，不再被氧化，称为磁性氧化铁。它形成的膜将管道壁和水隔开，腐蚀即停止。

8.4.5.2 电磁杀菌

前已提及，在微弱电流作用下，使水中的 O_2 生成 O^{2-}，称为活性氧。活性氧对水中微生物有强大的杀伤力，加速微生物机体衰老，强磁场作用破坏了细胞的离子通道，改变了生存生物场，使其丧失了原生存环境，从而达到杀死生物的目的。

电磁水处理机理还有待于今后更深入的研究。电磁水处理的效果虽不及药剂法，但由于其运行操作简单，并有明显的效果，可以相信，随着电磁水处理器机理的深入研究和水处理器结构构造的完善，其应用前景将日益广阔。

8.4.6 磁与超声波在粮油食品研究及粮油加工方面的应用

粮油食品的近代研究方法与高新技术离不开电磁波、超声波等的应用。下面主要介绍电磁波、超声波、电磁场在粮油食品研究与加工中的应用。

8.4.6.1 电磁波在粮油食品研究方面应用

A 红外线应用

红外线在粮油食品上的应用主要体现在两个方面：一是利用粮油食品分子官能团的红外吸收光谱对食品分子进行鉴定；另一利用是，因红外线具有显著的热效应（故也称为热波），粮油食品研究和加工中经常利用红外线这一特点进行加热、烘干等。红外加热干燥在粮油食品方面有着极其广泛应用。

B 紫外线应用

紫外线在粮油食品上的应用主要也是在两个方面：一方面利用紫外线的性质，可对食品分子进行双键、结构和含量的测定，这在油脂不饱和度的测定上已得到广泛应用；另一方面可利用紫外线的能量进行杀菌和菌种诱变。这主要是利用紫外线的能量使微生物的核酸发生变化所致。紫外线杀菌已广泛用于食品店、食品加工厂等的空间杀菌及饮料、无菌水的生产。

C 可见光谱应用

可见光谱在粮油食品上的应用主要是利用可见光的光学性质来测定和鉴定食品成分。同时某些食品成分具有可见光吸收，从而可对这些成分进行测定。

D 射线的应用

X 射线对不同晶体化合物具有不同的衍射光栅，从而可用来研究晶体的结构，如生物大分子蛋白质晶体结构的研究，X 射线发挥了重要作用。X 射线在食品上的应用主要在杀菌和菌种诱变上，食品上常用的射线源是^{60}Co。

8.4.6.2 电磁波、超声波、电磁场在粮油食品加工中应用

A 微波食品

利用微波的高频率震荡使食品中水分高速震荡摩擦起热，从而烹调食品。由微波加工的食品具有受热均匀、快速、对食品营养成分破坏小等特点。

B 电磁场杀菌

食品加工中有一类很重要的指标，即微生物指标，以前最常用的方法是巴氏杀菌和高温瞬时杀菌及添加防腐剂等。有时被加工食品的色、香、味及营养成分会受到严重影响。这是由于高温、高湿、高氧的关系，而电磁场杀菌是一种低温杀菌方法，可完全避免以上缺点，这一工作目前仍在研究中，主要有磁力杀菌、高压电场杀菌和静电杀菌。

磁力杀菌主要适合流动性食品的杀菌，是把需杀菌的食品放入一定磁场中，经过连续搅拌，不需加热，即可达到杀菌的效果，而对食品中的营养成分无任何影响。

高压电场杀菌是将食品送入装有互相平行的两个脉冲管间，触点接通后电容器通过一对碳极放电，在几秒钟内完成杀菌。该技术是利用强电场脉冲的介电阻断原理对微生物可产生抑制作用并避免蛋白质变性和维生素破坏。

静电杀菌是用电场放电产生的离子雾和臭氧处理食品，可以取得良好的杀菌效果。该技术适合于瓶装、罐装食品及粮食、果实类食品的杀菌和保鲜等。

8.4.7 微波辐射技术的应用

微波辐射技术在未来的工业生产中具有广阔的应用前景。

众所周知，极性分子接受微波辐射的能量后，通过分子偶极的每秒数十亿次的高速旋转产生热效应，这种加热方式称为内加热（相对地，把普通热传导和热对流的加热过程称为外加热）。与外加热方式相比，内加热具有加热速度快、受热体系温度均匀等特点。近年研究发现，在萃取加工和有机化学反应等方面，微波辐射技术均显示出其无与伦比的优越性。

微波辐射技术在食品萃取工业和化学工业上的发展。从20世纪50年代开始，60年代已扩展到冰冻食品解冻、食品杀菌、面粉食品干燥、干燥肉的温度和脂肪含量的测定、橡胶硬化处理、焦煤处理等。

20世纪70年代，美国成功地研制出了世界上第一台微波消解设备，由于微波消解可以将矿石等传统消解困难的样品快速消解，而且避免了易挥发物质的损失和环境污染，所以，微波消解很快在欧美、日本、韩国等地受到普遍欢迎，目前在我国海关和商检部门也有大量应用，但由于其昂贵的价格，普通分析部门只能望而却步。

20世纪90年代初，由加拿大环境保护部等单位开发了微波萃取系统（简称MAP），现已广泛应用到香料、调味品、天然色素、中草药、化妆品和土壤分析等领域。

由于微波的频率与分子转动的频率相关联，因此微波能是一种由离子迁移和偶极子转动引起分子运动的非离子化辐射能。当它作用于分子上时，促进了分子的转动运动，分子若此时具有一定的极性，便在微波电磁场作用下产生瞬时极化，并以极高的速度做极性变换运动，从而产生键的振动、撕裂和粒子之间的相互摩擦、碰撞，促进分子活性部分（极性部分）更好地接触和反应，同时迅速生成大量的热能，促使细胞破裂，使细胞液溢出来并扩散到溶剂中。

传统热萃取是以热传导、热辐射等方式由外向里进行，而微波萃取是通过偶极子旋转和离子传导两种方式里外同时加热。与传统热萃取相比，微波萃取具有以下特点：可有效地保护食品中的功能成分、产量；对萃取物具有高选择性；省时（30s~10min）；萃取溶剂用量少（可较常规方法少50%~90%）、低耗能。

另外，电磁还可用于测厚、无损监测、研制的自动电磁振动器可定时对布袋除尘器的滤袋进行清理。可以说，在我们身边"视而不见"的电磁场，有许多神奇的特性有待我们去探索，应用中的许多关键技术等待去开发，我国科学家已在电磁的时域条件、散射规律、传播特性等方面做出了独特的贡献，相信在未来的高科技竞争中，我国科学家有信心也有能力做出新的贡献。

8.5 辐照技术的利用

核能的开发与应用为工农业生产及人类生活带来重大的影响。历史已经证实，正确地应用核技术不但不会对于环境和人类健康产生危害，而且能在诸多方面得到巨大的收益。因而，将核技术运用于环境保护，造福子孙后代，对当代的环境工作者来讲，具有很大现实意义而且是大有可为的。

8.5.1 辐照技术在水处理方面的应用

辐照技术是利用射线与物质间的作用，电离和激发产生的活化原子与活化分子，使之与物质发生一系列物理、化学与生物化学变化，导致物质的降解、聚合、交联并发生改性。这样一来，就为采用常规处理方法难以去除的某些污染物提供了新的净化途径。

在放射线的照射下，水分子会生成一系列具有很强活性的产物，如 $\cdot OH$、$H\cdot$、H_2O_2 等，这些产物与废（污）水中的有机物发生反应，可以使它们分解或改性。利用这种方法可明显消除城市污水中的 TOC（总有机碳）、BOD（生物化学需氧量）、COD（化学需氧量），并杀灭污水中的病原体。用辐照法照射偶氮染料和蒽醌染料废水，可完全脱色，TOC 去除率可达到 80%～90%，COD 去除率达到 65%～80%。又如，在充氧条件下用 γ 射线辐照木质素废水，木质素废水很容易被降解。

据研究报道，辐照技术也可有效地处理废水中的洗涤剂、有机汞农药、增塑剂、亚硝胺类、氯酚类等有害有机物质。将辐照技术与普通废水处理技术联用，具有协同效应，可提高处理效果，如在与药用炭法联用时，在炭吸附了有机物后，借助 γ 射线辐照，可使药用炭再生，对其连续使用十分有利。从 20 世纪 80 年代后期开始我国还开展了进一步的研究工作，如对饮用水的辐射消毒、有机染料废水、焦化厂废水的辐射处理等，都取得良好效果。

城市粪便是居民在日常生活中产生的大量生活废弃物，粪便经沉淀后上层液体称为粪便上清液，其 COD 值高达 $10^5 mg/kg$ 以上，并含有大量致病菌，如果处理不当就会污染水源，传播疾病，危害人民健康。因此粪便及其上清液处理已成为现代城市建设不可缺少的重要组成部分。通过利用低放射性处理粪便上清液试验，得出如下结论：（1）无论高浓度还是低浓度污水，放射性有去除有机物的作用，但对高浓度的污水去除效果明显，COD 去除率达 50% 以上，对低浓度污水不明显。（2）放射性有杀菌作用。（3）温度对去除率有影响。温度低，去除率就低；温度高，去除率就高。（4）放射性强度越大，去除效果越好。（5）动态去除率要比静态高 20% 左右，而且在短时间内就能达到 50%。实验表明，利用低放射性处理粪便上清液技术使上清液 COD 大幅度降低，再经后处理达标排放，从而探索出一条既经济又实用的粪便上清液处理新技术。

8.5.2 辐照技术在废气治理方面的应用

8.5.2.1 电子束处理废气

大气中的 SO_x 与 NO_x 是主要的污染物，用通常的方法，如以石灰喷雾法脱硫，用酸、碱吸收或催化还原法去除 NO_x 等，绝大多数遇到成本过高或装置复杂的困难。

应用电子束照射的方法，则不仅能降低运行难度和费用，而且由于在干燥条件下使用，不产生二次废水。日本原子能研究所曾用两台电子加速器作为照射源，在 80℃ 下，加氨照射，辅以静电除尘去除生成的硫酸铵与硝酸铵，可同时去除 SO_x 与 NO_x。

8.5.2.2 光催化技术降解废气

近年来，光催化技术由于具有能耗低、效率高、没有二次污染的特点，纳米材料光催化法处理 VOC$_s$ 已成为国内外研究的焦点，目前采用低温等离子体自光催化技术去除尾气中的含苯废气已经有所研究（所谓等离子体自光催化是指在等离子体反应器放电极施加外加电压，利用有介质存在条件下气体放电时，在介质表面产生大量微放电，同时伴随产生一定数量的紫外线。如果将光催化剂附着于介质表面，那么，这些紫外光将激活光催化剂，在 VOC$_s$ 尾气通过时即可达到处理有机废气的目的。目前中国矿业大学（北京）竹涛等同志已有这方面研究，其低温等离子体自光催化反应实验装置如图 8 - 13 所示，其中反应器 6 内部密封有纳米 TiO$_2$ 光催化剂。作为纳米 TiO$_2$ 光催化剂载体的陶瓷拉西环，在表面浓集了较多数量的气态污染物质，促使化学反应在纳米 TiO$_2$ 光催化剂表面进行。等离子体发生过程中产生自光现象，促进了光催化反应的进行，达到等离子体与光催化剂配合增效，提高了气态污染物净化效果，较一般的低温等离子体反应器降解效果更好。

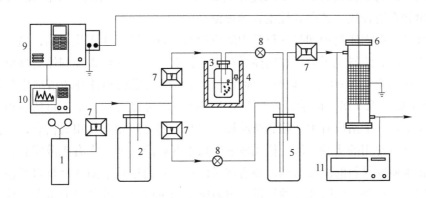

图 8 - 13　低温等离子体自光催化反应实验装置

1—空气钢瓶；2—缓冲器；3—VOC$_s$ 发生器；4—水浴加热；5—混合瓶；6—等离子反应器；
7—质量流量计；8—控制阀；9—电源；10—示波器；11—气相色谱

8.5.3　辐照技术在固体废物处理和利用方面的应用

8.5.3.1　磷酸盐的利用

小型磷酸盐生产企业排放废渣主要是磷矿渣和部分煤渣。煤渣实际堆放量很少，废渣的主体是磷矿渣。而磷矿渣^{226}Ra 比活度较高，利用时有带来放射性污染的风险。磷矿渣用于生产农业用硅肥投资较少，不需其他原料，不会带来放射性污染，如得到市场认可，代价利益比最高。生产磷渣硅酸盐水泥投资规模大，磷矿渣利用率低，产品一般不会存在放射性污染问题，有广阔市场前景。生产废渣砖投资不大，磷矿渣利用率高，可综合解决煤渣排放，市场面广，收效快，但有一定放射性污染风险。总之，磷矿渣利用有多种途径可供选择，均可达到消除污染、综合发展的目的，并有一定经济效益。

8.5.3.2　γ 射线辐照处理固体废物

在固体废物的处理、处置中，废塑料由于其难降解性，对它的处理、处置始终是一个棘手的问题，如聚四氟乙烯处理问题。

日本曾利用了射线辐照与加热联用方法，再加以机械破碎，得到相对分子质量不同的聚四氟乙烯蜡状粉末，可作为优良的润滑剂和添加剂。氯化聚乙烯在使用时会放出百倍的氯乙烯，因而被某些国家禁止使用。但它在经一定剂量射线照射后，即不再产生氯乙烯蜡状粉末，可作为优良的润滑剂和添加剂。日本曾用辐照法处理木屑、废纸、稻草等，通过糖化与发酵而得到酒精；美国则采用对这类纤维素用加酸后辐照处理的方法得到葡萄糖，其回收率高达56%。另外，辐照处理腐败的食物后可作为动物的饲料。污泥是优良的农田肥料和土壤改良剂。但由于含有大量病原体而不能直接利用。用γ射线或电子束辐照，解决了堆肥化、热消毒或化学处理等方法的消毒效果均不十分彻底与稳定问题，是一种很有前途的方法。华南理工大学有研究表明$^{60}Co-\gamma$射线辐照辣椒粉杀菌效果优良。

8.5.4 放射性束在固体物理和材料科学中的应用

核物理实验技术的进步总是对固体物理和材料科学的发展起着重要的推动作用。近年来，设计用于核物理实验的重离子加速器装置已成功地用于凝聚态物质的辐照研究工作，由此揭示出如像潜径迹、各向异性生长等现象。

放射性核素在固体物理和材料科学中的应用始于20世纪20年代末期，当时人们第一次用放射性示踪方法研究了原子在固体材料中的扩散。放射性核素在固体物理研究中真正富有成果的应用则是在60年代以后，即在核素分离器的建成和各种超精细相互作用技术（如扰动角关联、穆斯堡尔谱学等）相继用于固体物理研究之后。由于超精细相互作用技术能够在原子水平上给出有关缺陷和杂质原子以及它们之间相互作用的信息，因而逐渐发展成为这一领域常用的实验手段。使用放射性核素开展的典型工作有扩散实验、用超精细相互作用技术研究材料的微观结构、辐射沟道测量以及通过核素演变进行材料掺杂等，此外还有利用它进行深能级瞬变谱的测量、电容电压测量以及光致荧光分析等工作。长期的实践证明，放射性核素的应用极大地促进了固体物理和材料科学的研究工作。

8.5.5 放射性同位素及其应用

把放射性同位素的原子掺到其他物质中去，让它们一起运动、迁移，再用放射线探测仪器进行追踪，就可以知道放射线原子的运动路径、现状和趋势，从而可以了解某些不易查明的情况或规律。人们把用于这种用途的放射性同位素的原子称为示踪原子。它的核物理特性比较容易探测。20世纪30年代以来，随着重氢同位素和人工放射性核素的发现，同位素示踪技术在各个领域也获得了日益广泛的应用。

在工业生产中，示踪原子为使用高效能的检验方法及生产过程自动控制的方法提供了可能性，解决了不少技术和理论上的难题。

在任何地质体中，都存在一定的放射性核素铀、镭、钍等，并且有着明显的差异。这些核素各自按照它们的衰变规律进行放射性衰变，并释放出具有特征的α、β、γ射线，为用核探测仪器（或技术）检测其特征放射性提供了依据。在放射性测量中，用于找矿勘查的技术方法，主要是测量氡及其子体。

近年来，放射性示踪沙获得较为广泛应用，我国利用放射性示踪沙定量观测长江口北槽航道抛泥区底沙运动，法国和德国用人造放射性示踪沙探测泥沙输移规律。

油气勘察中的放射性测量是一种油气勘察新方法，它是利用油田上出现的负异常（或叫偏低场），反映了油气田的基本轮廓的基本原理进行的。

8.5.6 核能发电

8.5.6.1 核裂变发电

由于人类大量开采和使用，矿物能源不仅造成各种污染和"温室效应"，而且大约在200年之内，石油、煤和天然气资源都有枯竭之虞。由于受到一定条件限制，只有核能可担起可持续发展能源"主角"的重任。目前的核电站是利用核裂变而发电。核电站是一种清洁能源，对环境造成的污染最少，核电站已占世界总发电量的16%，少数国家核电站已占本国总发电量的50%~60%，还有不少国家正在投建核电站。

核电要唱好"主角"，先要解决自身的弱点。自1957年世界第一座核电厂开始运行，一直沿用的是"热中子反应堆"模式，即核燃料一次性使用，效率不高，如还继续这样使用，则全世界的核燃料铀资源将在数十年内被消耗一空，不仅产生强大的辐射，伤害人体，而且贻害千年的废料也很难处理。2011年3月11日，由于日本发生9级大地震，导致日本福岛第一核电站核事故，造成放射性物质严重泄漏，事故等级为七级（七级为最严重的级别，即特大核安全事故）；同样严重的还有1986年苏联（现属乌克兰）切尔诺贝利事故。这是人类目前最为严重的两起安全事故。

8.5.6.2 核聚变发电

核能虽然能产生巨大的能量，但远远比不上核聚变，每一克氢同位素在核聚变中，能够释放出 $9 \times 10^4 kW \cdot h$ 的能量，这相当于10t煤炭所发生的能量。核聚变为人类摆脱能源危机展现了美好的前景。

核聚变反应燃料是氢的同位素氘、氚及惰性气体氦，氘和氚在地球上蕴藏极其丰富。核裂变对于人类是充足而无污染的核能，世界上不少国家都在积极研究受控热核反应的理论和技术，并已经取得了可喜的进展。我国自行设计和研制的最大的受控核聚变实验装置"中国环流器一号"，已在四川省乐山地区建成，并于1984年9月顺利启动。科学家们估计，到2025年以后，核聚变发电厂才有可能投入商业运营。2050年前后，受控核聚变发电将广泛造福人类。

8.5.7 核技术在医学上的应用

以往要了解有无病变，通常采取穿刺法，而这种方法既有盲目性，又具有一定危险性。核技术在医学领域的应用形成了医学领域的新学科——核医学。

人体的各种脏器或组织对不同的化合物具有选择性吸收的特点，把这种化合物接上放射性同位素后，给病人口服或注射一定的量，经过一定的时间后，这些物质便会聚集在需要检查的脏器内。随后用扫描仪在体外追踪探测，将探测到的放射性的强弱程度，通过打印机直接描绘成扫描图。然后再根据图形所显示的脏器形态、大小、位置，以及放射性物质的分布情况，结合临床症状，便可诊断出脏器有无病变。

目前用的放射性同位素大都是低能量、短寿命的同位素，一般用后短时间内即衰减，或排出体外，因而对身体无害。放射性同位素还可以用来检测体液（血液、唾液、尿液等）内的各种微量物质，如"放射免疫分析法"可测至纳克（10^{-9}）、皮克（10^{-12}），具有用量少、选择性强、灵敏度高、精确度高等特点。

^{60}Co 是放射治疗癌症应用最广的一种同位素，借助于它放出的 γ 射线深入到体内，照

射到癌组织上。一般癌组织对射线的敏感性较正常的组织高，所以射线对癌细胞的抑制作用比正常的组织大，可使癌细胞受到抑制或死亡，从而达到治疗目的。核医学最常用的两种放射核素是^{99}Tc 及^{131}I。约 80% 的核医学放射药物是标记^{99}Tc 的化合物，标记^{123}I 及^{131}I 的化合物约占核医学放射药物的 15%，其他放射核种大约只占 5%。^{99}Tc 的 γ 射线特性很适合造影，它的半衰期是 6h，所以病人不会接受过多的辐射；它放射出的 140keV 的光子也很适宜造影。

核医药物在诊断用途方面，因为用量极少，病患所受的辐射量小，均在可接受范围内，不会产生任何伤害。治疗用核医药物，必须有足够的辐射量，杀死癌细胞，所以病患所受的肿瘤局部辐射量较大，但全身辐射剂量不会太高。

8.5.8 其他应用

8.5.8.1 核农学的应用

核农学已成为我国改造、革新传统农业和促进农业现代化的重要技术。我国核农业利用核辐射诱变技术，已在 40 余种植物上选育和推广应用优质突变新品种 513 个，居世界各国之首。年种植面积保持在 900 万公顷以上，约占我国各类作物年种植面积的 10%，每年为国家增加粮、棉、油 30 亿至 40 亿公斤，社会经济效益近 60 亿元。核辐射的应用使我国获得了大量有价值的早熟、矮秆、抗病、抗逆、优质及其他特异突变材料，为传统育种方法提供了遗传资源。核农学应用的另一个重要方面同位素示踪技术，在农业环境保护、土壤改良、合理施肥与灌溉、动植物营养代谢、放射免疫、畜禽的生殖生理和疾病防治、昆虫辐射不育、农产品保藏加工、低剂量刺激作物增产等方面也都取得了较大进展。

应用辐射诱变原理可培育花卉新品种。对观赏花卉的种子和根茎进行辐照，在六种观赏花卉上已育出 50 个名贵新品种。

在梅雨季节和夏天，大米容易生虫和霉变，这是大家很头痛的事，经射线照射过的粮食如大米，只要是密封包装，在常温下可保持三年不生虫。

洋葱、土豆和大葱，储藏或存放一定时间后，它们就会发芽，从而影响营养和食用价值。对于这类根茎类作物，在它们休眠期用射线进行辐照处理后，在 200 多天内能够有效地抑制它们发芽。

辐照可以加速酒的陈化。好酒都要经过长时间储存，促使酒的陈化，随着人们生活水平的提高，好酒的需要量不断增加，而经过辐照的酒，在较短的时间里存放，可以达到相当于三年陈化的质量。

8.5.8.2 辐射消毒灭菌

通常的灭菌方法是采用高温或化学药物。辐射灭菌则可以在常温下进行，而且不添加任何化学药物。细菌经过射线照射后，由于电离作用和激发作用所引起的生物效应使细菌失去活动能力，直至死亡。这一方法可用于医疗器械消毒灭菌和食品的保鲜。

参 考 文 献

[1] 蒋跃，张颖. 声光技术在雷达上的主要应用 [J]. 光学技术，2002，28（1）：47～49.

［2］ 邱元武. 光子学在农业和食品工业中的应用 ［J］. 激光与光电子学进展, 2002, 39 (5): 51～52.

［3］ 瞿志豪. 光力学方法在机械设计上的应用 ［J］. 上海应用技术学院学报, 2001, 1 (1): 1～5.

［4］ 邱元武. 光子学在环境保护中的应用 ［J］. 激光与光电子学进展, 2002, 39 (1): 45～47.

［5］ 姚淑娜. 现代光学及光子技术的应用 ［J］. 北京联合大学学报 (自然科学版), 2007, 21 (2): 27～29.

［6］ 陈亢利, 钱先友, 徐浩瀚. 物理性污染与防治 ［M］. 北京: 化学工业出版社, 2006.

［7］ 魏润柏, 徐文华. 热环境 ［M］. 上海: 同济大学出版社, 1993.

［8］ 张宝杰, 乔英杰, 赵志伟. 环境物理性污染控制 ［M］. 北京: 化学工业出版社, 2003.

［9］ 黄亚玲, 张鸿郭, 周少奇. 城市垃圾焚烧及其余热利用 ［J］. 环境卫生工程, 2009, 13 (5): 37～40.

［10］ 孟少波. 浅析生活垃圾焚烧炉的余热利用 ［J］. 中国新技术新产品, 2010, 22 (19).

［11］ 范红卫, 江增延, 黄良荣. 电磁流量计在工程中的应用 ［J］. 矿冶, 2001, 10 (3): 78～82.

［12］ 杨艳丽, 汪希平. 电磁轴承技术及其应用开发 ［J］. 机电工程技术, 2001, 40 (2): 7～9.

［13］ 竹涛, 万艳东, 方岩, 等. 低温等离子体自光催化技术降解燃油尾气中的苯系物 ［J］. 石油学报, 2010, 26 (6): 922～927.

［14］ 竹涛, 梁文俊, 李坚, 等. 等离子体联合纳米技术降解甲苯废气的研究 ［J］. 中国环境科学, 2008, 28 (8): 699～703.

［15］ 李娇, 赵谋明, 吴军. $^{60}Co-\gamma$ 射线辐照辣椒粉杀菌效果及对品质影响的研究 ［R］. 北京: 中国核学会, 2010.

［16］ 邹士亚, 王善强, 艾宪芸. 关于核辐射不可不知的几件事 ［M］. 北京: 国防工业出版社, 2011.

9 物理性污染控制工程案例分析

9.1 噪声污染控制典型案例

在人们越来越注重生活质量的今天，城市噪声问题受到前所未有的关注。近年来，上饶市城市化、工业化步伐加快，城区娱乐、商业、房地产、建筑业、交通运输、饮食服务等产业快速发展，城市噪声污染呈暴发性增长趋势，在局部区域已成为扰民的祸首。

9.1.1 案例背景

上饶市中心城区位于江西省东北部信江上游，地扼赣、浙、闽、皖四省之要冲，是全市政治、经济、文化中心。中心城区所在地信州区自东汉建安年间设县以来，已有1700多年的历史。目前市中心城区建成区面积55.8km²，人口达到52.7万人，中心城区绿地率达39.16%，绿化覆盖率达43.5%，人均公园绿地13m²。市中心城区先后荣获国家优秀旅游城市、省文明城市、省卫生城市、省园林城市、省双拥模范城市等荣誉称号。

9.1.2 产生原因

城市噪声主要有交通噪声、商业噪声、建筑噪声、社会生活噪声以及金属加工制造业噪声等。每个城市因建设进程、自然地理地貌、经济发展布局不同，噪声污染特点也有所不同。就上饶市城区而言，噪声污染呈以下特点：

（1）交通体系不合理，交通噪声突出。上饶市中心城区是在古老的信州区旧城区基础上逐步发展、扩大起来的。由于历史原因，旧城区交通体系规划欠缺，城市交通道路建设、道路网络不甚合理。由此产生的交通噪声主要表现在：一是城市道路狭窄、弯道众多，城区汽车行驶时怠速、加速、鸣笛频繁，导致交通网络的噪声声级普遍较高；二是城区处于丘陵地貌，道路上下坡较多，汽车上坡加油门时发动机的噪声使得这些路段噪声污染较重；三是交通管理比较滞后，道路上行使的车辆混杂，对噪声较大的卡车、摩托车按时段、路段限行的管制措施尚未到位。

（2）区位中心商业发达，商业噪声难以治理。上饶市城市发展定位是"赣浙闽皖"四省交界区域中心城市。近几年，上饶市为实现这一发展战略，倾力打造商贸流通产业，以商贸为龙头的第三产业呈快速发展趋势。中心城区对周边县（市）的商贸辐射带动作用强劲，人气旺盛，交易十分繁荣。随之而来的商业噪声污染日益突出，商铺招揽生意的喇叭声、餐饮业的排风机噪声、娱乐业的音响声逐步成为城市噪声污染投诉的热点。商业噪声点多面广，并有很强的反弹性，整治难度较大。

（3）老城区人口集中，小手工业噪声扰民严重。虽然上饶市中心城区已达55.8km²，人口50余万，但有近70%的人口集中在约20km²的老城区内，人口密度较大。与之配套的社会服务体系也较为集中，尤其是建材加工、金属切割、家居制造等与群众生活息息相关的小手工业星罗棋布，而且这些行业往往临近居住区，极易引发噪声污染纠纷。要对这种地域选择性很强、数量众多的噪声污染点采取规划引导、划行归市的办法进行整治，需要有很大的魄力、高超的操作能力。

（4）城市化进程加快，城市噪声整治压力巨大。上饶是一个快速发展的城市。目前和今后城市化率将以 2% 的增长速度推进城市化进程，大量的人口将向城市聚集，商业、交通、手工制造等也将快速发展，城市噪声污染必将随之加重，城市噪声污染控制任重而道远。

9.1.3 噪声的危害

9.1.3.1 噪声污染的特点

声音强弱用分贝（dB）表示，声音越响，分贝越高。一般情况下，人在小于 50dB 环境中，会感到非常安静；超过 60dB 时，就会感到喧闹；在 90dB 时，就会使人烦恼；到了 120dB 时，人耳有痛的感觉，听觉受到损伤。当然，并不是所有分贝很高的声音，都是噪声，有时还同声音的音调和人的愿望有关。同样播放录音机的音乐，如课后或工余听听感到是一种享受，如正在朦胧睡觉时听到，却感到是一种干扰。这种不需要的干扰声，就是噪声。噪声属于听觉公害，在环境中不累积、不持久，无污染物也不会给环境留下什么污染物，而且噪声源是分散的，一旦污染源终止，噪声也消失。因此，噪声无法集中处理。

9.1.3.2 噪声危害的表现形式

（1）干扰睡眠。噪声会影响人的睡眠质量和数量，使人出现呼吸频繁、脉搏跳动加剧、神经兴奋等。时间久会出现疲倦、易累，影响工作效率。长期下去会引起失眠、耳鸣多梦、疲劳乏力、记忆力衰退等症状。在高噪声情况下，这种病的发病率可达到 50% ~ 60%。

（2）损伤听力。85dB 以下噪声不至于危害听觉，而超过 85dB 可能对听力造成损伤。这种伤害只是暂时的，只要不是长期生活在这种高噪声条件下听力可以自然恢复。

（3）影响人体生理。噪声会引起人体紧张的反应，刺激肾上腺的分泌，引起心率改变和血压上升。噪声可使人的唾液、胃液分泌减少，胃酸降低，从而易患胃溃疡和十二指肠溃疡。

（4）对儿童和胎儿的影响。在噪声环境下儿童的智力发育缓慢，有研究表明吵闹环境下儿童智力发育比安静环境中的低 20%。噪声还会对母体产生紧张反应，引起子宫血管收缩，以致影响供给胎儿发育所必需的养料和氧气。

9.1.4 上饶市城市噪声整治措施

根据上饶市城市噪声污染的特点，为建设平安和谐上饶，提出了"科学规划、合理引导、重点整治、长效管理"的原则，有效遏制城市噪声污染。

（1）着眼规划，源头预防。上饶市在城市发展过程中也曾出现过由于城市规划没有考虑城市噪声污染，导致污染矛盾加剧的问题。进入 21 世纪，城市噪声污染引起政府和有关职能部门的高度重视，按照科学规划、预防为主的要求，在历次城市总体规划编制及修编中，都将噪声防控纳入规划重要的考量范围：一是根据不同行业的污染特性和治理要求，在城市功能布局上，结合城市功能区划，力求将这些行业相对集中，统一经营管理，统一污染治理。比如对噪声污染较重的建材加工业（主要从事金属建材切割、石材打磨）和摩托车销售业，在规划时设立集中的江南商贸城大市场，远离人口稠密的老城区，同时规划大市场噪声污染治理设施，减轻噪声污染影响。二是根据各功能区不同的环境要求，对城市功能区进行重新定位。对不合理的进行调整，使各功能区满足环境要求，避免功能区噪声交叉影响。比如由于历史原因，在信州区三江片区形成了一个工业企业相对集中的区域，在原先规划中，该区域有三江工业组团。但组团被居住区和文教区包围，规划实施后噪声交叉污染在所难免。因此，在规划修编时，取消了工业组团的功能定位，全部调整为居住区，从而避免了因规划不合理造成的各功能区之间的相互影响问题。三是在规划中特别重视交通噪声的污染问题。在交通体系规划时对交通网络的规划、道路建设、噪声防治都有明确要求，最大限度降低城市化快速发展带来的交通噪声影响。

（2）重点行业，重点整治。经过认真调研和分析，排查出影响上饶市安宁的最大的城市噪声污染源为娱乐服务业、金属加工业和建筑施工噪声。针对这些重点行业的噪声污染，采用集中整治与日常监管的办法予以重点整治。对娱乐服务业，提高准入"门槛"，在项目审批、噪声防治措施上从严要求。对有可能影响周边居民生活的，要求与居民签订补偿协议后再予以审批。对现有的娱乐服务业开展噪声防治专项清理，凡没有设置双重隔声吸声设施，经监测噪声不能达标的，一律下达停业整改通知。对金属加工业，凡设立在居民区的，一律按照划行归市的要求，搬迁至统一的经营市场。对拒不执行的，一律吊销营业执照。对建筑施工噪声，建立建筑施工环境保护许可制度，积极引导施工企业使用商品混凝土和低噪声施工设备，禁止夜间高噪声作业。通过整治，这类现代城市最难治理的噪声污染得到初步控制。

（3）突出问题，从严打击。"整治、反弹、再整治、再反弹"。这是全国诸多城市共同面临的噪声治理"怪圈"，令执法者疲于应对，整治成果难以巩固，居民群众反复投诉。面对群众普遍关心、反复投诉的一些突出问题，明确在整治方法上要健全长效工作机制，在整治的手段上要从严从快，不留隐患。建立联动网络，密切配合，实行24h不间断治理，力争在第一时间解决群众反映的噪声扰民问题。增加巡查频次，对产生噪声污染、反复投诉的污染点加强检查和监督。对不听劝阻、屡查屡犯的，依法严惩，从严打击。在中考、高考期间采取环保、行政执法、工商、公安等部门联合执法和舆论监督等噪声行动。

（4）部门联动，常抓不懈。以往的城市噪声治理经验告诉我们，单靠环保部门治理噪声受到诸多限制，效果很差。噪声治理不可能一蹴而就，只有通过常抓不懈，才能有效控制噪声污染。为此，上饶市着力构建噪声污染治理长效机制，专门下发《上饶市城市噪声污染综合整治方案》，构建环保、公安、工商、城管、文化、交通、媒体等相关部门联动机制、工作机制和考核机制，扭转以往各部门"单打独斗"及推诿扯皮的局面，形成齐抓共管的"治噪"合力。

9.2 城市热岛效应典型案例

9.2.1 案例背景

在人口高度密集、工业集中的城市区域，由人类活动排放的大量热量与其他自然条件的共同作用致使城区气温普遍高于周围郊区的气温，人们把这种现象称为"人造火山"。

高温的城市处于低温郊区的包围之中，如同汪洋大海中的一个个小岛，因此也称之为"城市热岛"效应。城市热岛效应早在18世纪初首先在英国伦敦市发现。城市热岛效应表现为城郊温差夜间大于白天，即日落以后城郊温差迅速增大，日出以后又明显减小。此后，随着世界各地城市的发展和人口的稠密化，城市热岛效应变得日益突出。我国观测到的城市热岛效应最大的城市是上海和北京；世界最大的城市"热岛"，要数加拿大的温哥华与德国的柏林。城市热岛效应是人类活动对城市区域气候影响中最典型的特征之一。

9.2.2 产生原因

城市热岛效应主要是由以下几种因素综合形成：

（1）城市建筑物和铺砌水泥地面的道路多半导热性好，受热传热快。白天，在太阳的辐射下，结构面很快升温，而变烫的路面、墙壁、屋顶把高温很快传给大气；日落后，加热的地面、建筑物仍缓慢地向城市空气中传递热量，使得气温升高。高楼林立，绿地锐减，也是造成城市热岛的原因。

（2）人口高度密集、工业集中，燃烧的工业锅炉及冷气、采暖等固定热源，机动车辆、人群等流动热源大量释放城市废热。

（3）高耸入云的建筑物造成近地面风速小且通风不良。

（4）人类活动释放的废气排入大气，改变了城市上空的大气组成，使其吸收太阳辐射的能力及对地面长波辐射的吸收能力增强。

由以上因素的综合效应形成的城市热岛效应，其强度与城市规模、人口密度以及气象条件有关。一般百万人口的大城市年平均气温比周围农村高0.5~1.0℃。如在我国的上海，城市每年35℃以上的高温天数要比郊区多5~10天。城市上空形成的这种热岛现象还会给一些城市和地区带来异常的天气现象，如暴雨、飓风、酷热、暖冬等。

9.2.3 城市热岛效应的危害

总的来讲，城市热岛效应是利少弊多，其影响主要有：

（1）城市热岛的存在，使市区冬季缩短，霜雪减少，有时甚至发生郊区降雨的情况，（如上海1996年1月17~18日）。因此城市热岛会使市区冬季中取暖能耗减少。

（2）夏季，城市热岛效应在中、低纬度城市造成的高温，不仅使人的工作效率降低，而且造成中暑和死亡人数的增加。例如，美国圣路易斯市1966年7月9~14日，最高气温38.1~41.1℃，比热浪前后高出5.0~7.5℃。此时市区死亡人数由原来正常情况的35人/天陡增到152人/天。1980年7月热浪再袭圣路易斯市和堪萨斯市，两市商业区人的死亡率分别增加57%和64%。而附近郊区只增加约10%。

（3）在城市热岛效应的影响下，城市上空的云、雾会增加，城市的风、降水等也会发生变化。如2000年上海市区汛期雨量平均比远郊多50mm以上，相当于多下了一场暴雨。而城市雾气是由工业、生活排放的各种污染物形成的酸雾、油雾、烟雾、光化学烟雾等混合而成的，它的增加不仅危害动植物，还会妨碍水陆交通和供电。严重时，汽车、火车、轮船只好减速，甚至影响到飞机的起落。这就是城市热岛效应带来的城市雨岛效应、雾岛效应。

（4）越是工业集中、人口密度大的城市，其热岛效应越明显。在更加炎热的夏天里，人们都想降温消暑，而夏天降低 1℃ 要比冬天升高 1℃ 的用电量大得多。有人研究了美国洛杉矶市，指出几十年来其城郊温差增加了 2.8℃，全市因空调降温多耗电 $10 \times 10^8 \text{W}$，每小时约合 15 万美元。据此推算全美国夏季因城市热岛效应每小时多耗空调电费达百万美元之巨。所以，城市热岛效应会使城市耗电及用水量大增，从而耗掉大量能源，造成更多的废热，进一步地加强热岛效应及其他气候效应，导致恶性循环。

（5）产生热岛效应的城市市区气温高，热空气上升，周围地区的冷空气向市区汇流补充，结果把郊区工厂的烟尘和由市区扩散到郊区的污染物重新聚集到市区上空，久久不能消散。此外，夏季高温还会加重城市供水紧张，火灾多发，以及加剧光化学烟雾灾害等。

9.2.4 整治措施

城市中人工构筑物的增加、自然下垫面的减少是加剧城市热岛效应的主要原因，因此在城市中通过各种途径增加自然下垫面的比例，便是缓解城市热岛效应的有效途径之一。

城市绿地是城市中的主要自然因素，因此大力发展城市绿化，是减轻热岛影响的关键措施。绿地能吸收太阳辐射，而所吸收的辐射能量又有大部分用于植物蒸腾耗热和在光合作用中转化为化学能，从而用于增加环境温度的热量大大减少。绿地中的园林植物通过蒸腾作用，不断地从环境中吸收热量，降低环境空气的温度。每公顷绿地平均每天可从周围环境中吸收 81.8MJ 的热量，相当于 189 台空调的制冷作用。园林植物光合作用吸收空气中的二氧化碳，1hm^2 绿地每天平均可以吸收 1.8t 的二氧化碳，削弱温室效应。

9.3 电磁污染典型案例

9.3.1 案例背景

从 1998 年开始至 2005 年 2 月，北京市丰台区玉林西里小区 46 号楼——首都医科大学家属楼，先后有 20 余人被确诊为癌症。几名住在该楼的首都医科大学教师联合调查后怀疑，架在楼顶的数个通讯发射装置可能是致癌"元凶"。46 号楼总共 20 层，每层 8 户人家，1991 年开始入住，1998 年起有人因患癌症而死亡。去世的人多数只有 60 多岁，年纪最轻的仅 48 岁。据统计，癌症患者大多集中在 6～18 层之间。每层西南—西北朝向的 5 号房间，成了发病率最高的屋子。5 号房住户中，一共有 10 人患癌（包括两对夫妻共同患病），其中 4 人已离世。经调查，几位老师发现，46 号楼楼顶装有数个手机发射基站，而其他楼的屋顶则都没有。

同是在北京，杨女士 2002 年搬进北京东润枫景小区，3 个多月之后，她就开始感到身体不舒服。随后就发低烧，而且一烧就是两个月，到北京协和医院检查，诊断结果是双下肢浮肿和心律不齐，而她女儿甚至出现了更可怕的情况，白细胞只有 3200。医生介绍，正常人的白细胞水平应当维持在 5000～10000 之间，如果低于这个水平身体的免疫系统就会受到损害。女儿的这个诊断结果让杨大姐感到心理压力很大，很快她发现，邻居们也出现了失眠、发烧等症状。虽然每个人表现的症状不太一样，但大家面临的困惑都是一样的：他们都去医院作检查了，但不知道病因在哪。一来二去，大家把目光集中到了离小区不远处的两座发射塔上，该不是这两座塔对他们有影响吧？可开发商却说，这只是民航的废塔。杨女士家的阳台上一眼就可以看到不远处矗立着一座大发射塔正对着她们家阳台，北边还有一个小一点的发射塔，离她们家更近。为了弄清原因，100 多户小区居民自费请来了北京市环境保护监测中心的专家为他们的房屋做检测，检测过程中排除了家装污染的可能，按照《中华人民共和国环境电磁波卫生标准》，适合人们长期居住的安全区环境电磁辐射值必须小于 10V/m，对照国家标准，再看看检测结果，42 个测量点，30 个测量点的电磁辐射超标。同时，大家又请了另一个具有国家认证资格的中国室内装饰协会室内环境监测中心进行了检测，结果，24 个测量点中，依然有 20 个测量点超标，人们常去的一个大阳台电磁辐射值竟然达到 282~310V/m。中国电工技术学会电磁专业委员会的赵玉峰说，他们这次测量的机构是国内的权威机构，是数一数二的，测试的数据是非常准确的，不容易被推翻。国家还有一个《电磁辐射防护规定》，这个标准中，暴露区域的电磁辐射强度为 40V/m，较前一个标准宽泛。但即使如此，东润风景小区接受检测的测量点中，依然有部分超标，而专家说，小区内只要有一个居民家超标，这个小区的部分区域就有可能会对居民的身体健康产生影响，就要加强防护。检测结果让居民们忐忑不安。陈女士住在 2 号楼 16 层，去年她入住这个小区后不久就有了身孕，为了让自己的宝宝更聪明、更健康，她每天都按医生的嘱咐到阳台去晒晒太阳。而她家的辐射强度在 12.2~46V/m 之间，在这里，她一晒就是近 10 个月。20 多年前，在东润枫景小区旁边有一个学校叫酒仙桥二中，因为受到电磁辐射的影响，全体师生的身体都不同程度地出现了头晕、恶心、乏力等多种异常情况，甚至连常规的物理实验也因电磁辐射的影响无法进行，后来学校就撤离了。

9.3.2 产生原因

电磁波辐射对人体的伤害机理，生物物理学家进行了深入研究，取得了许多重要的结果。

（1）人体是个导电体，电磁辐射作用于人体产生电磁感应，并有部分的能量沉积。电磁感应可使非极性分子的电荷再分布，产生极性，同时又使极性分子再分布，即偶极子的生成。偶极子在电磁场作用下的取向异常将导致生物膜电位异常，从而干扰生物膜上受体表达酶的活性，导致细胞功能的异常及细胞状态的异常。

（2）电磁辐射对人体电生理的影响。人体的感受器，如眼、耳、皮肤上的冷、热、触、疼感觉器接受外界刺激将产生神经冲动；神经冲动由周围神经系统再传到中枢神经系统产生反馈，反馈信息传给人体的效应器，产生人的有意识的行动。而这里所讲的神经冲动及所反馈信息，实质上就是神经细胞上的电传导。当电磁辐射改变了生物膜电位时也就改变了神经细胞的电传导，扰乱人的正常电生理活动，日积月累会导致神经衰弱、自主神经功能紊乱等症状群。神经衰弱具体表现为头痛、头晕、失眠、多梦、健忘等，严重者可导致心悸及心率失常。

（3）可导致内分泌紊乱。自主神经功能紊乱、腺体细胞功能状态的异常，将导致激素分泌异常。电磁辐射作用于肾上腺，则肾上腺素和去甲肾上腺素水平降低，直接导致抗损伤能力降低；作用于垂体则使生长激素水平降低，导致儿童生长迟缓；作用于甲状腺及旁腺将使甲状腺素和甲状旁腺异常，导致儿童发育障碍；作用于松果体则松果体素水平下降，人的免疫力下降，疾病发生率增高，并导致生物钟紊乱。

（4）电磁辐射可诱导变异细胞的产生。生物体是由细胞构成，其遗传物质是 DNA。

母细胞复制细胞的过程就是 DNA 的复制传递及表达的过程，当这一过程受到电磁波及其他致癌因素干扰时，就会诱发癌基因表达，导致癌细胞及其他变异细胞的产生。因此，当人体处在免疫力低下时就会使癌症的发生率增高。电磁辐射使生物膜功能紊乱甚至破坏会抑制细胞活性，如精子生成减少及活性降低，产生不育症，脸部皮肤细胞代谢障碍而产生色素沉淀等。

(5) 电磁辐射作为一种能量传递方式，还会直接将能量传递给原子或分子，使其运动加速，进而在体内形成热效应。当微波作用于人的眼睛时，眼睛晶状体水分较多，而更易吸收较多的能量，从而损伤眼的房水细胞。晶状体内无血管成分，代谢率低，很难将损伤或死亡的细胞吸收掉，日积月累在晶状体内形成晶核，导致白内障的产生，视力下降，甚至失明。

目前，电磁波辐射对人体造成的损害机理正不断深入地进行研究，电磁污染的防护与治理也日益受到人们的普遍关注和重视。

9.3.3　电磁污染的危害

由于电磁波无色、无味、无形、无踪，加之污染既无任何感觉，又无处不在，故被科学家称之为"电子垃圾"或"电子辐射污染"，它给人们带来的危害实在不可小觑。

还在 20 多年前，家用微波炉在美国普及后，一些装有心脏起搏器的病人，常常会感到不适，有的起搏器甚至失灵、骤停。后来，科学家的研究使其真相大白于天下，原因就是"电磁波污染"所致。前几年，俄罗斯著名国际象棋大师尼古拉·克德可夫与一台电脑对弈，连胜 3 局后，不料突然被电脑释放出的强大电流击倒。经调查证实，这并不是电脑硬件漏电，也不是软件设计了杀人程序，致死原因又是无形的电磁波。

有报道称，每天在计算机前操作 6h 以上的工作人员，易患上一种名为"VOT"的病症。该病症是指长期观看视频终端而使身体某些部位发生病变的总称。它的主要症状是：视力功能障碍；颈、肩、腕功能障碍；自主神经功能紊乱等；此外还能引起月经不调、流产等妇女病症和其他皮肤病。究其原因，也是电磁波辐射造成的。

移动电话和对讲机也是一个高频电磁波污染的发射源，每通话一次就发射了一次电磁波。科学家认为，移动电话的电磁波辐射强度一般超过规定标准的 4 ~ 6 倍，个别类型甚至超过近百倍。我国电磁辐射测试中心和厦门长青源放射防护研究所经过两年的跟踪检测证实，目前我国使用的移动电话会对人体产生辐射危害。据有关专家介绍，我国现在使用的移动电话的发射频率均在 800 ~ 1000MHz 之间，其辐射剂量可达 600μW，超出国家标准 10 多倍，而超量的电磁辐射会造成人体神经衰弱、食欲下降、心悸胸闷、头晕目眩等"电磁波过敏症"，甚至引发脑部肿瘤。

近年来，电磁波污染对人体危害的例子多有发现，只不过其影响程度与所受到的辐射强度及积累的时间长短有关，目前尚未较大范围地反映出来，所以还没有引起人们的普遍重视。有关研究表明，电磁波的致病效应随着磁场振动频率的增大而增大，频率超过 10 万赫兹以上，可对人体造成潜在威胁。在这种环境下工作生活过久，人体受到电磁波的干扰，使机体组织内分子原有的电场发生变化，导致机体生态平衡紊乱。一些受到较强或较久电磁波辐射的人，已有了病态表现，主要反映在神经系统和心血管系统方面，如乏力、记忆衰退、失眠、容易激动、月经紊乱、胸闷、心悸、白细胞与血小板减少或偏低、免疫功能降低等。

9.3.4 治理措施

根据电磁污染的特点，必须采取防重于治的策略。首先是要减少和控制污染源，使辐射量在规定的限值内；其次是要采取相应的防护措施，保障职业人员和公众的人身安全。

（1）执行电磁辐射安全标准。目前我国有关电磁辐射的法规很不健全，应尽快制定各种法规、标准、监察管理条例，做到依法治理。在产生电磁辐射的作业场所，应定期进行监测，发现电磁场强度超过标准的要尽快采取措施。

（2）防护措施。为了减少电子设备的电磁泄漏，防止电磁辐射污染环境，危害人体健康，必须从城市规划、产品设计、电磁屏蔽和吸收等角度着手，采取标本兼治的方案防护和治理电磁污染。1）电磁屏蔽。将电磁辐射限制在一定空间，包括对辐射源的屏蔽和工作空间的屏蔽。2）电磁吸收。主要是针对微波，采用能量吸收材料进行防护是一项有效的办法，如各种塑料、橡胶胶木、陶瓷等加入铁粉、石墨、水等都是较好的吸收材料。3）个体防护。对个人而言，可穿戴防护头盔、防护眼镜、防护服装等。4）植树绿化。森林、花木可衰减辐射场强，保护人体健康。

（3）加强宣传教育，提高公众认识。鉴于当前电磁辐射对人体健康的危害日益严重，特别是这种看不见、摸不着、闻不到的危害不易为人们察觉，往往会被忽视。因此，广泛开展宣传教育，唤起人们防护意识已成为当务之急。

9.4 放射性污染典型案例

9.4.1 案例背景

日本福岛核电站是目前世界上最大的核电站之一，由福岛一站、福岛二站组成，共有10台机组（一站6台，二站4台）。福岛一站的核反应均为沸水堆（见图9-1），由美国通用（GE）设计，东京电力公司负责运营，于20世纪70年代先后投入运行，属于第二代核电技术的反应堆。

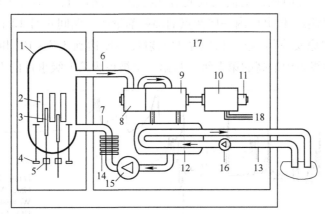

图9-1 福岛一站沸水反应堆原理示意图

1—反应炉压力槽；2—核燃料棒；3—控制棒；4—循环泵；5—控制棒电动机；6—蒸汽；7—饲水；
8—高压涡轮机；9—低压涡轮机；10—发电机；11—激磁机；12—冷凝器；13—冷却剂；14—预热器；
15—给水泵；16—冷水泵；17—混凝土围阻体；18—连接至电网

2011 年 3 月 11 日在日本宫城县东方外海发生 9.0 级地震与紧接引起的海啸，在福岛第一核电厂造成的一系列设备损毁、堆芯熔毁、辐射释放等灾害事件，为 1986 年切尔诺贝利核电厂事故以来最严重的核泄漏事故。

日本经济产业省原子能安全和保安院 2011 年 3 月 12 日宣布，受地震影响，福岛第一核电站放射性物质泄漏。截至 2011 年 3 月 16 日下午，各反应堆现状如下：

（1）1 号反应堆。冷却系统失灵，核芯部分熔毁，冒出蒸气，2011 年 3 月 12 日发生氢爆炸导致建筑物受损，海水注入进行中。

（2）2 号反应堆。冷却系统失灵，海水注入进行中，燃料棒曾短时完全暴露出水面，冒出蒸气，受 3 号反应堆 2011 年 3 月 14 日爆炸影响建筑物受损，2011 年 3 月 15 日安全壳受损，有可能发生熔毁。

（3）3 号反应堆。冷却系统失灵，可能发生部分核芯熔毁，冒出蒸气，海水注入进行中，氢爆炸造成建筑物受损，2011 年 3 月 15 日反应堆周边核辐射量大幅上升，2011 年 3 月 16 日冒出烟雾，安全壳可能受损。

（4）4 号反应堆。地震发生时处于维修状态，2011 年 3 月 15 日发生的火情可能是由乏燃料储水池氢爆炸引起的，储水池水面高度未能检测到，2011 年 3 月 16 日反应堆建筑物发生火情，目前没有进行注水降温作业。

（5）5 号和 6 号反应堆。地震发生时处于维修状态，乏燃料储水池温度轻微上升。

3 月 12 日，远在福岛核电站 200km 以外的高崎市的 CTBTO 监测站最先侦测到放射性物质（由全面禁止核试验条约组织筹备委员会（Preparatory Commission for the Comprehensive Nuclear – Test – Ban Treaty Organization，CTBTO）所主管的一套专门侦测核子爆炸的监测系统，能够全球追踪从损毁原子炉释出的放射性物质扩散状况。超过 40 所 CTBTO 放射性核素监测站，都已侦测到从福岛原子炉释出的放射性同位素）。3 月 14 日，放射性物质已散布到俄国东部，两天之后，更飞越太平洋抵达美国西海岸。到第十五日，整个北半球都可侦测到微量放射性物质。4 月 13 日，位于南半球的 CTBTO 监测站，如澳洲、斐济、马来西亚、巴布亚新几内亚，也侦测到放射性物质，包括^{131}I、^{137}Cs（半衰期为 30 年）在内。图 9 – 2 是福岛第一核电厂内一些测点的辐射剂量率。期间 4 月 12 日，日本原子力安全保安院（简称"原安院"）第一核电站的放射性活度达到 3.7×10^{17} Bq，将本次事故升级至国际核事件分级表中最高的第七级，是第二个被评为第七级事件的事故。

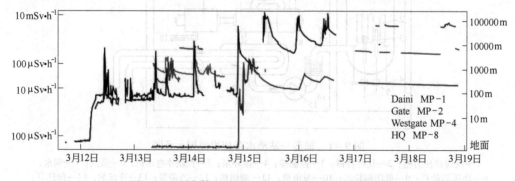

图 9 – 2　福岛第一核电厂内一些测点的辐射剂量率

这次事故已经严重地损害了几位核电厂员工，虽然未有任何员工因为直接辐射曝露而不幸死亡，但有 6 位员工吸收到超过"终身摄入限度"的辐射剂量，约有 300 位员工也吸收到较大量辐射剂量。

2011 年 3 月，日本政府官员宣布，在东京与其他 5 个县府境内的 18 所净水厂侦测到^{131}I 超过婴孩安全限度。2011 年 7 月，日本政府尚无法控制防止放射性物质进入国家食粮，在 200 英里范围内，包括菠菜、茶叶、牛奶、渔虾、牛肉在内，很多食物都侦测到放射性污染。2012 年情况有所改善，包心菜、稻米、牛肉，没有检验发现显著放射性。东京的消费者安全认证并接收了一批福岛生产的稻米。

2013 年 8 月 20 日，核电站又发生一起事件，多达 300t 的高辐射浓度污水从污水储存槽外泄。这污水足以对于附近工作人员的健康造成损害。这次污水外泄事故被评为国际核事件分级表中的第三级。8 月 24 日，东电表示，导致福岛第一核电站蓄水罐存储的放射性污水大量泄漏的原因是蓄水罐变形。此前东电曾经用橡胶圈对蓄水罐进行了密封，防止蓄水罐变形，但是，近日橡胶圈可能已经因老化而丧失功能。8 月 26 日，日本政府采取紧急措施，直接出面解决外泄问题，避免这问题变得更严重，这动作显示出政府对于东电缺乏信心。9 月 3 日，日本政府准备投入 470 亿日元经费阻止污水外泄，并且建设冻土墙与除污装置。

9.4.2 产生原因

9.4.2.1 自然灾害

地震后引发的海啸自然灾害是人类无法避免的，由地震引发的海啸是日本核电事故的直接原因。日本发生 9.0 级大地震，核电厂内机组自动停堆，失去厂外电源后，配备的应急柴油发电机自动启动，随后引发的大海啸，超过了核电站防波堤，摧毁了为应急冷却系统提供电力的柴油发电机，堆芯由于余热无法排出而熔化。地震使得机组自动停堆，海啸却使柴油机厂房发挥不了作用，在外部冷却措施还未实施的情况下，堆芯的温度得不到及时的冷却降温，从而导致了此次核电事故的发生。

9.4.2.2 导致福岛核电事故的设计与技术缺陷

日本土地面积很小，并且处在环太平洋火山带上，地震威胁不容忽视，尽管很多专家和公众曾激烈反对日本建造核电站，但是出于经济利益的考虑，日本仍然建设了大量核电站。早期日本的防震数据是基于设防 7 级地震的，但此次地震为 9 级，超出了福岛第一核电厂防震设计，而地震引发的海啸使设备遭到破坏而丧失冷却功能也是始料未及的。可见日本福岛沸水堆核电站抗震能力设计不足等是发生事故的原因之一。东京电力公司的福岛第一核电厂共有 6 台投运机组，全是沸水堆。地震发生时，1、2、3 号机组正在运行，4号机组正在换料大修，5、6 号机组也正处定期停堆检修之中。沸水堆只有一个蒸汽回路，无蒸发器，反应堆产生的带放射性蒸汽直接进入常规岛推动汽轮机发电，没有压水堆的蒸汽发生器隔离。因此，一旦发生故障，只能排放一回路中含有放射性的蒸汽造成环境辐射，沸水堆自身堆型的技术缺陷也为福岛核电事故埋下了安全隐患。

9.4.2.3 福岛核电事故的间接原因

事故之前东京电力公司发布了一份延期报告，批准第一机组延寿 20 年的计划，正式退役需要到 2031 年。然而 2011 年 2 月 7 日，东京电力公司和福岛第一原子力发电所刚刚完成了一份对于福岛一站一号机组的分析报告，指出这一机组已经服役40年，出现了一系列老化的迹象，包括原子炉压力容器的中性子脆化、压力抑制室出现腐蚀、热交换区气体废弃物处理系统出现腐蚀等现象，并专门为其制定了长期保守运行的方案。事故发生时东电决策层不是站在事故现场的第一线上指挥，设法把损失与影响降低到最小的程度，而是麻木、犹豫、慌乱与自私。在整个事故过程中存在侥幸心理，认为事故不是那么严重，没有采取积极应对措施，慌乱无章而把救助的最佳时机错过了。

9.4.2.4　事故前纵深防御预案不充分

纵深防御为核电厂设置多道实体屏障，以防止放射性外逸，这些屏障包括燃料基体、燃料包壳、反应堆冷却剂系统压力边界以及安全壳。福岛第一核电厂在2002年虽然也调高了海啸的可能高度，但海啸仍然被低估，所采取的额外纵深防御措施不足以抵抗此次海啸，并且这些防御措施没有经过核安全监管当局的审评和批准。修改之后的纵深防御预案不足以应对多台机组故障，所以当福岛核电事故发生时，就难以控制多台机组同时发生故障的情况，导致事故进一步恶化。

9.4.3　福岛核电事故的危害

9.4.3.1　引起社会恐慌、外交不满

2011年3月中旬，在中国，因谣言"碘盐能够防辐射"的影响，部分地区出现了公众抢购碘盐的情况，其中3月17日，香港地区也出现抢购食盐潮（其实，甲状腺主要的功能就是分泌甲状腺激素，该激素中重要的原料就是碘，放射性碘在甲状腺内蓄积，可损伤甲状腺或周边组织，一定剂量的可能诱发甲状腺癌，由于甲状腺对碘的吸收是有饱和性的，成人一次需服用100mg碘才可，为防止放射性^{131}I被吸收，可以用没有放射性的^{127}I饱和甲状腺，如此一来，按我国食盐中碘的含量算，一次需服用3kg食盐，但成人每天食盐量低于10g，所以不可用碘盐代替碘片）。美国西海岸各州居民在12日后出现抢购碘片、盖格计数器风潮，盖格计数器可以用来量度放射性物质。俄罗斯远东地区也出现抢碘酒现象。这次事故已经严重地伤害了几位核电厂员工，虽然未有任何员工因为直接辐射曝露而不幸死亡，但有6位员工吸收到超过"终身摄入限度"的辐射剂量，约有300位员工也吸收到较大量辐射剂量。

由于对核辐射扩散的担心和恐慌，在东京以及东京以南的地区向南出行的人非常多，更多的人乘坐新干线从东京出发，经过横滨向大阪、名古屋方向行进。此外，一些高收入居民纷纷购飞机票，准备飞往国外。

东京电力公司于4月初将日本福岛第一核电厂内含低浓度辐射，共计1.15万吨废水往海中排放至太平洋，由于事先未知会周遭国家进而引起中国、韩国和俄罗斯对于日本政府的处理态度心生不满。

9.4.3.2　全球核能复兴受阻

自"八大污染事件"之一的切尔诺贝利核泄漏事故之后，福岛第一核电站事故对几年来正在复兴的核能造成了很大的冲击。这种复兴部分是由于石油价格攀升刺激的，部分是由于更安全的反应堆设计，部分是由于全球变暖迫使各国寻求化石燃料的替代方案。这个冲击在发达国家最为强烈。几个国家对日本的这起事故的反应是放弃重新启动乌克兰切尔诺贝利核事故之后就暂停的核计划的方案。发展中国家的反应更多样化，如马来西亚和泰

国等国家放弃了它们的核计划，但是大多数仍然在寻求核选项。尽管一些国家已经宣布它们的计划正在进行重新评估，它们几乎没有表现出打算改变道路的迹象。然而，福岛核事故已经带来了新的怀疑，出现了一些重要的教训，包括从需要确保充分考虑到自然灾害，到培养公众对负责核安全的组织（以及个人）的能力的信任的重要性。此外，福岛核事故刺激了对可再生能源的热情。

9.4.3.3 对环境的影响

（1）放射性核素全球扩散造成空气污染。由于核电站反应堆核燃料部分熔化，放射性物质大量扩散，造成日本福岛附近严重的空气污染。这些泄漏的放射性物质随大气环流在北半球地区广泛扩散。美国、加拿大、冰岛、瑞典、英国、法国、俄罗斯、韩国、中国和菲律宾等国在空气中均检测到放射性^{131}I、^{137}Cs 和 ^{134}Cs 等物质。部分国家在饮用水、牛奶和蔬菜中也检测到了放射性^{131}I、^{137}Cs 和 ^{134}Cs 等物质。由此可见，福岛核泄漏事故已造成了全球性的空气污染（其中，上海市辐射环境监督站目前配备了一台具备国际先进水平的德国MDS－1000/600 型超大流量气溶胶采样器，该设备每小时采样量大于 $1000m^3$。所采集的气溶胶样品立即进行高纯锗 γ 能谱分析，通过谱图分析^{137}Cs（铯－137）对应的 γ 射线能量处（0.661MeV）是否产生计数峰，来判断目前上海市环境气溶胶中是否含有本次福岛核电站事故所排出的放射性核素^{137}Cs（铯－137））。

（2）物质对日本环境和食品安全造成了直接影响。日本内阁官房长官枝野幸男 3 月19 日说，受损核电站附近农场出产的菠菜和牛奶检测出放射性物质超标。由于多个县生产的原奶和蔬菜等被检测出放射性物质含量超标，日本政府 3 月 21 日要求福岛、茨城等 4县限制超标的农畜产品上市。福岛县饭馆村 3 月 20 日被测出每千克自来水的碘放射性活度达 965Bq（贝克勒尔），而日本原子能安全委员会制定的每千克饮用水的碘放射性活度为 300Bq。在美国东部的波士顿与南卡罗来纳州也相继在雨水中检测到了^{131}I。4 月 4 日晚，美国环保署发表监测报告说，美国西北部两个州的饮用水中发现极微量的人工放射性核素^{131}I，公众健康没有威胁。美国环保署当天公布了 RadNet 监测网的最新数据。数据显示，爱达荷州的博伊西以及华盛顿州里奇兰的饮用水样品中发现^{131}I，辐射剂量约为每升水 0.074Bq。

（3）大量放射性污水直接排入海中造成水体污染。由于地震造成了核电站设施的损坏，加上早期处置反应堆降温引入大量海水，造成大量含放射性物质的污水泄漏。此外，东京电力公司 4 月 4 日宣布，将把福岛第一核电站厂区内 1.15 万吨含低浓度放射性物质的污水排入海中，为储存高辐射性污水腾出空间。此举引起当地渔民与国际环保人士的抗议与反对。日本政府救灾总部说，到 4 月 9 日晚为止，福岛第一核电站向附近海域排放的低放射性污水已经达到 7700t，最后剩下的 800t，将在 9 日晚至 10 日全部排放完毕。此外，2 号机组周围尚有 2 万吨高放射性污水，存在泄漏入海的风险。东京电力公司 4 月 7日宣布，4 月 6 日东京电力公司在离福岛第一核电站东北海岸外 15km 进行了化验，结果显示，放射性物质^{131}I 的含量超过国家限定基准 1 倍。这一数值显示放射性物质已在海水中扩散。日本政府 4 月 6 日在国际原子能机构（IAEA）维也纳总部召开的《核安全公约》审议大会上与各国就福岛第一核电站事故交换了意见。据日方与会人士透露，部分国家对将低放射性污水排放入海的做法表示了关切。日本原子能研究开发机构研究人员中野政尚对放射性铯在茨城县海域扩散的情形进行了计算机模拟，据此推测，福岛第一核电站排入海水中的放射性物质随海流 5 年后可到达北美，10 年后到达亚洲东部，30 年后几乎扩散至整个太平洋，但浓度会变得非常低，不会对人体造成影响。然而，仍有人担心由于大量放射性污水排入海中，可能破坏海洋生态环境，引起部分海洋生物的变异，造成严重环境灾难。据报道，在福岛附近的鱼类中已检测到放射性物质。福岛第一核电站所在地的福岛县渔业协同联合会强烈要求立即停止排放污水，而且对东京电力公司在排放污水前两小时才通知联合会尤其不满。该联合会参事小野修司说："根本没有时间向渔民进行解释，而且是通过传真单方面通知的，极为不诚实。"日本茨城县渔业协会负责人说："向海中排放污水是难以容忍的行为，海水遭受污染的影响将导致茨城县的渔业灭亡。"日本茨城县渔业协会 4 月 5 日宣布，从 4 日在北茨城市附近海域捕捞的玉筋鱼幼鱼体内检测出放射性铯达到每千克 526Bq，超过食品卫生法放射物暂定标准值设定的每千克 50Bq，这是首次从鱼类体内检测出放射性物质超标。此外，在这种小鱼体内还检测出每千克 1700Bq 的放射性碘。虽然日本政府认为排放低放射性污水对鱼类的影响有限，但是法国辐射防护与核安全研究院（IRSN）发表报告指出，以微粒形式沉淀到海底的放射性物质有可能造成长期污染，特别是 ^{134}Cs 半衰期有数年，^{137}Cs 半衰期约 30 年，它们有可能在日本近海沉淀，并有可能在鱼类体内富集，需要进行长期监控。

（4）地下水污染与放射性物质沉降将污染附近土壤。福岛核电站周围部分地区的土壤核污染水平，已与切尔诺贝利事故相当。有分析称，核泄漏依然在持续，核电站周边的土地很可能无法再继续使用。核电站泄漏的放射性物质随时间的推移会降落到地面，造成地面、建筑物表面与土壤的污染，部分土地由于放射性物质超标将被限制使用。在切尔诺贝利事故中，每平方米放射性铯浓度达到 5 万 Bq 的地区，被划为"强制迁移"区域。在距福岛第一核电站 40km 的饭馆村，3 月 20 日从每千克土壤中检测到 16.3×10^4Bq^{137}Cs，换算后为每平方米 326×10^4Bq，是切尔诺贝利事故"强制迁移"标准的 6 倍。

当然，不可否认的是，我们也应当从福岛核电事故中吸取的教训，我们必须大力完善核电站安全管理体制，防范措施核电站发展更加注重考虑人为因素，引进消化吸收先进核电技术，我国现已运行的 15 台核电机组（秦山核电站 1 台、二期 2 台、三期 2 台，广东大亚湾核电站 2 台，广东岭澳核电站一期 2 台，江苏田湾核电站一期 2 台、二期 2 台，辽宁红沿河核电站一期 2 台），以及在建的 28 台机组（除 6 台属于三代技术外）基本上属于二代或三代改进型机组。这次福岛核事故暴露出了很多的技术问题，福岛第一核电厂 6 台机组均是老式单层循环沸水堆，采用的是干湿井分开的 MARK - Ⅰ 型安全壳，这些都是落后淘汰了的核电技术，也是此次发生事故的原因之一。因此，我国要积极引进核电先进技术，同时把它们消化吸收变成我们自己掌握的核电技术，从而推动我国核电技术的快速发展。

9.4.4 治理措施

9.4.4.1 疏散民众、控制食品安全

为了避免辐射外释造成附近居民健康受损，于 3 月 12 日，因为核反应堆无法进行冷却，为以防万一，希望民众紧急避难。疏散半径 20 公里，并且建议在 20～30km 区域内的民众务必待留室内。

大量放射性物质也被释入土地与大海。日本政府在离核电厂 30～50km 区域检测出过

高浓度的放射性铯，令人万分担忧，政府因此下令禁止买卖在此区域出产的食物。东京政府官员一度建议避免使用自来水调制料理给婴儿饮食。

9.4.4.2 反应堆控制方案

东电原本并没有给出一个重新控制反应堆状况的战略计划。德国物理学者与核子专家赫尔穆特·赫希（Helmut Hirsch）说，他们现在只能采用临时想到的办法，走一步算一步了。在4月17日，东电正式提出计划，包括以下几点：

（1）在6~9个月内，进入冷停机状态。

（2）早期处置反应堆降温引入大量海水，造成大量含放射性物质的污水泄漏。此外，东京电力公司4月4日宣布，将把福岛第一核电站厂区内1.15万吨含低浓度放射性物质的污水排入海中，为储存高辐射性污水腾出空间。

（3）最早在9月份会安装特别遮盖物将1、3、4号机整个覆盖，以抑制辐射物质外释。

（4）建筑更多储存槽来储存在涡轮机房地下室和坑道的辐射污水。

（5）使用无线电控制的机器来清理整个厂区。

（6）使用粉砂堤墙来降低对于大海的污染。

先前，东电公开宣布，拟在比海平面高出20m之处安装新的紧急发电机，是被3月11日大海啸摧毁的紧急发电机所在高度的两倍。东芝电器和日立制作所都已提出关闭核电机组的计划。因为从未遭遇到这么庞大与复杂的挑战，很多批评者怀疑东电是否能够如期完成自己设定的目标，达成冷停机。东电还没有宣布对于5、6号机的长期计划，这两座机组很可能也会被除役。

9.4.4.3 请求国际原子能机构等的协助

国际原子能机构对日本福岛核电站事故给予了高度的关注，协助处理福岛核电站问题。14日联合国秘书长发言人哈克在纽约联合国总部说，联合国派遣的一支由7名国际专家组成的灾害评估和协调小组目前已抵达日本，即将投入赈灾工作，全力协助日本政府开展应对危机的紧急行动，小组成员分别来自法国、英国、瑞典、印度、韩国和日本。

参 考 文 献

[1] 日本强震辐射量超标日福岛核电厂放射性物质恐外泄.《自由时报》电子报，2011年3月12日.

[2] 维基百科. 沸水反应堆［DB/OL］. http：//zh. wikipedia. org/wiki/沸水反应堆，2013－09－06.

[3] F. Tanabe. Journal of Nuclear Science and Technology，2011，48（8）：1135－1139.

[4] Wagner，Wieland. Problematic public relations：Japanese leaders leave people in the dark. Der Spiegel，15 March 2011.

[5] Wrecked Fukushima storage tank leaking highly radioactive water. Reuters，20 August 2013.

[6] 维基百科. 福岛第一核电厂事故的辐射影响［DB/OL］. http：//zh. wikipedia. org/zh－cn/福岛第一核电廠事故的辐射影響，2013－11－12.

[7] Japan nuclear agency upgrades Fukushima alert level. BBC，21 August 2013.

[8] Takashi Hirokawa，Jacob Adelman，Peter Langan，etc. Fukushima Leaks Prompt 7. Government to Emergency Measures. Businessweek（Bloomberg），26 August 2013.

［9］Fukushima – Related Measurements by the CTBTO. CTBTO Press Release，13 April 2011.

［10］Hongo，Jun. Fukushima soil fallout far short of chernobyl. News on Japan via Japan Times，14 March 2012.

［11］Reactor accident Fukushima – New international study. Norwegian Institute for Air Research，21 October 2011.

［12］Kevin Krolicki. Fukushima radiation higher than first estimated. Reuters，24 May 2012.

［13］Boytchev，Hristio. First study reports very low internal radioactivity after Fukushima disaster，Washington Post，15 August 2012.

［14］Ken O. Buesseler. Fishing for Answers off Fukushima［J］. Science，2012，338（6106）：480~482.

［15］林洁琴. 日本福岛核电事故对我国核电发展影响的思考［J］. 南华大学学报，2012，13（5）：1~4.

［16］王曼琳，夏志强. 福岛核泄漏事件的环境危害与思考［C］//中国环境科学学会. 中国环境科学学会学术年会论文集. 北京：中国环境科学出版社，2011：2467~3571.

［17］Fukushima faced 14 – metre tsunami. World Nuclear News. 24 March 2011.

［18］城市"气候岛"令人忧. 科技日报. http：//www. bjkb. gov. cn/gkjqy/hjkx/k10733 – 05. hem.

［19］周厚丰. 环保50案例［M］. 北京：中国环境科学出版社，2011.